U0398830

Windows Server 配置与管理教程

（活页式）

主编　王　彬　王观英　邢如意

参编　孙其法　张娜娜　郭顺文

李　冉　王　磊

北京理工大学出版社

BEIJING INSTITUTE OF TECHNOLOGY PRESS

内 容 简 介

本书内容安排上融入职业岗位技能、技能大赛技能点和“1+X”证书考核知识点，将传统教材的“项目—任务”模式，修改为“学习情境—项目—任务”模式，根据企业的真实需求，以实际的开发流程为主线来修改、整合项目案例，将传统教材的知识点、技能点“打散”“揉碎”，再“贯穿”到案例中。

本书从系统运维、网络管理岗位技能要求出发，设计工作项目，共包括三个学习情境：柠檬摄影工作室办公无忧——小型工作室服务部署与安全加固；传承红色基因，争做时代新人——红色教育网站部署与安全加固；数据无价，域控护航——域环境下中小型企业资源安全管理。三个学习情境涵盖 12 个工作项目，共 41 个典型工作任务。

本书结构合理，知识点全面，案例丰富，语言通俗易懂。

本书可以作为高职高专院校计算机相关专业理论与实践一体化教材，也可以作为 Windows Server 系统管理和网络管理工作者的指导书。

图书在版编目（CIP）数据

Windows Server 配置与管理教程：活页式 / 王彬，王观英，邢如意主编. -- 北京 ：北京理工大学出版社，2024.1

ISBN 978-7-5763-2770-0

Ⅰ. ①W… Ⅱ. ①王… ②王… ③邢… Ⅲ. ①Windows 操作系统–网络服务器–教材 Ⅳ. ①TP316.86

中国国家版本馆 CIP 数据核字（2023）第 155700 号

责任编辑：王玲玲　　**文案编辑**：王玲玲
责任校对：刘亚男　　**责任印制**：施胜娟

出版发行 / 北京理工大学出版社有限责任公司
社　　址 / 北京市丰台区四合庄路 6 号
邮　　编 / 100070
电　　话 / （010）68914026（教材售后服务热线）
（010）68944437（课件资源服务热线）
网　　址 / http://www.bitpress.com.cn

版 印 次 / 2024 年 1 月第 1 版第 1 次印刷
印　　刷 / 河北盛世彩捷印刷有限公司
开　　本 / 787 mm × 1092 mm　1/16
印　　张 / 19.5
字　　数 / 418 千字
定　　价 / 65.80 元

前言

随着信息技术的快速发展，服务器作为网络的核心设备，对企业的日常运营和数据管理都起着至关重要的作用。Windows Server 2022 作为微软最新的服务器操作系统，具有强大的功能和稳定性，广泛应用于各种企业和网络环境。为了满足广大用户的需求，我们编写了《Windows Server 2022 配置与管理》这本教材。

本书系统地介绍了 Windows Server 2022 的配置与管理方法，涵盖了服务器硬件、软件、网络、存储、安全等各个方面。通过本书的学习，读者可以全面掌握 Windows Server 2022 的操作与技能，提高服务器的管理水平和维护能力。

本教材共分为三个学习情境，具体如下：

学习情境一　柠檬摄影工作室办公无忧——小型工作室服务部署与安全加固。

学习情境一包括 5 个项目：项目一本地用户和组的管理，项目二部署文件系统实现资源共享，项目三部署 DHCP 服务实现自动分配 IP 地址，项目四部署 VPN 服务器实现远程办公，项目五配置本地安全策略加固服务器系统安全。

通过学习情境一的学习，读者将能够掌握 Windows Server 2022 的基本概念和配置方法，并能够为小型工作室提供服务部署和安全加固的解决方案。

学习情境二　传承红色基因，争做时代新人——红色网站站群部署与安全管理。

学习情境二包括 4 个项目：项目六部署 DNS 服务实现域名解析，项目七部署 IIS（Web 服务）实现网站发布，项目八部署 FTP 服务实现文件传输，项目九部署证书服务加固 Web 网站安全。

通过学习情境二的学习，读者将能够掌握如何配置和管理 Windows Server 2022 的各种网络服务，以及如何实现网站的发布和安全加固等知识。

（3）学习情境三　数据无价，域控护航——域环境下中小型企业资源安全管理。

学习情境三包括 3 个项目：项目十活动目录的部署，项目十一活动目录的资源管理，项目十二域中组策略的应用。

通过学习情境三的学习，读者将能够掌握如何在域环境下进行资源管理和安全配置等知识，以及如何实现中小型企业的数据安全和管理效率的提升。

本书采用了新型活页式设计，旨在提供更加灵活和实用的学习体验。每个项目都独立成册，可以根据需要选择和学习感兴趣的项目。同时，书中包含了大量的工作情境和案例分析，使得读者可以更加直观地理解和学习 Windows Server 2022 的配置与管理。

本书适用于 Windows Server 2022 初学者、系统管理员以及希望提高服务器管理水平的读者，可以作为高职高专院校计算机相关专业理论与实践一体化教材。我们希望通过本书的介绍，能够帮助读者更好地理解和掌握 Windows Server 2022 的配置与管理，为他们在未来的工作中提供有力的帮助。

在本书的编写过程中，我们得到了许多专家和学者的支持与帮助。在此，向他们表示衷心的感谢。同时，也希望广大读者能够喜欢本书，并在实践中得到更多的收获。

学习情境一 柠檬摄影工作室办公无忧
——小型工作室服务器部署与安全加固

学习情境二　传承红色基因，争做时代新人
——红色教育网站部署与安全管理

学习情境三　数据无价，域控护航
——域环境下中小型企业资源安全管理

学习情境一

柠檬摄影工作室办公无忧

——小型工作室服务器部署与安全加固

柠檬摄影工作室是一家创业型摄影工作室，该工作室得到了首轮天使投资，有了扩展业务的资金。为了满足工作室信息化的需要，组建了互通互联的办公网。希望通过搭建 DHCP 服务器实现工作室内部计算机自动获取 IP 地址；通过部署文件与资源管理服务器，实现内部资源共享，并设置本地安全策略，实现服务器安全加固，保护内部数据。

正确的结果，是从大量错误中得出来的；
没有大量错误作台阶，也就登不上最后正确结果的高座。

——钱学森

项目一

本地用户和组的管理

【学习目标】

1. 知识与能力目标

（1）了解工作组、本地用户账户和本地组账户的概念。

（2）熟悉工作组网络结构的特点。

（3）熟悉本地用户账户和本地组的特征和用途。

（4）会创建本地用户账户、设置其属性、更改密码及创建与管理本地组账户。

（5）会将计算机加入指定的工作组、创建本地工作组并进行配置管理。

2. 素质与思政目标

（1）积极动手实践，培养学生积极劳动的意识。

（2）遵守国家法律法规，养成良好的网络运维工程师的职业素养。

（3）养成认真、细致的学习和工作习惯。

【工作情景】

柠檬摄影工作室是一家创业型摄影工作室，公司网络管理员安装完操作系统，并完成操作系统的环境配置后，需要规划一个安全的网络环境，为用户提供有效的资源访问服务。目前，公司所有部门的计算机都处在同一个名称为“Workgroup”的工作组中。公司希望以部门为单位建立工作组。在有些办公点，比如前期部门，拍摄完成的素材图片、视频等都是存放在同一台服务器，这些计算机是多人使用，基于安全的考虑，需要每人有一个单独账户，把用户账户加入相应的组账户中。拓扑结构如图 1－1 所示。

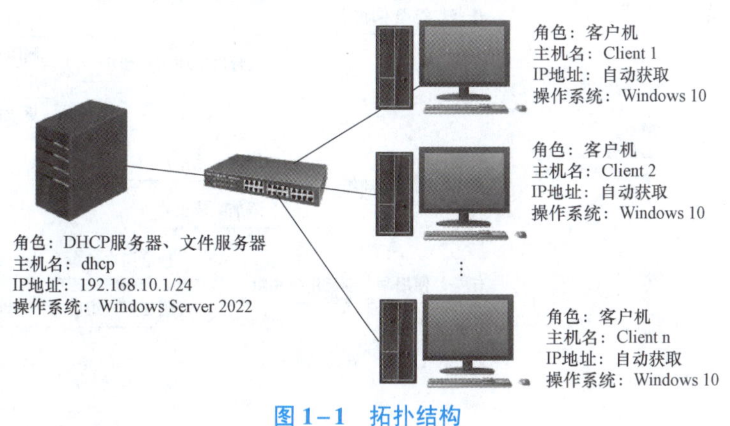

图 1－1　拓扑结构

【知识导图】

本项目知识导图如图 1-2 所示。

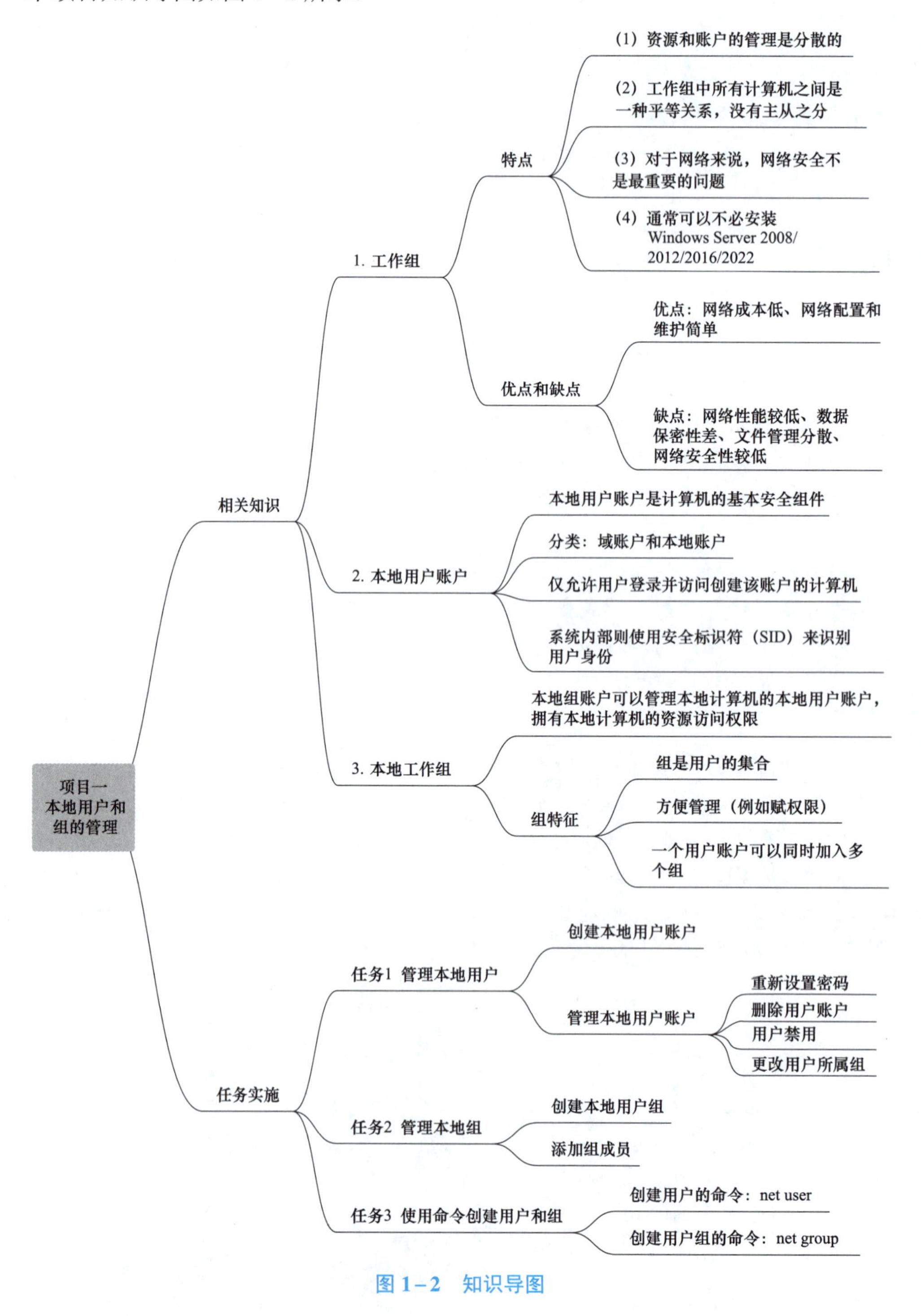

图 1-2 知识导图

【相关知识】——看一看

一、工作组

工作组是一种简单的计算机组网方式，计算机之间直接相互通信，不需要专门的服务器来管理网络资源，也不需要其他组件来提高网络的性能，每台计算机的管理员都分别管理各自的计算机。

工作组网络的特点：

① 资源和账户的管理是分散的。

② 工作组中所有计算机之间是一种平等关系，没有主从之分。

③ 对于网络来说，网络安全不是最重要的问题。

④ 通常可以不必安装 Windows Server 2003/2008/2012/2016/2022。

工作组网络的优点：

- 网络成本低、网络配置和维护简单。

工作组网络的缺点：

- 网络性能较低、数据保密性差、文件管理分散、网络安全性较低。

二、本地用户账户

在工作组中的每台计算机都有一个独立的范围，如果要访问计算机的资源，是不是需要一个用户账户和密码呢？如果验证通过，就可以访问；反之，则不行。所以说，本地用户账户是计算机的基本安全组件，计算机通过用户账户来辨别用户身份，让有使用权限的人来登录计算机，访问本地资源或从网络访问这台计算机的共享资源，所以，每台 Windows Server 2022 的计算机都需要用户账户才能登录计算机。在登录过程中，当计算机验证用户输入的账户和密码与本地安全数据库中的用户信息一致时，才能让用户登录到本地计算机。Windows Server 2022 用户账户分为两种：域账户和本地账户，域账户可以登录到域上，并获得访问该网络的权限。

本地账号仅允许用户登录并访问创建该账户的计算机。访问本地计算机上的资源而不能访问其他计算机上资源。因此，这样的用户账户被称为“本地用户账户”。

在本地计算机中的用户账户是不允许相同的，在系统内部则使用安全标识符（SID）来识别用户身份，每一个用户账户都对应有唯一的安全标识符，这个安全标识符是在用户创建时由系统自动产生的。用户在登录以后，可以在命令提示符状态下输入“whoami/logonid”命令查询当前用户账户的安全标识符。默认情况下，安装系统后会自动建立两个用户账户：

Administrator 系统管理员：该用户具有管理本台计算机的所有权利，能执行本台计算机的所有工作。Administrator 账户可以更名，但不可以删除。

Guest（来宾）：给在这台计算机上没有实际账户的人使用，一般的临时用户可以使用它来登录并访问资源，拥有很低的权限。Guest 账户不需要密码。默认情况下，Guest 账户是禁用的，需要时可以启用。

三、本地工作组

在一个工作组中，每一个计算机的管理员都可以在本地计算机的 SAM 数据库中创建组账户，组账户可以对本地计算机上的本地用户账户进行组织，拥有本地计算机内的资源访问的权限，因此，这种组账户被称为“本地组账户”，简称“本地组”或“组”。

组具有以下特征：

① 组是用户账户的集合。组的概念相当于公司中部门的概念，各个部门相当于各个组。

每个部门中员工的工作都由部门统一分配。组是用来管理一组对资源具有同一访问权限的用户账户的集合。

② 方便管理（例如，赋权限）。

③ 当一个用户加入一个组后，该用户会继承该组所拥有的权限。

④ 一个用户账户可以同时加入多个组。

常用的默认本地组见表 1–1。

表 1–1 常用的默认本地组

组名	描述信息
Administrators	具有完全控制权限，并且可以向其他用户分配用户权利和访问控制权限
Backup Operators	加入该组的成员可以备份和还原服务器上的所有文件
Guests	拥有一个在登录时创建的临时配置文件，在注销时该配置文件将被删除
Network Configuration Operators	可以更改 TCP/IP 设置并更新和发布 TCP/IP 地址
Power Users	该组具有创建用户账户和组账户的权利，可以在 Power Users 组、Users 组和 Guests 组中添加或删除用户，但是不能管理 Administrators 组成员，可以创建和管理共享资源
Print Operators	可以管理打印机
Users	可以执行一些常见任务，例如运行应用程序、使用本地和网络打印机以及锁定服务器用户不能共享目录或创建本地打印机

【任务实施】——学一学

任务 1 管理本地用户

1. 创建本地用户账户

创建本地用户和组，创建一个名为 evy 的系统用户，在这个账户中包括了用户名、密码、所属的用户组、个人信息等。操作步骤如下：

执行“服务器管理器”→“工具”→“计算机管理”，如图 1–3 所示。打开计算机管理工具，

执行“本地用户和组”→“用户”→“新用户”，即可打开创建新用户对话框，如图 1-4 所示，在新用户对话框中输入用户名 evy、密码等信息，即可完成新用户 evy 的创建，如图 1-5 所示。

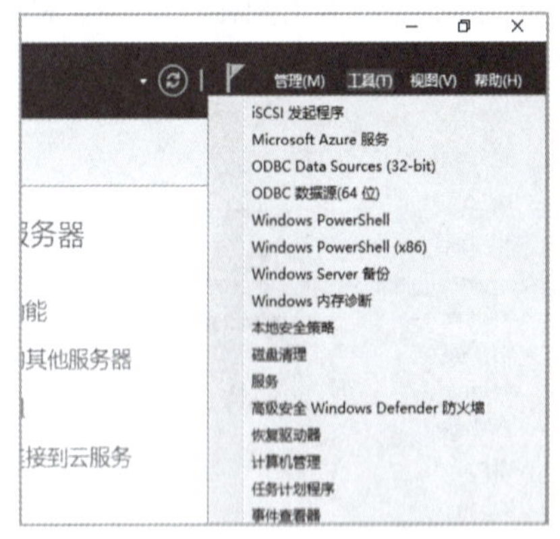

图 1-3　选择“计算机管理”

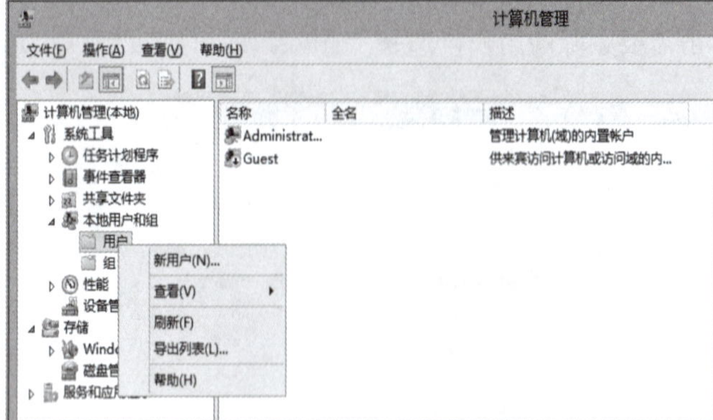

图 1-4　新建用户

用户下次登录时须更改密码：要求用户下次登录时必须修改该密码。

用户不能更改密码：通常用于多个用户共用一个用户账户，如 Guest 等。

密码永不过期：通常用于 Windows Server 2022 的服务账户或应用程序所使用的用户账户。

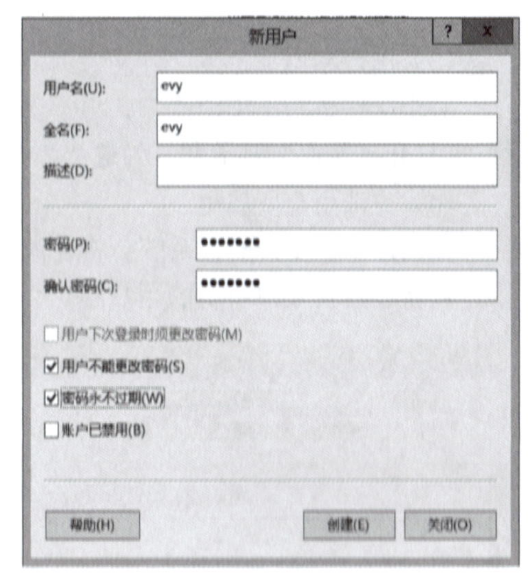

图 1-5　新建用户 evy

账户名的命名规则如下：

① 账户名必须唯一，且不分大小写。

② 用户的名最多可包含 256 个字符。

③ 在账户名中不能使用的字符有' /\[]:;| =，+*? <>。

④ 用户名可以是字符和数字的组合。

⑤ 用户名不能与组名相同。

密码的复杂性要求：

① 不能包含用户的账户名，不能包含用户姓名中超过两个连续字符的部分。

② 至少有六个字符长。

③ 包含以下四类字符中的三类：

- 英文大写字母（A～Z）。
- 英文小写字母（a～z）。
- 10 个基本数字（0～9）。
- 非字母字符（例如！、$、#、%）。

2. 管理本地用户账户

（1）重新设置密码

出于系统安全考虑，应该每隔一定时间就对用户密码进行重新设置。鼠标右键单击户名

evy，选择“设置密码”，打开“设置密码”对话框，如图 1－6 所示。

（2）删除用户账户

随着工作变动等原因，可能有一些用户账户不再使用，这时需要将用户账户删除。右键单击需要删除的用户，选择“删除”即可删除用户，如图 1－7 所示。

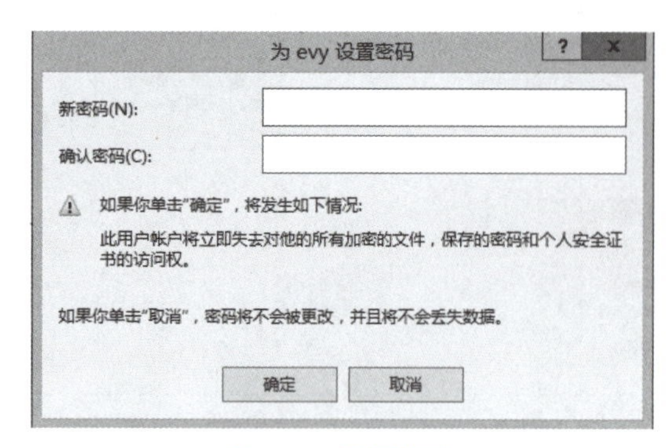

图 1－6　重置密码

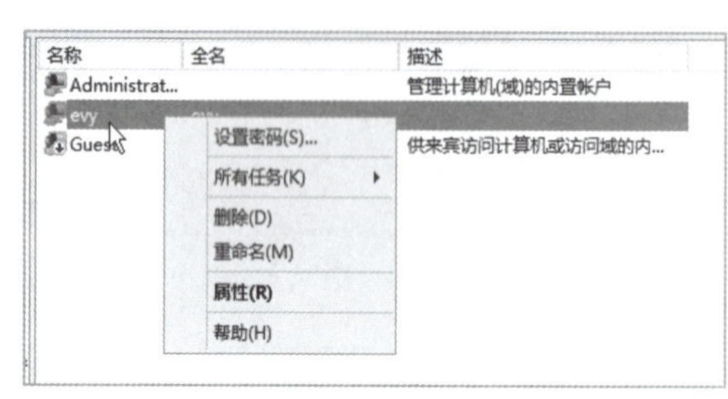

图 1－7　删除用户

（3）用户禁用

对于一些暂时不用的账户，出于安全考虑，可以将其禁用。右键单击用户名，选择“属性”，打开“属性”对话框，勾选“账户已禁用”，如图 1－8 所示。

（4）更改用户所属组

在创建一个用户时，系统会将它添加到 Users 用户组，通常需要根据用户操作的具体需求，重新设置其账户所属的用户组。“选择组”对话框如图 1－9 所示。

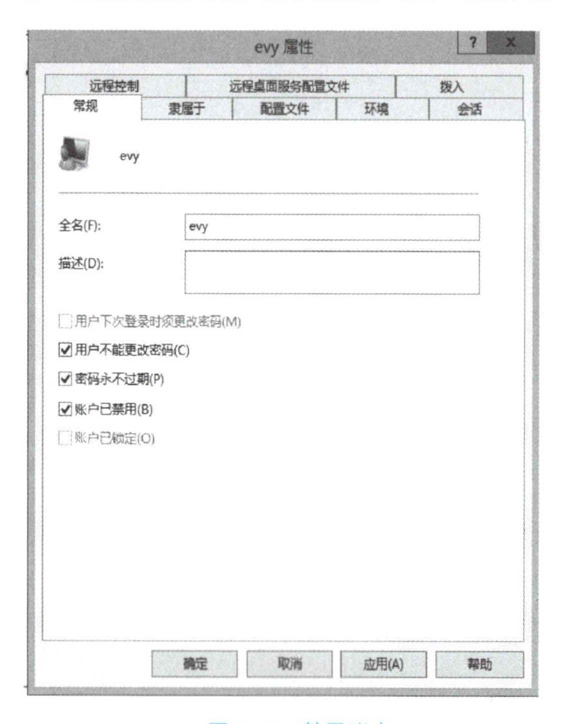

图 1－8　禁用账户

图 1－9　更改用户所属组

任务2　管理本地组

在工作组模式下，创建了本地账户，接下来就要为账户分配相应的权限，如果所有用户具有相同的权限，需要挨个给用户分配权限，工作量很大。如果建立组，将用户拖到一个组里，再对这个组分配权限，则将极大减少工作量。接下来将讲解如何创建和管理组。

1. 创建本地用户组

在如图1-9所示的窗口中单击“操作”→“新建组”，输入组名及描述信息，同时，可单击“添加”按钮，从计算机中已有的用户中指定用户，添加为该组成员。然后单击“创建”按钮完成对该组成员的创建，如图1-10所示。

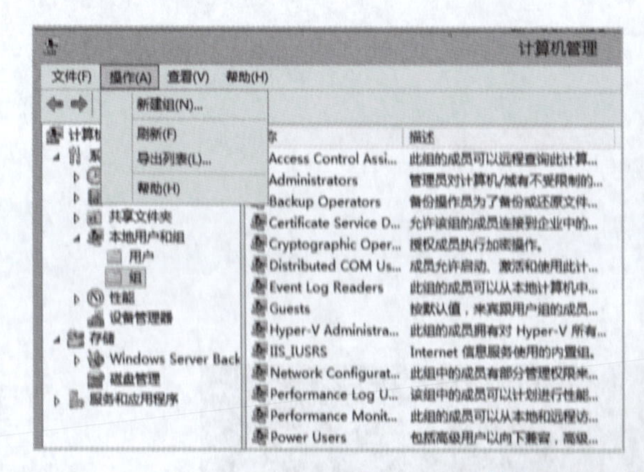

图1-10　新建sales组并添加组成员

2. 添加组成员

一个用户创建完成后，仍可以在这个用户组中添加更多用户。在用户组列表中右击需要添加成员的组，在弹出的快捷菜单中选择“属性”→“添加”，可从本机搜索所有的用户，选择目标用户，如图1-11所示。

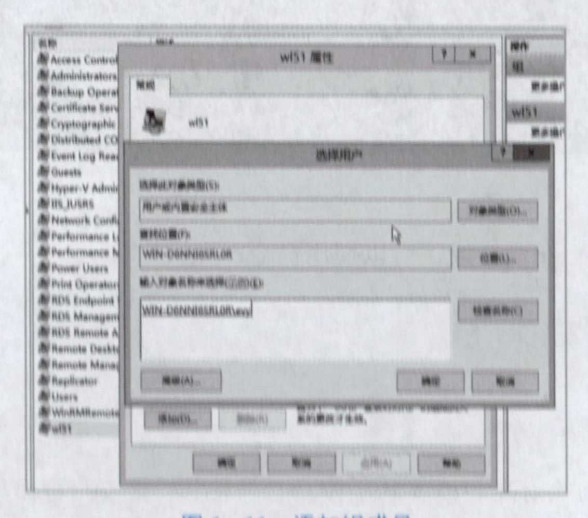

图1-11　添加组成员

任务 3 使用命令创建用户和组

创建用户的命令：

```
net user 用户名密码 /add
```

创建用户组的命令：

```
net localgroup 组名 /add
```

将用户加入组的命令：

```
net localgroup 组名用户名 /add
```

要创建用户名为 user01，密码为 abc@123，使用命令：

```
net user user01 abc@123 /add
```

如图 1－12 所示。

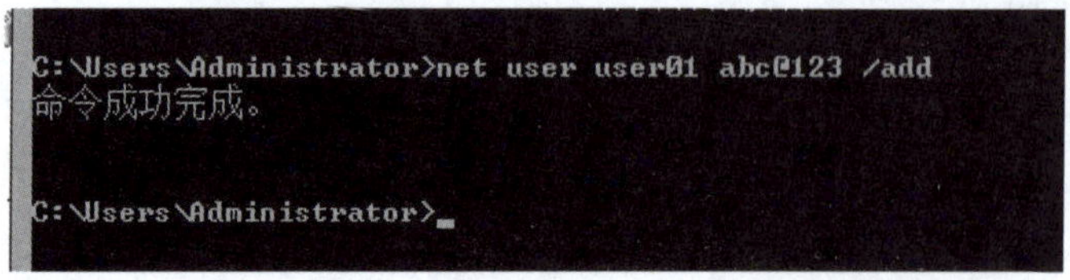

```
C:\Users\Administrator>net user user01 abc@123 /add
命令成功完成。

C:\Users\Administrator>_
```

图 1－12 使用命令创建用户

创建本地组 group1，使用命令 net localgroup group1 /add，如图 1－13 所示。

```
C:\Users\Administrator>net localgroup group1 /add
命令成功完成。

C:\Users\Administrator>
```

图 1－13 使用命令创建用户组

将 user01 用户加入 group1 组，可以使用命令：

```
net localgroup group1 user01 /add
```

【技能拓展】——拓一拓

柠檬摄影工作室与徐财高职校签署了校企合作协议，是校企合作单位。三月份该工作室承接了徐财高职校、江苏师范大学和中国矿业大学等多所高校的教学大赛和系列精品课程制作任务，正好徐财高职校有 20 名学生到该工作室顶岗实习，管理员需要给实习学生临时分配账户和密码，以便访问公司的图片、视频素材、文件等资料。假如你是网络管理员，如何批量创建用户和管理用户呢？公司拓扑结构如图 1－14 所示。

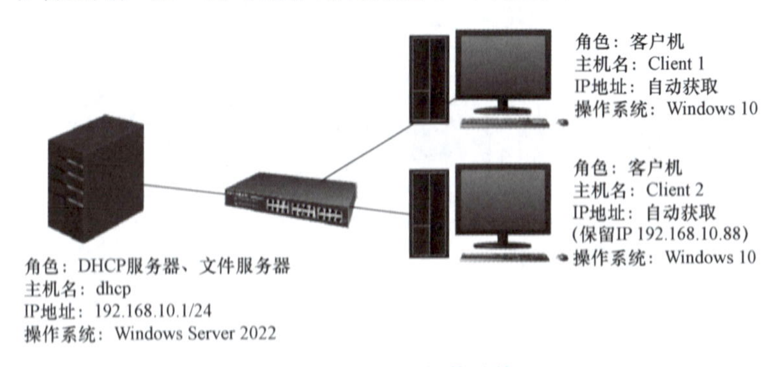

图 1－14　公司拓扑结构

【训练准备】——想一想

为了又快又好地完成任务，需要弄清楚以下几个问题：

认真分析公司要求，理解工作任务内容，明确工作任务的目标，同时拟订任务实施计划。

引导问题 1：如何使用命令创建用户？

引导问题 2：如何使用命令创建组？

引导问题 3：如何使用命令修改用户密码？

【训练过程】——做一做

分析公司要求：使用命令批量创建 20 个用户，并把用户加入 shixi 组。将用户账户编辑在文本文档中，并保存为批处理文件进行运行。学会以下命令的使用：

✓ net user 命令的使用。

✓ net localgroup groupname/add 命令的使用。

✓ net user username password /add 命令的使用。

✓ net localgroup groupname username /add 命令的使用。

操作步骤指导：

第 1 步：将所有要创建的用户账户和分组命令输入一个记事本文件中，如图 1－15 所示。

第 2 步：将文本文件保存为以.bat 为扩展名的批处理文件，如图 1－16 所示。

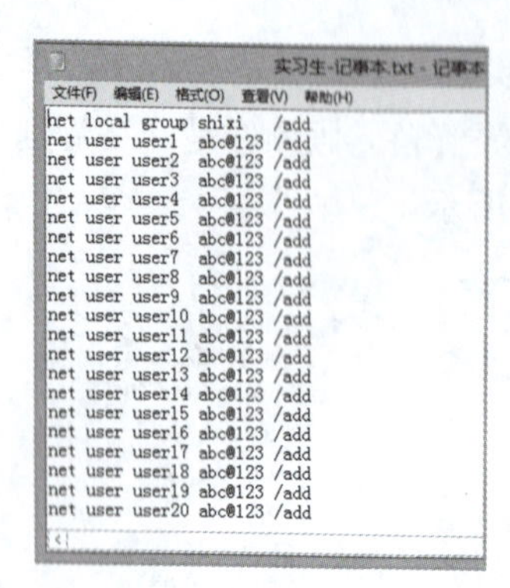

图 1-15　命令集合

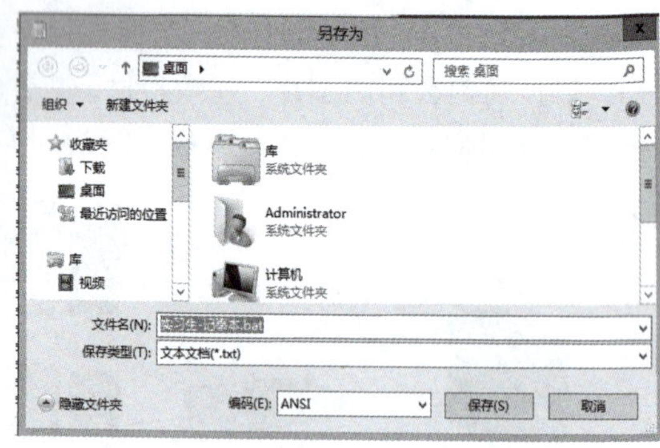

图 1-16　保存为.bat 文件

第 3 步：图片图标如图 1-17 所示，双击该文件，即可执行文件中的所有命令。

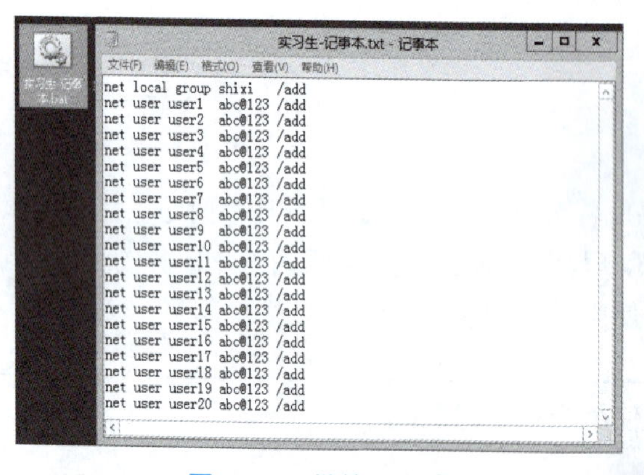

图 1-17　批处理文件

第 4 步：创建结果检查。进入“计算机管理”，在左窗格中展开本地用户和组，选择“用户”，右侧可以看到批量新创建的用户，如图 1-18 所示。

第 5 步：将用户添加到组。右击“shixi”组，选择“属性”，添加创建用户，结构如图 1-19 所示。

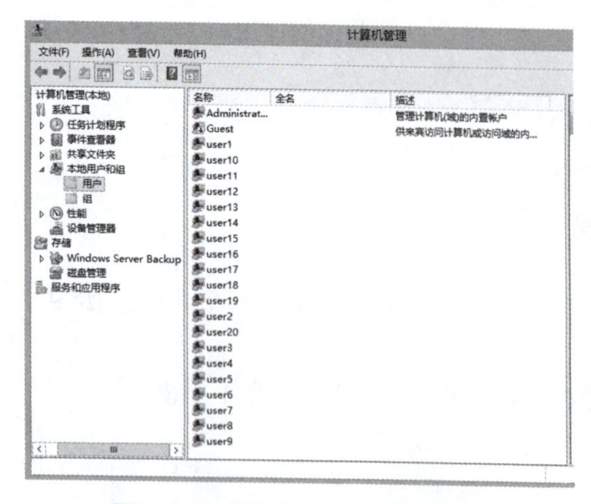

图 1-18　创建用户与分组成功

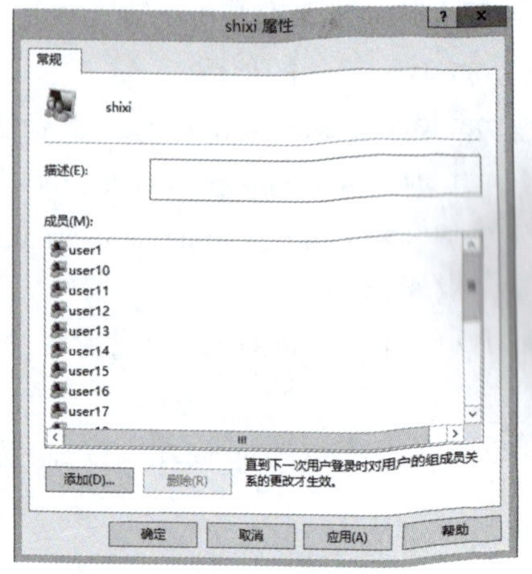

图 1-19　添加用户到组

记录拓展实验中存在的问题：

____

____

____

____

【课程思政】——融一融

“乌合之众”与“完美的群体”

谁说群体就是乌合之众？谁说群体面对复杂行为只能无能为力？《完美的群体》向《乌合之众》和《群体的智慧》发起挑战。

《乌合之众：大众心理研究》是一本研究大众心理学的著作。在书中，勒庞阐述了群体以及群体心理的特征，指出了当个人是一个孤立的个体时，他有着自己鲜明的个性化特征，而当这个人融入了群体后，他的所有个性都会被这个群体所淹没，他的思想立刻就会被群体的思想所取代。而当一个群体存在时，他就有着情绪化、无异议、低智商等特征。

《完美的群体》，作者兰·费雪，他是英国布里斯托大学物理系教授，纳米物理学与软物质研究所研究员。其研究遍及物理、化学、生物、哲学等众多领域，被誉为挑战“乌合之众”的全能科学家。拥有悉尼大学、新南威尔士大学等多所名校的化学、数学、辐射化学、物理学、生物科学、哲学等多个学科的博士和硕士学位。著有多部脍炙人口的作品，其中，《如何泡饼干》（How to Dunk a Doughnut）一书被美国物理协会评为“年度最佳科普图书”。在《新闻周刊》《华盛顿邮报》和《科学美国人》等著名期刊发表多篇文章。

在《完美的群体》一书中，兰·费雪揭开了人类复杂群体行为背后隐藏的简单秩序，将掌控群体智慧力量的方法分享给大家。他让我们相信：只要掌握群体智慧，我们就能够从复杂性泥潭中挣脱出来，发现复杂中的简单之美。只要掌握群体智慧，“乌合之众”就可以变成“完美的群体”，人类就一定能够预测和避免各种形式的完美风暴，掌控自己的未来。

《完美的群体》从研究蝗群、蜂群和蚁群，进而研究人群，揭示了群体运作的 3 大模式；提出了复杂信息的十大筛选规则，指导人们从纷繁复杂的信息中淘出智慧的金子；提出了群体信息的两大量化模型，引领人们穿越复杂的迷宫；提出了社会与行为研究的十大规则，帮助人们发现复杂中的简单之美。

兰·费雪希望能够利用幽默、趣闻和亲身经历的故事，帮助人们理解群体行为。在《完美的群体》中，从蝗虫观看《星球大战》的研究到去机场接新婚妻子却险些没认出对方的经历，从在拥挤的人群中比赛前进速度的实验到和儿子一起清理路上枯枝的故事，随处可见幽默的智慧。

思政提示：通过用户和组的安全管理学习，了解将每个个体纳入群组管理的重要性，教育个体要服从整体安全需求，才能保证整个系统，乃至整个社会的安全有序运行。

【任务评价】——评一评

1. 各小组派代表展示本项目知识点思维导图。

本项目知识点思维导图

2. 各小组展示汇报实训效果。

实训任务	完成情况	备注
任务 1	□已完成　□完成一部分　□全部未做	
任务 2	□已完成　□完成一部分　□全部未做	
任务 3	□已完成　□完成一部分　□全部未做	

3. 学生自我评估与总结。

（1）你掌握了哪些知识点？

____

____

____

（2）你在实际操作过程中出现了哪些问题？是如何解决的？

____

____

（3）谈谈你的学习心得体会。

____

____

4. 评价反馈。

根据各组学生在完成任务中的表现，给予综合评价。

项目实训评价表

评价项目	评价要点	分值	自评	互评	师评
精神状态	课前准备充分，物品放置齐整	10			
	积极发言，声音响亮、清晰	10			
	具有团队合作意识，注重沟通，自主探究学习和相互协作完成任务	10			
完成工作任务	任务 1	20			
	任务 2	20			
	任务 3	20			
自主创新	能自主学习，勇于挑战难题，积极创新探索	10			
总　分					
小组成员签名					
教 师 签 名					
日　　期					

【知识巩固】——练一练

一、填空题

1. Administrator 是操作系统中最重要的用户账户，通常称为超级用户，它属于系统中________账户。

2. Windows Server 2022 中用户分为三种：内置用户、________和本地用户。

3. Windows Server 2022 中超级用户的名字是________。

4. 用户账户的密码最长是________个字符。

5. 密码复杂性要求至少包含数字、大写字母、小写字母和________四种中的三种。

二、选择题

1. 在 Windows Server 2022 中，计算机的管理员有禁用账户的权限。当一个用户有一段时间不用账户（可能是休假等原因）时，管理员可以禁用该账户。下列关于禁用账户的叙述，正确的是（　　）。（选择两项）

A. Administrator 账户可以禁用自己，所以，在禁用自己之前，应该先创建至少一个管

理员组的账户

B. 普通用户可以被禁用

C. Administrator 账户不可以被禁用

D. 禁用的账户过一段时间会自动启用

2. 下列（　　）账户名不是合法的账户名。

A. abc_123　　B. windows book

C. dictionar*　　D. abdkeofFHEKLLOP

3.（　　）账户默认情况下是禁用的。

A. Administrators　　B. Power users　　C. Users　　D. Administrator

E. Guest

4. 小赵是一台系统为 Windows Server 2022 的计算机的系统管理员，该计算机处于工作组中。由于工作关系，来公司参观的人需要使用这台计算机访问公司的网络。小赵希望所有来访者都不能更改所有账号的密码。在为来访问者创建账号时，小赵应该选择（　　）。

A. 用户下次登录时必须更改密码　　B. 用户不能更改密码

C. 账户已锁定　　D. 账户已禁用

5. 工作组模式中，计算机数量最好不要超过（　　）台。

A. 5　　B. 10　　C. 15　　D. 20

6. 用户不能更改密码的场合是（　　）。

A. 用户出差　　B. 用户离职

C. 3 个人用 1 个用户登录　　D. 1 个人用 3 个账户登录

三、判断题

1. 假设一个工作组中有 100 台计算机，如果一个用户希望访问每台计算机上的资源，那么只需要在工作组中为他创建一个用户账户即可。（　　）

2. 默认时，任何用户账户都有权共享本地计算机上的文件夹。（　　）

3. 一个用户账户可以被多个用户同时使用。（　　）

4. 当对共享文件夹进行复制或移动的操作时，复制或移动后的文件夹仍然是共享文件夹。（　　）

5. 组只是为了简化系统管理员的管理，与访问权限没有任何关系。（　　）

6. 创建组后才可以创建该组中的用户。（　　）

7. 组账号的权限自动应用于组内的每个用户账号。（　　）

8. Guest 账户不用时，可以将其删除。（　　）

9. 如果一个用户暂时不工作，那么，为了安全起见，管理员应该将他的用户账户删除。（　　）

10. Windows Server 2022 系统中，用户账户的登录密码是区分大小写的。（　　）

项目二

部署文件系统实现资源共享

【学习目标】

1. 知识与能力目标

（1）理解文件系统的概念。

（2）了解 NTFS 文件系统与 FAT 文件系统的区别。

（3）理解共享文件夹、脱机文件夹、卷影副本和分布式文件系统的概念。

（4）掌握共享文件夹的配置与管理。

2. 素质与思政目标

（1）养成刻苦、勤奋、好问、独立思考和细心检查的学习习惯。

（2）能与组员精诚合作，能正确面对他人的成功或失败。

（3）培养学生艰苦奋斗、严守纪律、爱国爱家的精神。

【工作情景】

柠檬摄影工作室构建了局域网，初步完成了网络操作系统 Windows Server 2022 的安装与简单环境的设置。该工作室承接了某事业单位“网上重走长征路”主题教育宣传视频制作，前期摄影部门拍摄了采访老军人讲红军长征革命故事的视频和照片，存放在文件服务器上，后期部门员工在进行视频剪辑与制作时候需要访问这些素材，现在急需解决各部门的相关资源如何提供给其他部门员工使用的问题。为此，网络管理员想办法保证用户能够很好地进行共享资源的配置与管理，保证用户可以很好地访问和管理分布在网络各处的文件，那么怎样才能实现呢？最简单的方法是配置共享文件夹，然后映射网络驱动器来解决此问题，出于网络及服务器安全考虑，需要控制共享文件夹存放的内容及文件夹大小。工作室拓扑结构如图 2－1 所示。

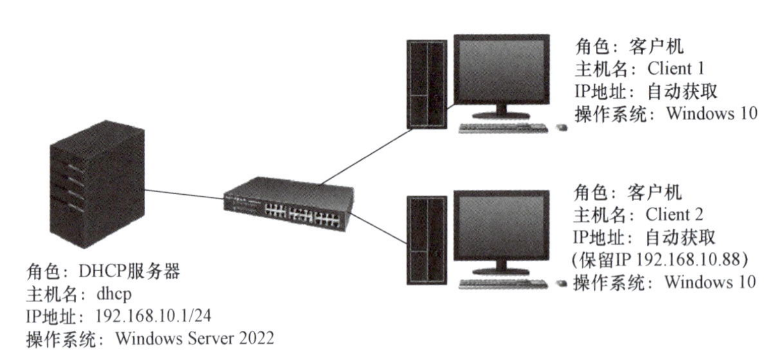

图 2－1　工作室拓扑结构

【知识导图】

本项目知识导图如图 2－2 所示。

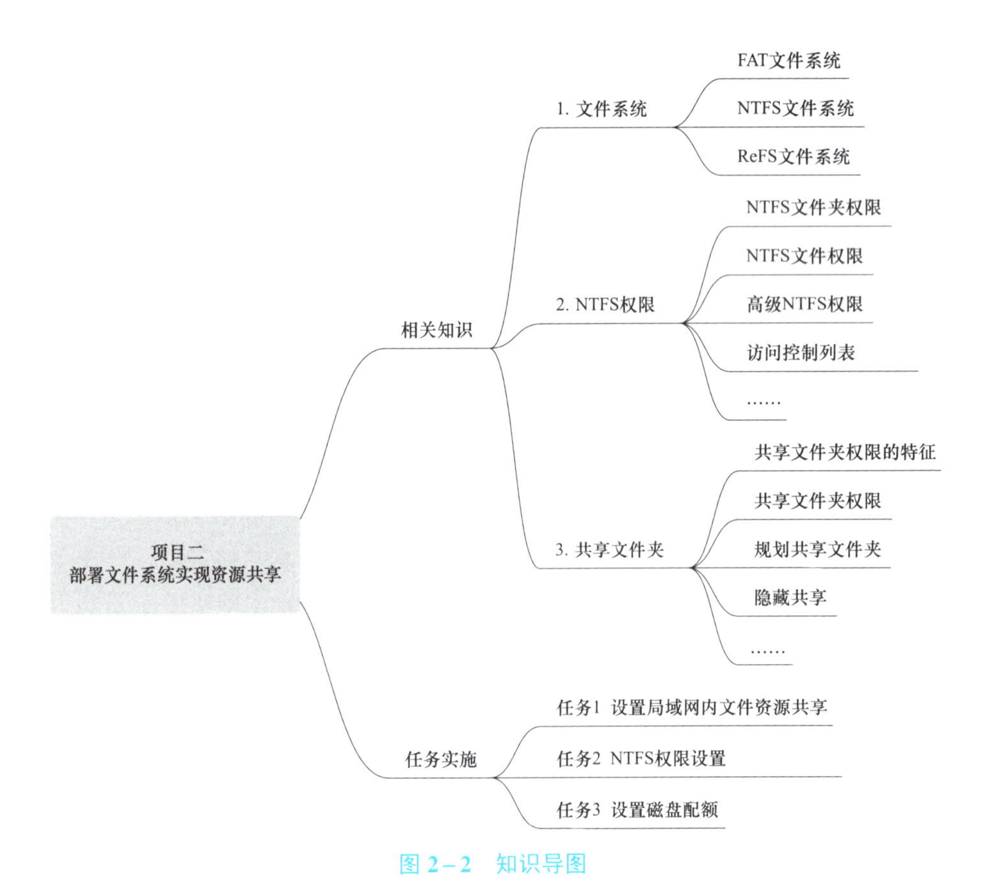

图 2－2　知识导图

【相关知识】——看一看

一、文件系统

文件系统就是在硬盘上存储信息的格式。在所有的计算机系统中，都存在一个相应的文件系统，它规定了计算机对文件和文件夹进行操作处理的各种标准和机制。因此，用户对所有的文件和文件夹的操作都是通过文件系统来完成的。其中，Windows 2000 支持的文件系统包括：

标准文件分配表（FAT），运行 Windows NT、Windows 95、MS－DOS 或 OS/2 可以存取主分区或者逻辑分区 FAT 上的文件。

增强的文件分配表（FAT32），这是在大型磁盘驱动器（超过 512 MB）上存储文件的极有效的系统，如果用户的驱动器使用了这种格式，则会在驱动器上创建多至几百兆的额外硬盘空间，从而更高效地存储数据。此外，可使程序运行加快 50%，而使用的计算机系统资源却更少。

1. FAT32 文件系统

Windows 早期的文件系统是 FAT32 文件系统，采用 32 位的文件分配表。FAT32 文件管理格式可以使磁盘的管理能力大大增强，突破了 FAT16 对每一个分区的容量只有 2 GB 的限制。

FAT32 指的是文件分配表采用 32 位二进制数记录管理的磁盘文件管理方式，因 FAT 类文件系统的核心是文件分配表，命名由此得来。FAT32 是从 FAT 和 FAT16 发展而来的，优点是稳定性和兼容性好，能充分兼容 Win 9x 及以前版本，且维护方便。缺点是安全性差，且最大只能支持 32 GB 分区（理论上可达 64 GB），单个文件也只能支持最大 4 GB。

对于使用 FAT32 文件系统的每个逻辑盘内部空间，又可划分为三部分，依次是引导区（BOOT 区）、文件分配表区（FAT 区）、数据区（DATA 区）。引导区和文件分配表区又合称为系统区，占据整个逻辑盘前端很小的空间，存放有关管理信息。数据区才是逻辑盘用来存放文件内容的区域，该区域以簇为分配单位来使用。

2. NTFS 文件系统

Windows 2000 所推荐使用的 NTFS 文件系统提供了 FAT32 文件系统所没有的、全面的性能，以及可靠性和兼容性。NTFS 文件系统的设计目标就是用来在很大的硬盘上能够很快地执行诸如读、写和搜索这样的标准文件操作，甚至包括像文件系统恢复这样的高级操作。

NTFS 文件系统包括了公司环境中文件服务器和高端个人计算机所需的安全特性。NTFS 文件系统还支持对于关键数据完整性十分重要的数据访问控制和私有权限。除了可以赋予 Windows 2000 计算机中的共享文件夹特定权限外，NTFS 文件和文件夹无论共享与否，都可以赋予权限。NTFS 是 Windows 2000 中唯一允许为单个文件指定权限的文件系统。然而，当用户从 NTFS 卷移动或复制文件到 FAT 卷时，NTFS 文件系统权限和其他特有属性将会丢失。像 FAT 文件系统一样，NTFS 文件系统使用簇作为磁盘分配的基本单元。在 NTFS 文件系统中，默认的簇大小取决于卷的大小。在“磁盘管理器”中，用户可以指定的簇大小最大为 4 kB。

Windows Server 2003 包括一个新版本的 NTFS，该文件系统在原有的灵活的安全特性（比如域和用户账户数据库）之上又加入了新的特性，如活动目录（Active Directory）。Windows 2000 中使用的 NTFS 文件系统支持以下特性：

- 活动目录。使网络管理者和网络用户可以方便、灵活地查看和控制网络资源。
- 域。它是活动目录的一部分，帮助网络管理者兼顾管理的简单性和网络的安全性。例如，只有在 NTFS 文件系统中，用户才能设置单个文件的许可权限，而不仅仅是目录的许可权限。
- 文件加密。能够大大提高信息的安全性。
- 稀松文件。应用程序生成的一种特殊文件，它的文件尺寸非常大，但实际上只需要少部分的磁盘空间。也就是说，NTFS 只需要给这种文件实际写入的数据分配磁盘存储空间。
- 其他的数据存储模式。这些模式可以提高存储和修改信息的效率。
- 磁盘活动的恢复日志。它将帮助用户在电源失效或其他系统故障时快速恢复信息。
- 磁盘配额。管理者可以管理和控制每个用户所能使用的最大磁盘空间。
- 对于大容量驱动器的良好扩展性。NTFS 中最大驱动器的尺寸远远大于 FAT 格式的，而且，NTFS 的性能和存储效率并不像 FAT 那样随着驱动器尺寸的增大而降低。

注意，只有在 NTFS 文件系统中，用户才可以使用诸如“活动目录”和基于域的安全策略等重要特性。

需要把整个磁盘或某个磁盘驱动器做成 NTFS 文件系统的用户，可在安装 Windows 2000 时，在安装向导的帮助下完成所有操作。安装程序可以很轻松地把分区转化为新版本的 NTFS 文件系统，即使以前的分区使用的是 FAT 或 FAT32。安装程序会检测现有的文件系统格式。如果是 NTFS，则自动进行转换；如果是 FAT 或 FAT32，会提示安装者是否转换为 NTFS。用户也可以在安装完毕之后使用 Convert.exe 来把 FAT 或 FAT32 的分区转化为新版本的 NTFS 分区。无论是在运行安装程序中还是在运行安装程序之后，这种转换都不会使用户的文件受到损害。

注释如果使用双重启动配置，则可能无法从计算机上的另一个操作系统访问 NTFS 分区上的文件。所以，如果要使用双重启动配置，FAT32 或者 FAT 文件系统将是更适合的选择。

3. ReFS 文件系统

从 Win10 开始，微软推出了 ReFS 文件系统，相对于 NTFS 文件系统，ReFS 文件格式提升了更多的可靠性，特别是对于老化的磁盘或者是当机器发生断电时，它提供更大的可靠性，ReFS 兼容 Storage Spaces 跨区卷技术，当磁盘出现读取和写入失败时，ReFS 会先进行系统校验，可以检测到这些错误并进行正确的复制。

ReFS 文件系统被称为“复原文件系统”，也被称为“弹性文件系统”。适用范围：Windows Server 2022、Windows Server 2019、Windows Server 2016。

复原文件系统（ReFS）是 Microsoft 的最新文件系统，旨在最大限度地提高数据可用性、跨不同的工作负荷高效地扩展到大型数据集，并提供数据完整性，使其损坏能够恢复。它旨在解决存储方案的扩展集问题以及为将来的革新打造基础。

二、NTFS 权限

使用 NTFS 权限指定哪个用户可以访问文件和文件夹，以及可以对文件和文件夹所做的操作。NTFS 权限只在 NTFS 卷上可用。NTFS 权限在格式化成文件分配表（FAT）或 FAT32 格式的卷上不可用。

1. NTFS 文件夹权限

分配文件夹权限以控制用户对文件夹以及文件夹内包含的文件和子文件夹的访问。

文件夹具有下列基本权限：

① 完全控制。用户可能执行下列全部职责，包括两个附加的高级属性。

② 修改。用户可以写入新的文件，新建子目录和删除文件及文件夹。用户也可以查看哪些其他用户在该文件夹上有权限。

③ 读取及运行。用户可以阅读和执行文件。

④ 列出文件夹目录。用户可以查看在目录中的文件名。

⑤ 读取。用户可以查看目录中的文件和查看还有谁在这里有权限。

⑥ 写入。用户可以写入新文件，并查看还有谁在这里有权限。

2. NTFS 文件权限

分配文件权限以控制用户对文件的访问。

文件有下列基本权限：

① 完全控制。用户可能执行下列全部职责，包括两个附加的高级属性。

② 修改。用户可以修改、重写入或删除任何现有文件，用户也可以查看还有哪些其他用户在该文件上有权限。

③ 读取及运行。用户可以阅读文件、查看谁有访问权并运行可执行文件。

④ 读取。用户可以阅读文件和查看还有谁有访问权限。

⑤ 写入。用户可以重写入文件并查看还有谁在这里有权限。

3. 高级 NTFS 权限（表 2-1）

表 2-1　高级 NTFS 权限

特殊权限	完全控制	修改	读取和执行	列出文件夹目录（仅文件夹）	读取	写入
通过文件夹/执行文件	×	×	×	×		
列出文件夹/读取数据	×	×	×	×	×	
读取属性	×	×	×	×	×	
读取扩展属性	×	×	×	×	×	
创建文件/写入数据	×	×				×
创建文件夹/添加数据	×	×				×

续表

特殊权限	完全控制	修改	读取和执行	列出文件夹目录（仅文件夹）	读取	写入
写入属性	×	×				×
写入扩展属性	×	×				×
删除子文件夹和文件	×					
删除	×	×				
读取权限	×	×	×	×	×	×
更改权限	×					
取得所有权	×					
同步	×	×	×	×	×	×

4. 访问控制列表

NTFS 在 NTFS 卷上存储每个文件和文件夹的访问控制列表(Access Control List，ACL)。ACL 包含所有被允许访问文件和文件夹的用户账户和组的列表以及它们具有的访问类型。当用户试图访问资源时，ACL 中必须包含用户或用户所属组的项目，称为访问控制项(Access Control Entry，ACE)。该项目必须允许用户所请求的访问。如果 ACL 中不存在 ACE，则用户不能访问该资源。

5. 多重 NTFS 权限

可以通过向用户账户和用户作为成员的每个组对资源分配权限，使该用户账户具有多个权限。需要理解 NTFS 权限如何分配及多权限组合的规则和优先级。同时需要理解 NTFS 权限继承。

✓ 权限是累积的。
✓ 文件权限覆盖文件夹权限。
✓ Deny 覆盖其他权限。

6. 权限继承与阻止权限继承

权限继承：文件和子文件夹可以从父文件夹继承权限。

阻止权限继承：可以通过设置对给定对象的继承选项来阻止分配给父文件夹的权限继承到该文件夹所包含的文件和子文件夹上。也就是说，子文件夹和文件将不继承包含它们的父文件夹的权限。

如果对某文件夹阻止了权限继承，该文件夹成为顶级父文件夹。分配给该文件夹的权限将继承到它所包含的文件和子文件夹。

7. 分配特殊 NTFS 权限

通常情况下，标准 NTFS 权限可以提供用户需要的所有对资源的访问控制。但是，也有一些情况，标准 NTFS 权限不能提供分配给用户的特定层次的访问。可以通过分配特殊 NTFS

权限来创建特定层次的访问。

① Change permissions：具有改变权限的能力。

② 获得文件或文件夹权限的所有权：遵循以下规则：

当前的资源所有者或具有完全控制权限的任何用户可以分配 Full Control 标准权限或 TakeOwnership 特殊权限给其他的用户账户或组，从而允许用户账户或组的成员能够获得所有权。

不管分配的权限如何，管理员可以获得文件或文件夹的所有权。如果管理员获得了所有权，Administrators 组成为所有者并且 Administrators 组的所有成员可以修改文件或文件夹的权限或者分配“获得所有权”权限给其他用户账户或组。

8. 复制文件及文件夹

（1）在单一 NTFS 卷内或 NTFS 卷间复制时

✓ 将其作为新文件，获得目的文件夹或卷的权限。

✓ 用户成为文件的创建所有者。

✓ 必须具有对目的文件夹的 Write 权限以复制文件和文件夹。

（2）复制到非 NTFS 卷时

✓ 丢失所有 NTFS 权限。

9. 移动文件和文件夹

（1）在单一 NTFS 卷间移动

✓ 文件夹和文件保持初始权限。

✓ 必须具有目的文件夹的 Write 权限。

✓ 必须具有对源文件和文件夹的 Modify 权限。

✓ 用户成为文件的创建所有者。

✓ 在 NTFS 卷间移动。

✓ 文件夹和文件继承目的文件夹的权限。

✓ 必须具有目的文件夹的 Write 权限。

✓ 必须具有对源文件和文件夹的 Modify 权限。

✓ 用户成为文件的创建所有者。

（2）移动到非 NTFS 卷

✓ 丢失所有 NTFS 权限。

三、共享文件夹

共享文件夹为网络用户提供对网络文件的集中访问。在文件夹共享后，默认情况下，所有用户可以连接到共享文件夹并获得对文件夹内容的访问。

1. 共享文件夹权限的特征

① 共享文件夹权限应用到文件夹而不是单独的文件。权限没有 NTFS 权限细致。

② 共享文件夹不能限制登录到共享文件夹所在计算机的用户对该文件夹的访问。它们

只应用于从网络连接到文件夹的用户。

③ 共享文件夹是保护在 FAT 卷上的网络资源的唯一方法。因为 NTFS 权限在 FAT 卷上不可用。

④ 默认的共享文件夹权限是 Full Control，在共享文件夹时分配给 Everyone 组。

2. 共享文件夹权限（表 2－2）

表 2－2　共享文件夹权限

共享文件夹权限	允许用户
读取	✓ 允许查看文件中的数据 ✓ 允许浏览子文件夹 ✓ 可执行共享文件夹中的程序 ✓ 默认情况下应用于 Everyone 组
修改	✓ “读取”类别的所有权限 ✓ 可创建新文件和子文件 ✓ 可修改或删除现有文件中的数据 ✓ 可删除文件和子文件
完全控制	用户可能执行“修改”和“读取”权限中的全部职责（列在下面的项目中），包括获得所有权

3. 规划共享文件夹

规划共享文件夹后，可以降低管理负担并方便用户访问。为了规划共享文件夹，必须决定希望共享的资源，然后根据功能，使用和管理需求组织资源。

共享文件夹可以包含应用程序和数据。使用共享应用程序文件夹来集中管理。使用共享数据文件夹为用户提供存储和访问常用文件的中央位置。

4. 隐藏共享

可以把某些共享设置为秘密状态。

要制作隐藏共享，只需要简单地在共享名称的最后加上美元符号（$）。例如，可以创建叫作 GAMES$的共享，其中全部的游戏仅供你和你的密友共享，其他通过“我的网络位置”进入的用户将看不见 GAMES$共享。

5. 管理用的共享文件夹

① 驱动器共享。每个磁盘的根将作为＜驱动器号＞$共享，例如，C$和 D$。这就使系统管理员正好能够连接到根，以进行维护。按默认设置，共享上的唯一权限是系统管理员：完全控制。

② Admin$。这是隐藏共享，等同于安装 Windows Server 2003 的地方（有时叫作系统根）。在大多数情况下是 C:\WINNT。如果在你的环境中有大量的服务器类型，也有大量安装软件到各个地方的系统管理员，则隐藏共享是把权限移动到安装点的方便方法。

③ Print$。这是对“系统根\system32\Spool\Drivers”的共享。它的主要目的是把打印机

驱动程序自动地下载给客户机。

6. 连接到共享文件夹的四种方法

有四种方法用来获得对其他计算机上的共享文件夹的访问：

① 映射网络驱动器的方法：右击“此电脑”，选择“映射网络驱动器”。

② 使用 Run 命令或地址栏进行连接。

③ 在网上邻居中一步步浏览找到相应的资源。

7. 共享文件权限与 NTFS 权限的组合

很多情况下，需要将共享权限和 NTFS 权限结合使用。

以下是一个比较好的对 NTFS 卷上资源访问的策略：以缺省的共享文件夹权限共享文件夹，然后通过分配 NTFS 权限控制访问。在 NTFS 卷上共享文件夹时，共享文件夹权限和 NTFS 权限将组合起来保护文件资源的安全。

共享文件夹权限为资源提供有限的安全。通过 NTFS 权限控制对共享文件夹的访问可以获得更大的灵活性。同时，不管资源是在本地访问还是通过网络访问，NTFS 权限都将生效。

在 NTFS 卷上使用共享文件夹权限时，遵循如下规则：

可以对共享文件夹内的文件和子文件夹应用 NTFS 权限。可以对共享文件夹包含的每个文件和子文件夹应用不同的 NTFS 权限。

除共享文件夹权限外，用户必须具有对共享文件夹包含的文件和子文件夹的 NTFS 权限来获得对文件和子文件夹的访问。这与 FAT 卷不同，在 FAT 卷上，共享文件夹权限是唯一的保护共享文件夹内文件和子文件夹的权限。

在组合共享文件夹权限和 NTFS 权限时，总是最严格的权限生效。

【任务实施】——学一学

任务 1　设置局域网内文件资源共享

柠檬摄影工作室的许多图片、视频素材（保存在 D:\share）需要提供给公司内部员工使用，不允许用户修改，更不允许用户删除，但用户 evy 具有修改权限。用户可以将经常使用的网络中某台计算机上的共享文件夹，为了使用方便，就需要将其映射为驱动器。具体操作步骤如下：

第 1 步：启用 Guest 账户。

打开“Guest 属性”对话框，如图 2－3 所示，取消勾选“账户已禁用”。

第 2 步：检查 Guest 是否被禁用。

单击“开始”→“管理工具”→“本地安全策略”（或者单击“开始”→“运行”，输入“secpol.msc”），打开“本地安全策略”对话框，如图 2－4 所示。

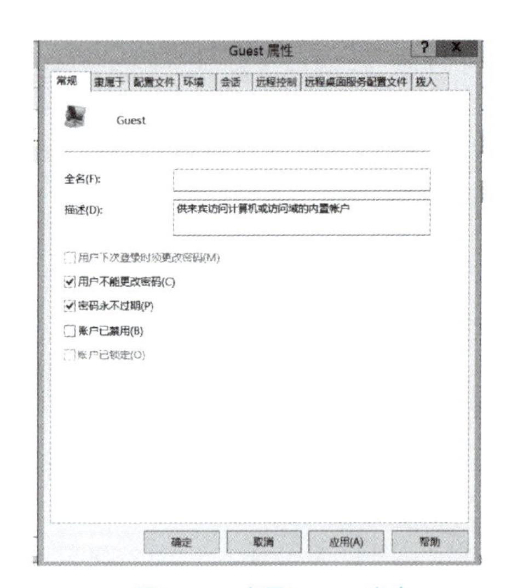

图 2－3　启用 Guest 账户

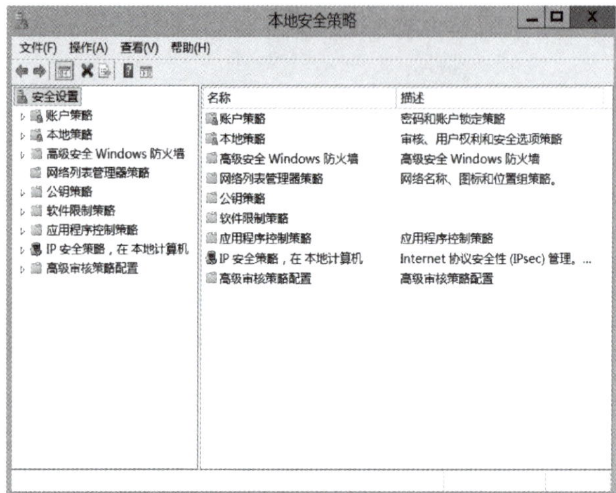

图 2－4　“本地安全策略”对话框

依次展开“本地策略”→“用户权限分配”，在右侧找到“拒绝从网络访问这台计算机”项的属性，检查里面是否有 Guest 账户，如果有，就把它删除掉，如图 2－5 所示。

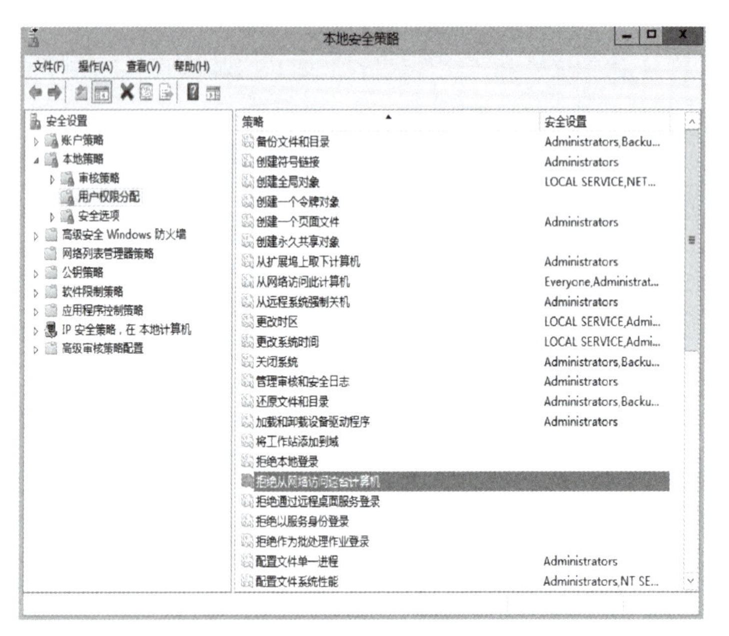

图 2－5　检查 Guest 是否被禁用

第 3 步：添加共享文件夹。

方法 1：

① 打开“计算机管理”窗口，然后展开“共享文件夹”→“共享”子节点，打开如图 2－6 所示窗口。

② 选择主菜单中的“操作”→“新建共享”，或者在左侧窗口右击“共享”子节点，选择“新建共享”，打开如图 2－7 所示窗口。

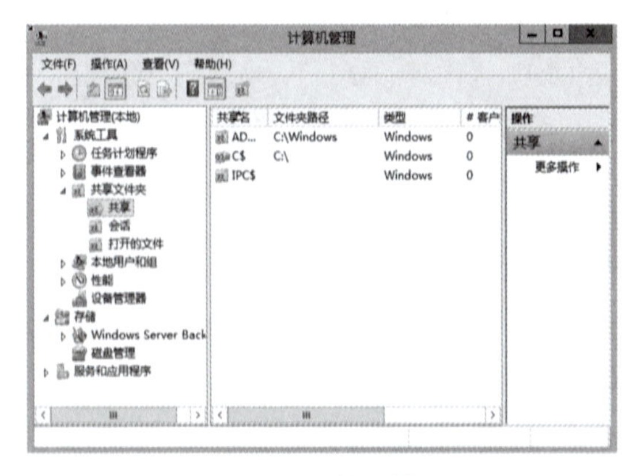

图 2-6　计算机管理

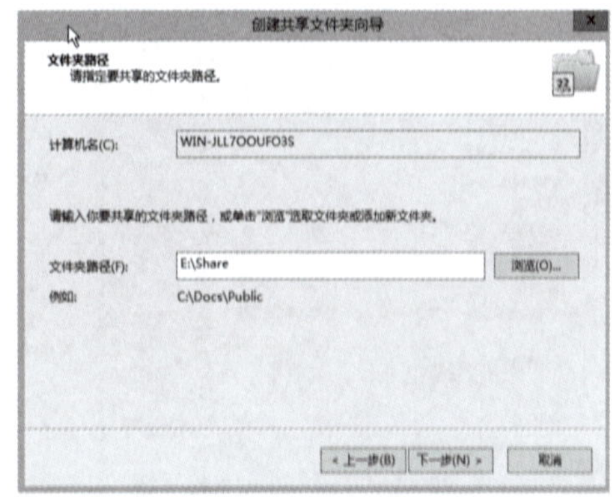

图 2-7　创建共享文件夹向导-文件路径

③ 单击“下一步”按钮，输入共享名称、共享描述，在共享描述中可输入一些该资源的描述性信息，以方便用户了解其内容，如图 2-8 所示。

④ 单击“下一步”按钮，用户可以根据自己的需要设置网络用户的访问权限，或者选择自己定义网络用户的访问权限，如图 2-9 所示。

⑤ 单击“完成”按钮，即完成共享文件夹的设置。

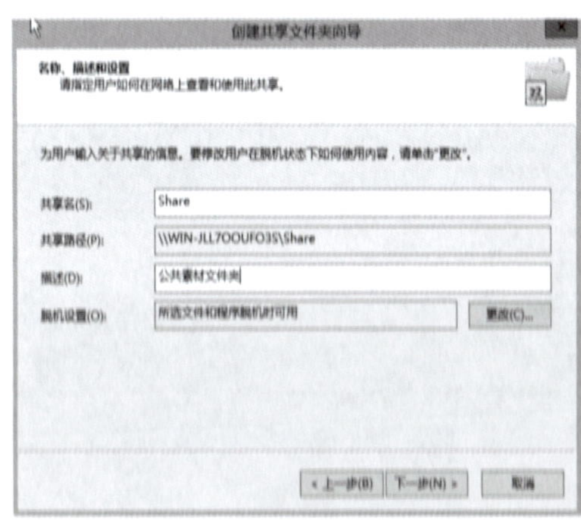

图 2-8　名称、描述和设置

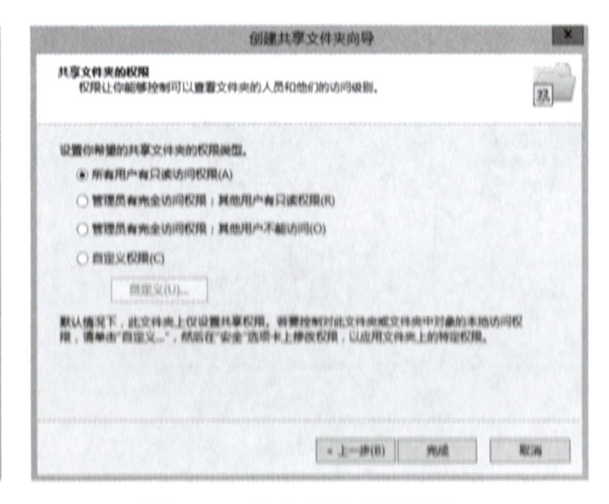

图 2-9　共享文件夹的权限

方法 2：

① 选择要设置为共享的文件夹 TEST。鼠标右键激活快捷菜单，选择“属性”菜单项，再选择“共享”选项卡，如图 2-10 所示。在“共享”选项卡中单击“共享”按钮，打开“文件共享”对话框，如图 2-11 所示。

② 单击“添加”按钮，在图 2-12 中添加“evy”和“Everyone”。

③ 设置 Everyone 用户具有读取权限，evy 用户具有读写权限，如图 2-13 所示。

④ 如果是第一次对文件夹进行共享，将打开“网络发现和文件共享”对话框，选择“是，启用所有公用网络的网络发现和文件共享”，如图 2-14 所示。

此时，可以得到如图 2-15 所示的“文件共享”对话框。

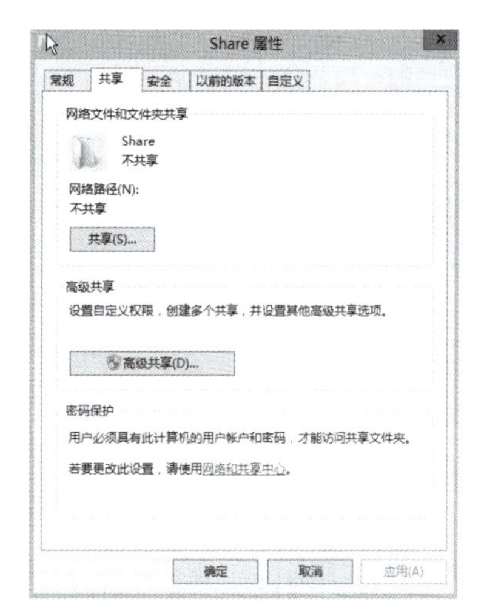

图 2-10　Share 属性

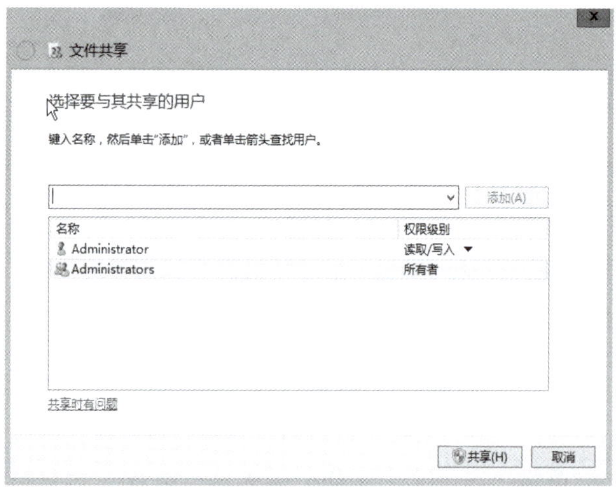

图 2-11　文件共享

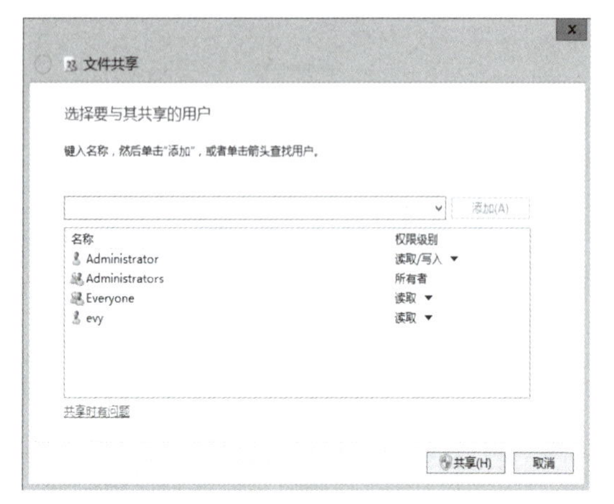

图 2-12　选择用户 evy

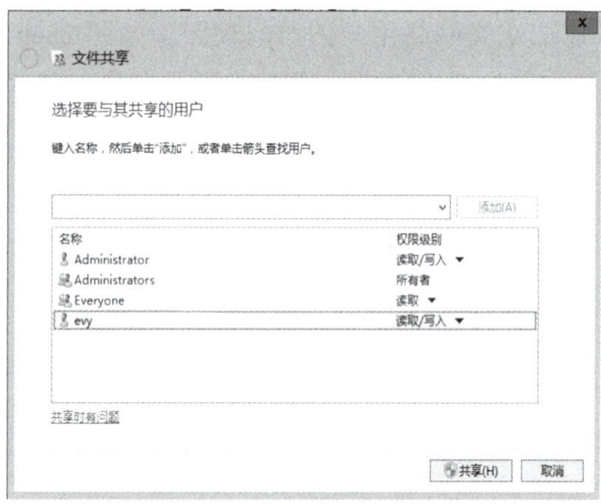

图 2-13　用户权限设置

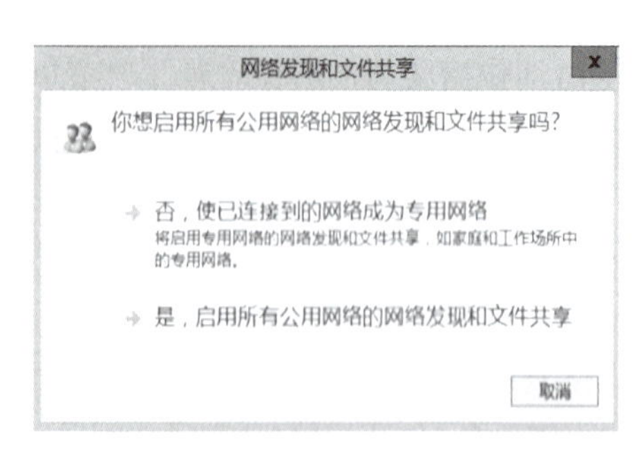

图 2-14　启用网络发现和文件共享

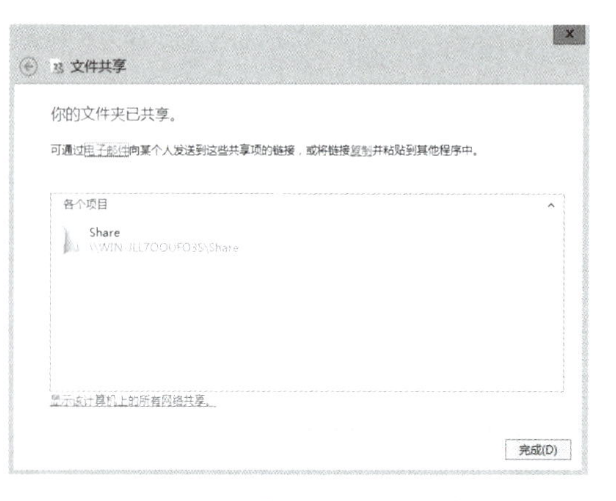

图 2-15　共享文件夹设置完成

第 4 步：访问共享文件夹。

单击“开始”→“运行”，在“运行”文本框中输入“\\计算机的 IP 地址或计算机名”，如图 2－16 所示。也能找到共享的文件夹，如图 2－17 所示。

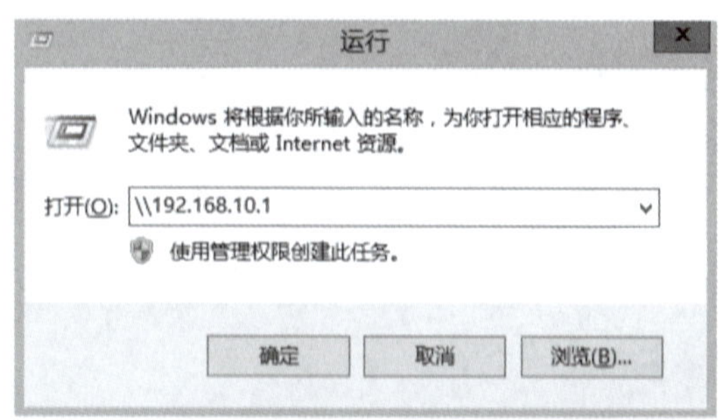

图 2－16　通过“运行”窗口访问共享

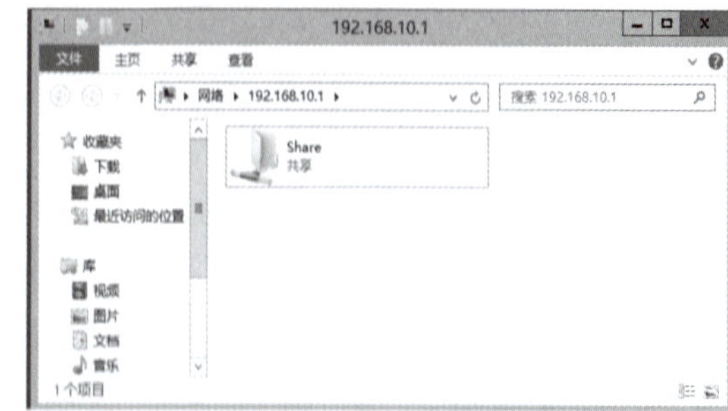

图 2－17　成功访问共享文件夹

第 5 步：映射网络驱动器

在桌面上右击“计算机”图标，在弹出的菜单中选择“映射网络驱动器”选项，打开“映射网络驱动器”对话框，选择共享文件夹的映射驱动器符号（如：Z）。输入要共享的文件夹名及路径（\\192.168.10.1\share），如图 2－18 所示。

如果经常需要使用该驱动器，则用户还可以勾选“登录时重新连接”复选项。设置完成后，单击“完成”按钮，即可完成对共享文件夹到本机的映射。

完成后打击“计算机”，可以看到映射到的网络驱动器，如图 2－19 所示。当不再需要网络驱动器时，可以将其断开。

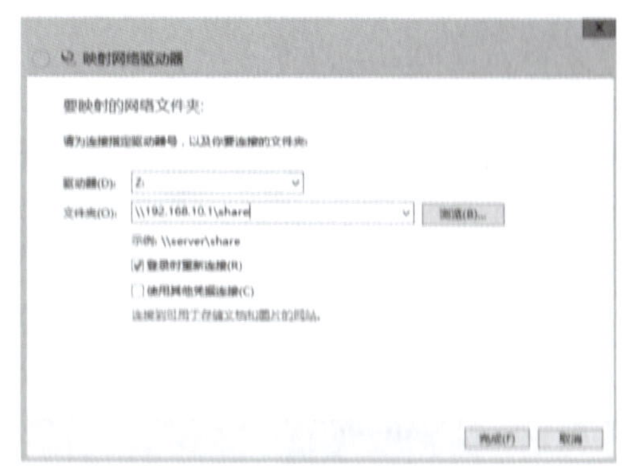

图 2－18　映射网络驱动器

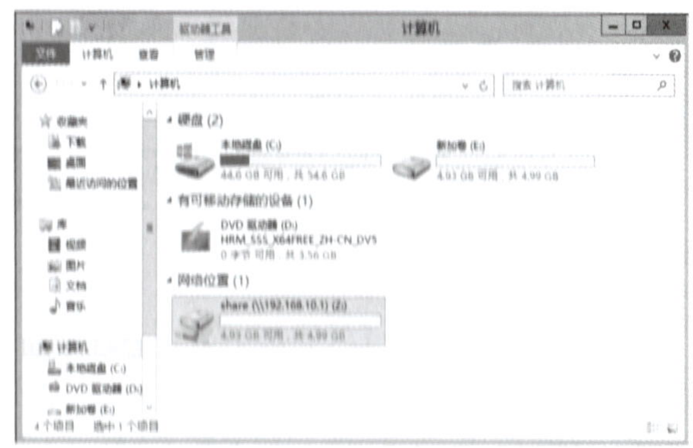

图 2－19　映射网络驱动器完成后的效果

温馨提示：

使用命令创建共享和访问共享：

- 共享一个文件夹

net share sharename= “路径=...”

```
如：net  share  office2016=c:\office
```

● 删除共享

```
net share sharename/del
如：net share office/del
```

● 查看本地主机的共享资源（可以看到本地的默认共享）

```
net share
```

● 建立空连接：

```
net use  \IP\ipc$  " " /user: " "
IP\ipc$：指 IP 地址和共享名
```

● 建立非空连接：

```
net use  \IP\ipc$  "密码" /user: "用户名"
```

● 删除所有已有的连接

```
net use */delete
```

任务 2　NTFS 权限设置

第 1 步：新建用户 stu1。执行“服务器管理器”→“工具”→“计算机管理”，如图 2-20 所示。

打开计算机管理工具，在“本地用户和组”下面右击，选择“用户”→“新用户”，在“新用户”对话框中输入用户名 stu1、密码等信息，即可完成新用户 stu1 的创建，如图 2-21 所示。

图 2-20　选择“计算机管理”

图 2-21　新建 stu1 用户

第 2 步：完成新用户的创建之后，将系统盘除外的盘里（比如 E 盘）按照用户的前六项权限（完全控制、修改、读取和运行、列出文件夹目录、读取、写入）创建六个文件夹，对这个文件夹分别赋予和文件名相同的权限，如图 2-22 所示。

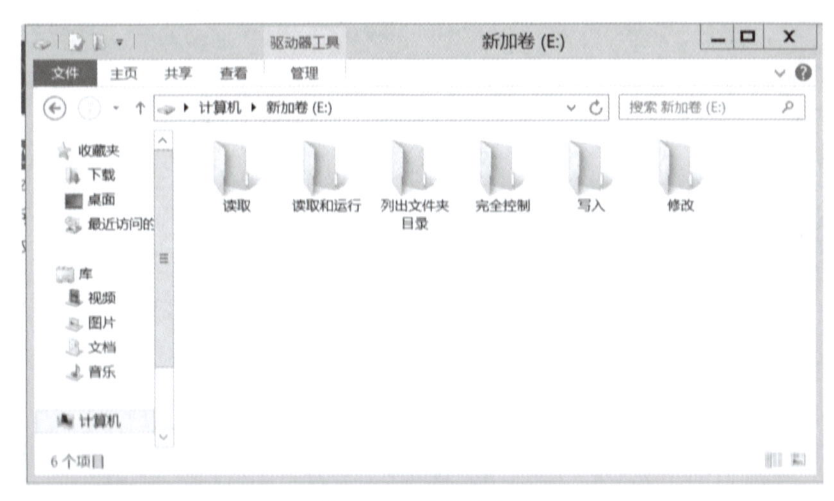

图 2-22　新建文件夹

第 3 步：下面把新创建的六个文件夹的属性打开，把它们的 Users 组全部删除掉。右击，选择“读取”→“属性”→“安全”，如图 2-23 所示。

图 2-23　属性设置

单击“高级”按钮，在“读取的高级安全设置”对话框中，单击“禁用继承”按钮，在弹出的“阻止继承”对话框中，选择“将已继承的权限转换为此对象的显式的权限”，如图 2-24 所示，单击“确定”按钮。

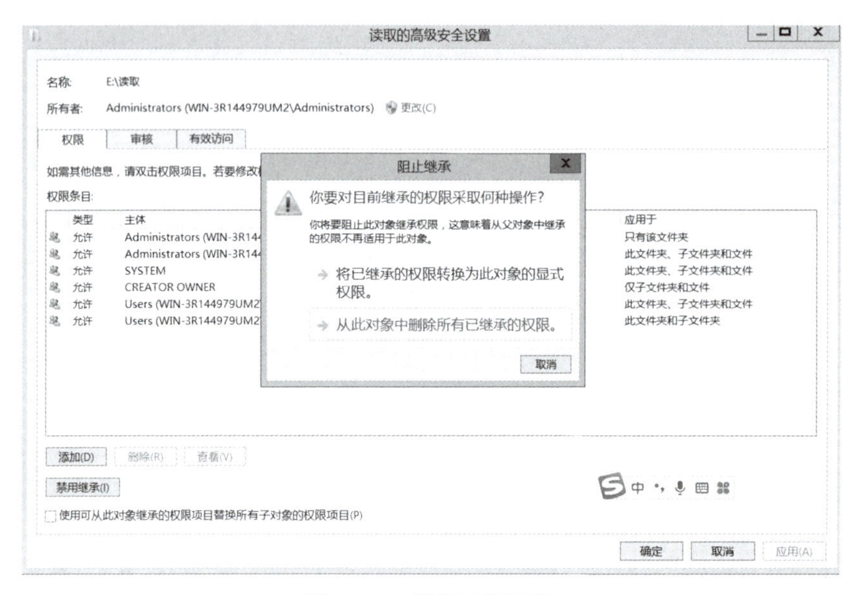

图 2-24 禁用继承设置

在“读取属性”对话框中，单击“编辑”按钮，打开“读取的权限”对话框，选择 Users 组，单击“删除”按钮，如图 2-25 所示。

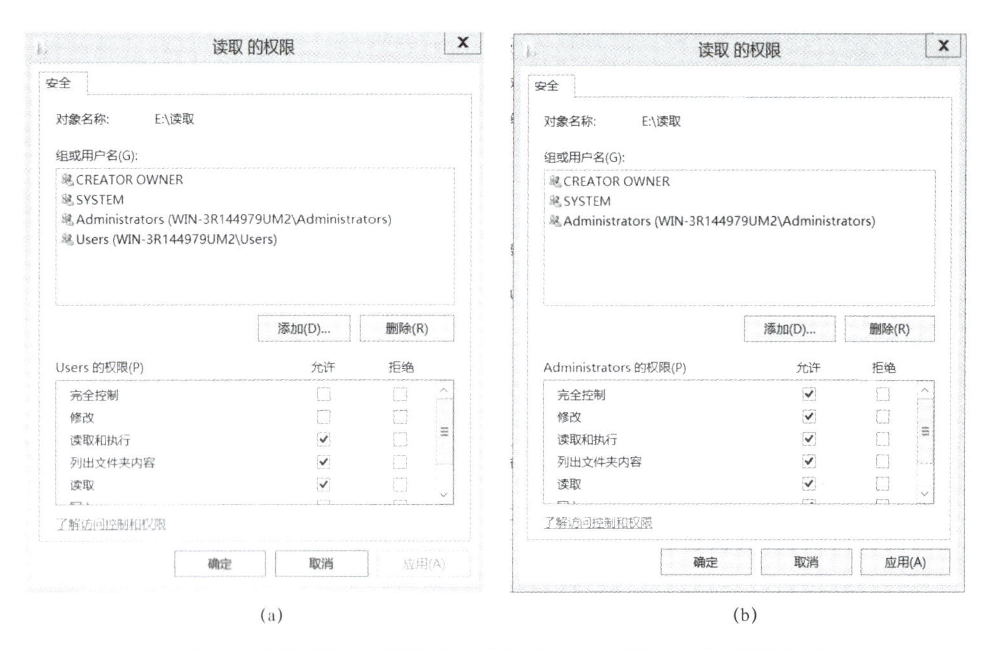

图 2-25 删除 Users 组前（a）与删除 Users 组后（b）的效果图

其他五个文件夹也按照同样的步骤删除 Users 组权限，删除后如图 2-26 所示。

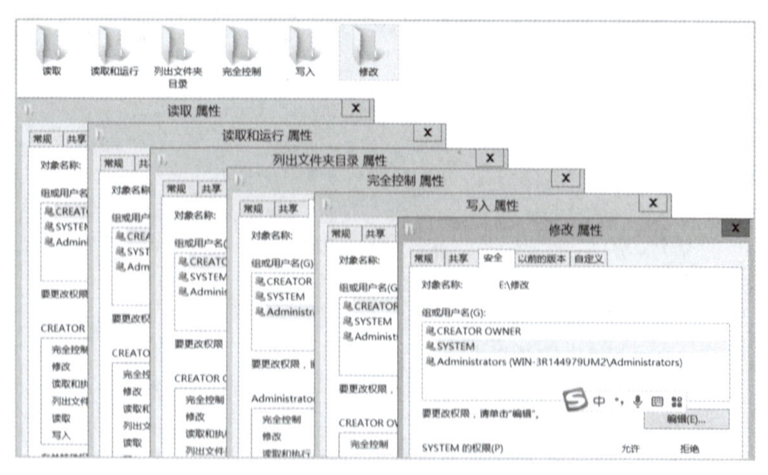

图 2-26　六个文件夹属性设置

第 4 步：在新建的六个文件夹里面放入一个批处理文件、一个文件夹和一个带内容的文本文档，方便后面做测试访问权限使用，如图 2-27 所示。

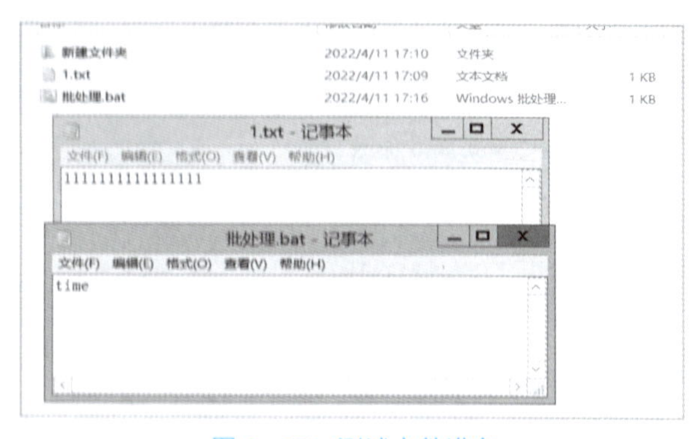

图 2-27　测试文件准备

第 5 步：权限设置。下面对六个文件分别赋予 stu1 用户不同的权限，在 stu1 用户下依次对六个文件夹赋予与它们的文件名字相对应的权限，如图 2-28～图 2-33 所示。

图 2-28　"读取"文件夹权限设置

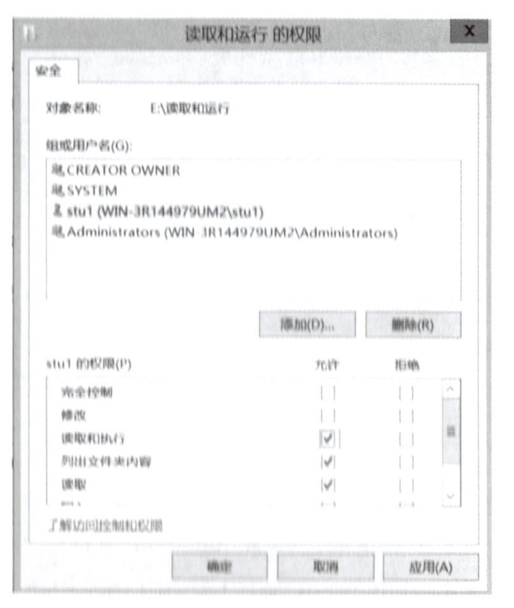

图 2-29　"读取和运行"文件夹权限设置

图 2－30　“列出文件夹目录”文件夹权限设置

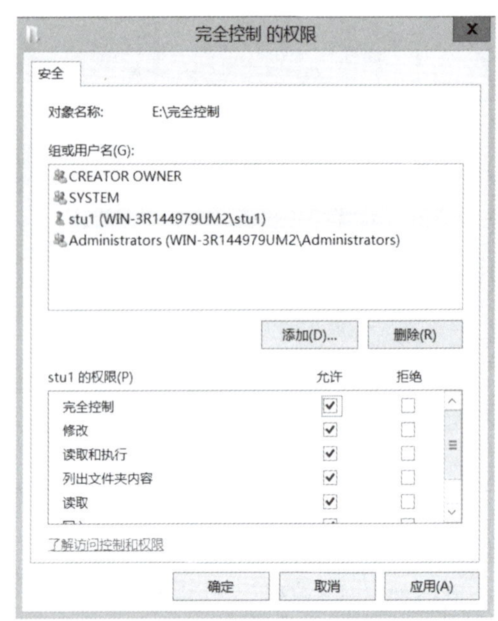

图 2－31　“完全控制”文件夹权限设置

图 2－32　“写入”文件夹权限设置

图 2－33　“修改”文件夹权限设置

第 6 步：下面注销 administrator 用户，切换到 stu1 用户来检测权限的应用。

注销 administrator 用户，使用 stu1 用户登录，如图 2－34 所示。

图 2-34　使用 stu1 用户登录

① 首先测试 stu1 对“读取”文件夹的权限。

图 2-35 所示操作展示了 stu1 用户在“读取”文件夹目录下只能读取文件内容，而其他的一切操作均无法进行，比如不能复制粘贴文件，不能创建文件夹，不能执行批处理文件。

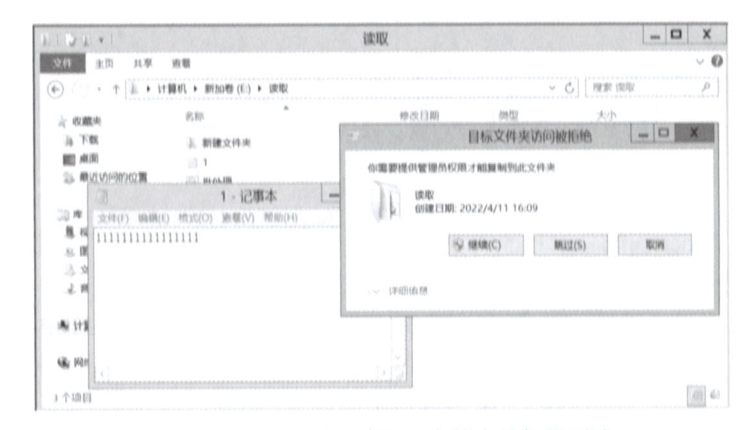

图 2-35　stu1 对“读取”文件夹的权限测试

② 测试 stu1 对“读取和运行”文件夹的权限。

对于“读取和运行”权限的文件夹，stu1 用户只能对此文件夹进行读取和运行（可执行批处理文件），不能进行创建和修改文件，如图 2-36 所示。

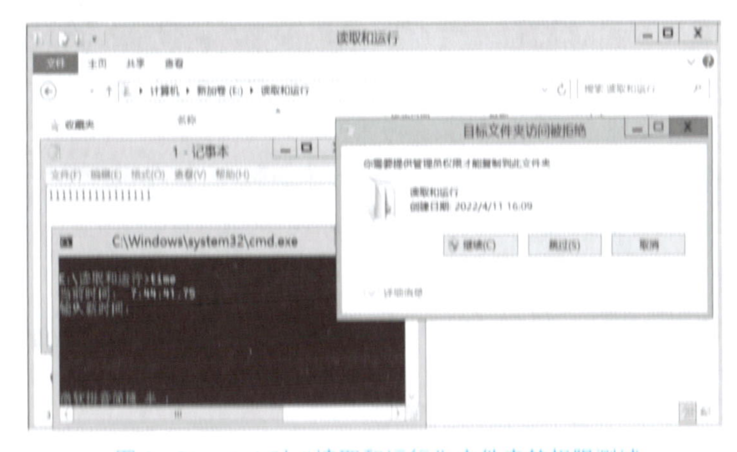

图 2-36　stu1 对“读取和运行”文件夹的权限测试

③ 测试 stu1 对“列出文件目录”文件夹的权限。

stu1 用户在“列出文件夹目录”下只能看到文件夹目录，无法再进一步打开文件夹。对于其他的越权操作，一律是“文件访问被拒绝”，如图 2－37 所示。

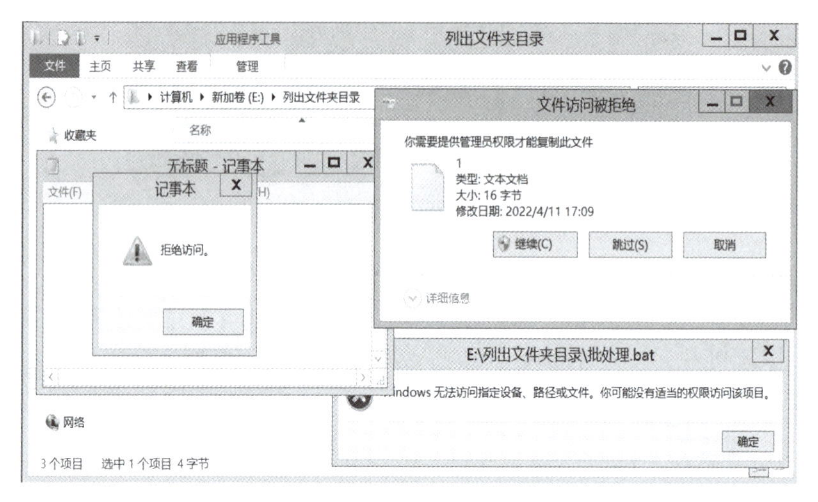

图 2－37 stu1 对“列出文件目录”文件夹的权限测试

④ 测试 stu1 对“完全控制”文件夹的权限。

stu1 用户对“完全控制”文件夹拥有了完全控制能力，可以读取、创建和修改文件，还能运行文件，如图 2－38 所示。

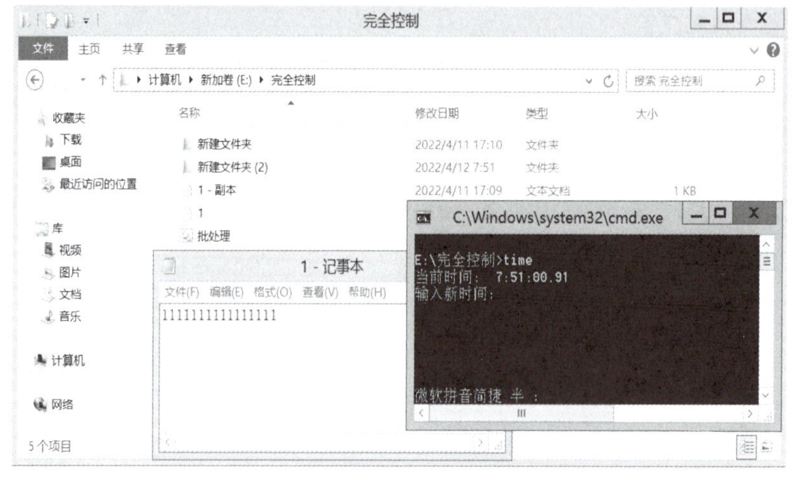

图 2－38 stu1 对“完全控制”文件夹的权限测试

⑤ 测试 stu1 对“修改”文件夹的权限。

图 2－39 表明了“修改”权限是比“完全控制”权限只低了一级的权限，可以读取、创建和修改文件，还能运行文件。同样，也表明了 stu1 用户对“修改”文件夹有了修改的权限。

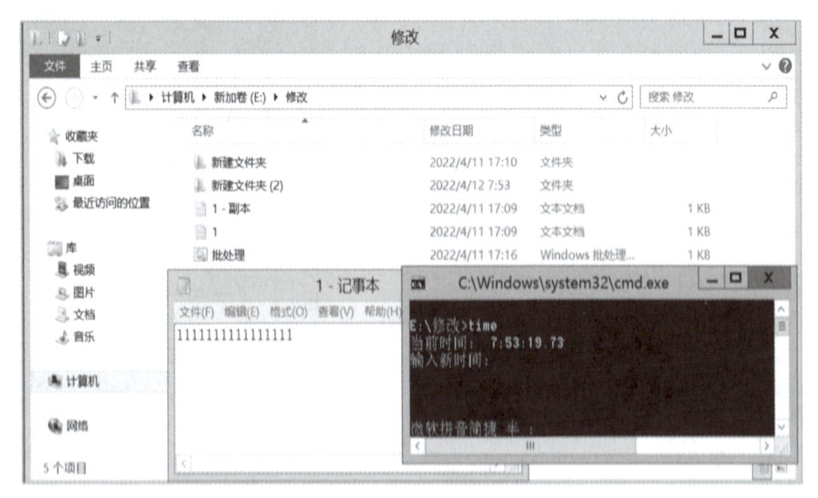
图 2-39　stu1 对“修改”文件夹的权限

⑥ 测试 stu1 对“写入”文件夹的权限。

由以上的操作可知，“写入”文件夹是打不开的，如图 2-40 所示。stu1 用户登录，打开“写入”文件夹时，提示“你当前无权限访问该文件夹”，因为 stu1 用户没有对此文件夹的读取权限。

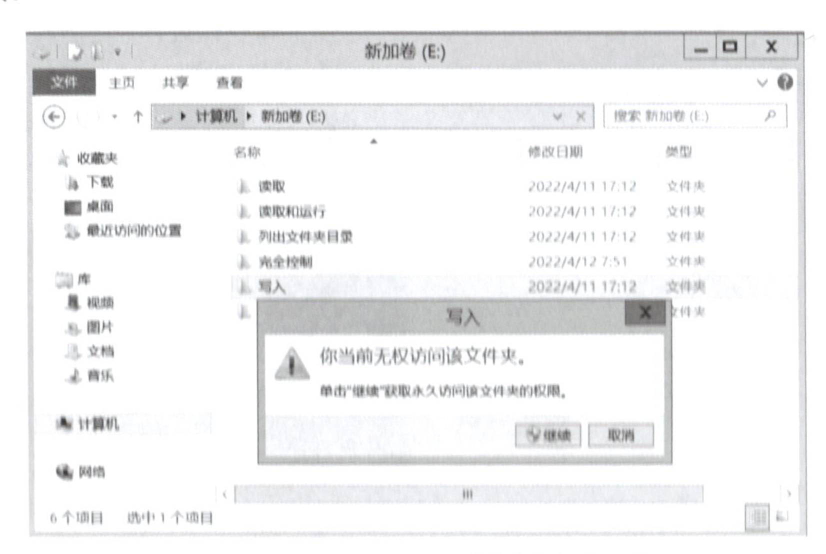
图 2-40　stu1 对“写入”文件夹的权限测试

任务 3　设置磁盘配额

柠檬摄影工作室的文件服务器的 E 盘是提供给所有公司员工使用的，大家都可以上传相关素材资料到该盘下面，但是为了避免个别员工过度占用资源，需要设置磁盘配额，限制用户访问服务器的磁盘容量。

磁盘配额是计算机中指定磁盘的存储限制，就是管理员可以为用户所能使用的磁盘空间进行配额限制，每一用户只能使用最大配额范围内的磁盘空间。

在 Windows Server 2022 操作系统中，磁盘配额跟踪以及控制磁盘空间的使用可达到如下目的：用户超过所指定的磁盘空间限额时，阻止进一步使用磁盘空间和记录事件；当用户超过指定的磁盘空间警告级别时，记录事件。

磁盘配额设置的操作步骤如下：

在 E 盘上右击，选择“属性”，选择“配额”，勾选“启用配额管理”，设置“将磁盘空间限制为 10 GB”，“将警告等级设为 9 GB”，如图 2－41 所示，即可设置用户最大使用磁盘空间为 10 GB，当使用量达到 9 GB 时，会发出警告。

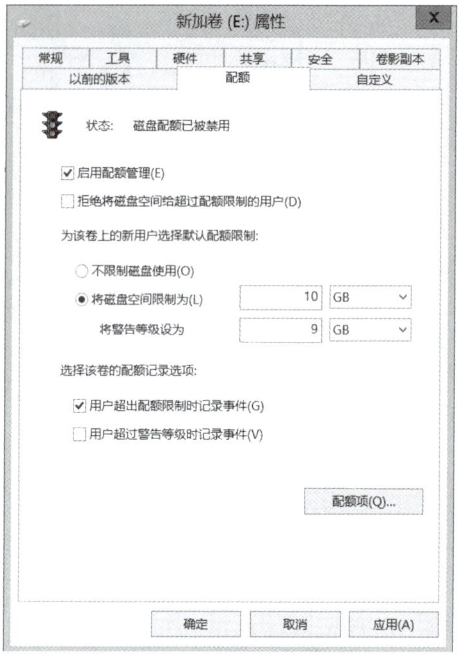

图 2－41　磁盘配额

【技能拓展】——拓一拓

在管理文件系统与共享资源时，有时候需要对企业共享资源进行一定的约束与管理。以此企业应用为例，公司内部服务器需要开启一个文件夹共享，提供日常业务文件共享和公共文件资源分享与交流。出于网络及服务器安全考虑，需要控制共享文件夹存放的内容及文件夹大小。公司需求如下：共享路径为 F:\share，共享文件夹配额为 100 MB，只共享 doc、xls、ppt 及 txt 文件。如图 2－42 所示。

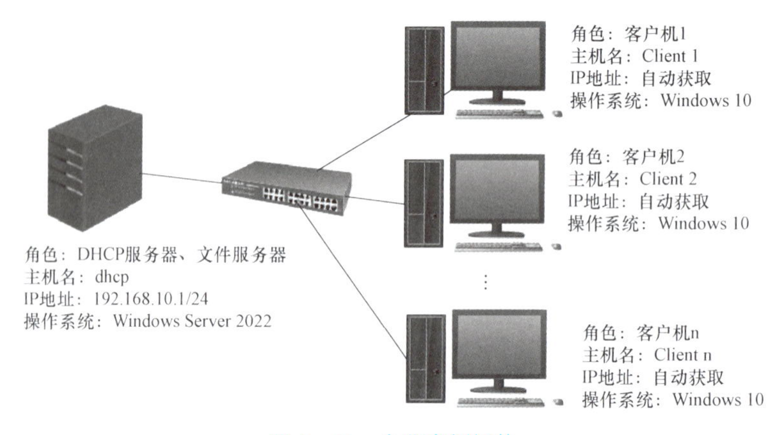

图 2－42　企业案例拓扑

【训练准备】——想一想

为了又快又好地完成任务，需要弄清楚以下几个问题：

1. 分析企业需求：

共享资源管理及配置直接关系到网络系统的安全，根据公司要求，需要在公司内部设置企业资源文件夹共享，路径为 F:\share，共享文件夹配额 100 MB，只共享 doc、xls、ppt 及 txt 文件。

2. 认真阅读公司服务器拓扑结构，理解工作任务内容，明确工作任务的目标，同时拟订任务实施计划。

引导问题 1：如何设置局域网内的文件资源共享？请简要描述。

引导问题 2：什么是磁盘配额？如何设置磁盘配额？

引导问题 3：如何实现只共享 doc、xls、ppt 及 txt 文件，而屏蔽其他文件？

【训练过程】——做一做

操作步骤指导：

第 1 步：在服务器 F 盘创建共享文件夹 share，并开启共享，允许公司内部员工可读可写，如图 2-43 所示。

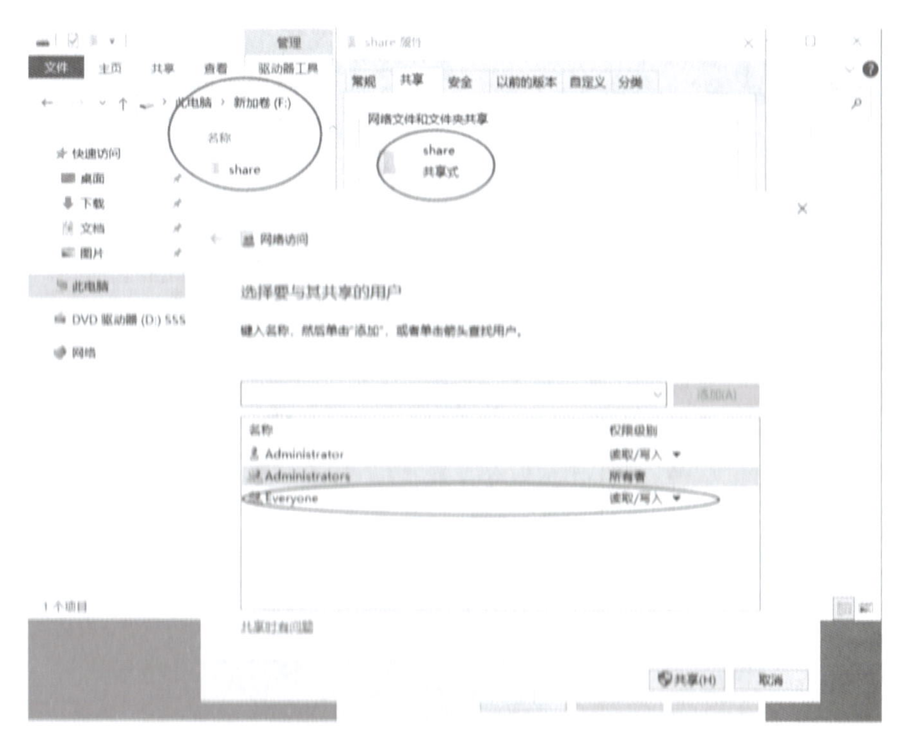

图 2-43　开启共享

第 2 步：在添加角色中，安装“文件服务器资源管理器”角色服务，如图 2-44 所示。

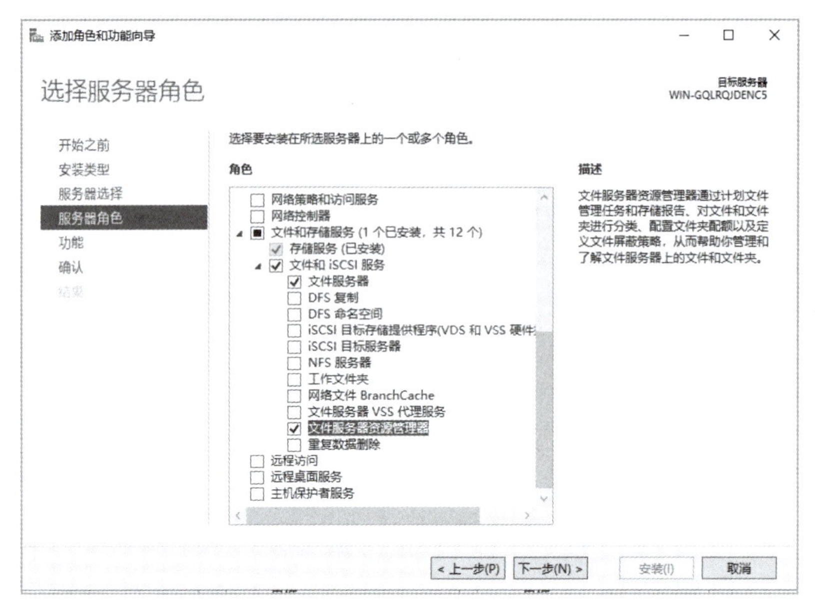

图 2－44　安装“文件服务器资源管理器”角色服务

然后打开“文件服务器资源管理器”窗口，在“文件服务器资源管理器”中选择“配额管理”，进行“创建配额”，如图 2－45 所示。

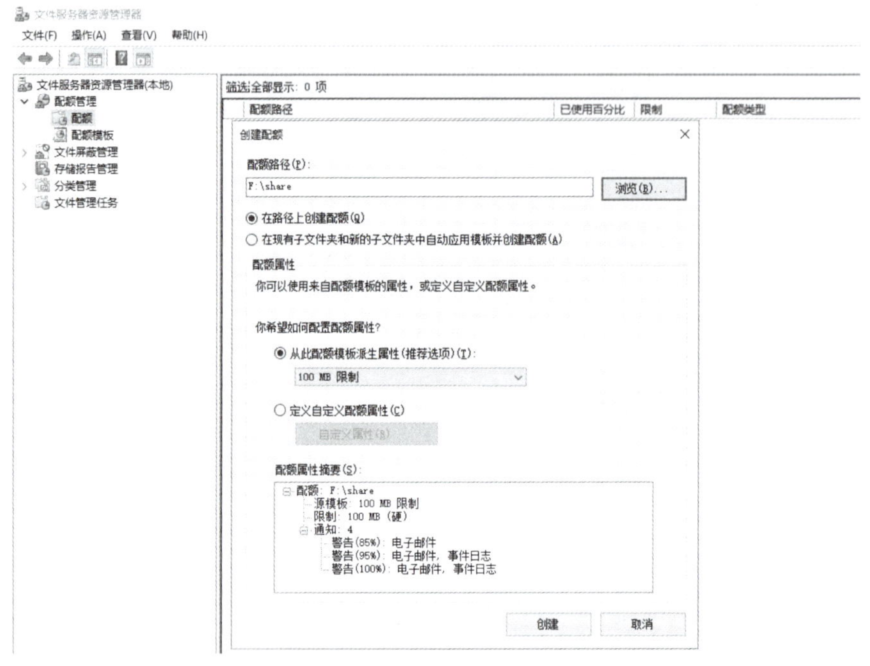

图 2－45　创建配额

第 3 步：在“文件服务器资源管理器”中选择“文件屏蔽管理”，进行“创建文件屏蔽”，如图 2－46 所示。

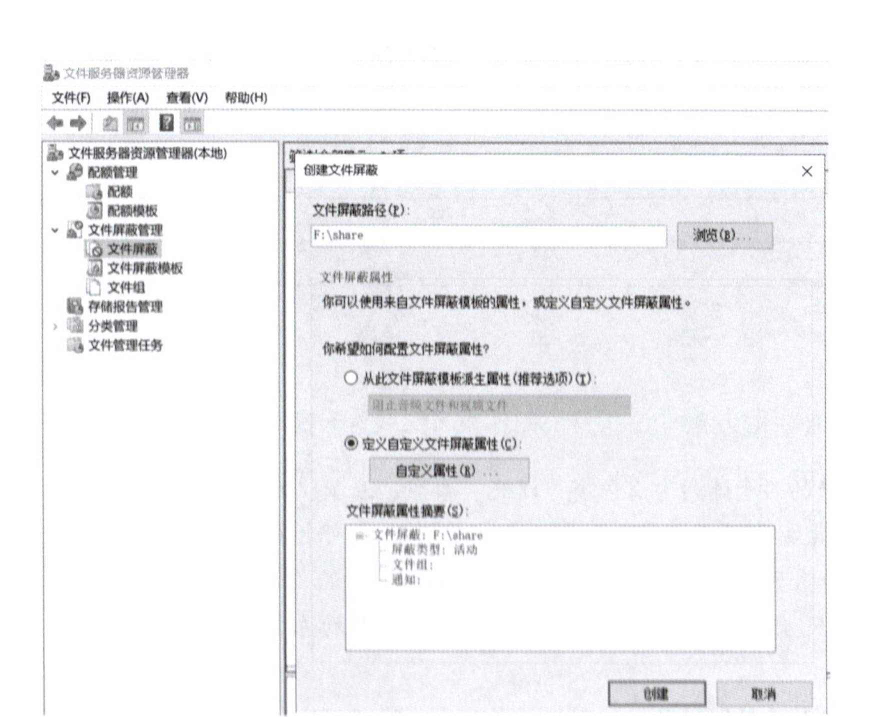

图 2－46　创建文件屏蔽

第 4 步：设置 share 上的文件屏蔽属性，如图 2－47 所示。

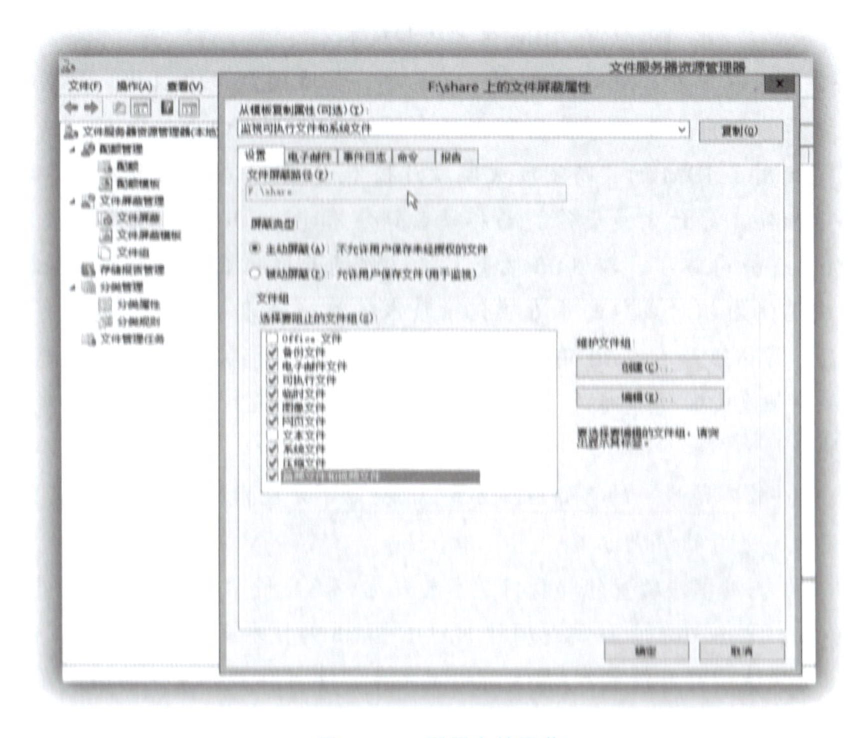

图 2－47　配置文件屏蔽

可以将自定义属性另存为模板，方便下次使用。

记录拓展实验中存在的问题：

____

____

____

____

【课程思政】——融一融

中国硬盘发展史，历经风雨 20 年，终于拥有自己的纯国产 SSD

当前国产的磁盘阵列卡有同有、曙光、豪威、浪潮、联想等。

中国硬盘发展风雨 20 年，才终于拥有了自主可控的纯国产 SSD。1956 年，美国 IBM 公司发明了世界第一个机械硬盘。随着科技的发展，机械硬盘作为计算机核心部件，逐渐风靡全球。美国的西数、希捷，日本的东芝、日立等都是全球知名的硬盘品牌。

机械硬盘属于精密仪器，其制造技术难度非常大。直到 1999 年，我国才迎来了自主生产的第一块硬盘。长城集团推出了 8.6 GB 机械硬盘。我国计算机核心零部件的制造技术终于获得了重大突破。2000 年 8 月，长城硬盘正式上市，当年 10 月销量就已突破 50 000 块。但是长城硬盘由于缺乏核心技术，质量事故频现，之后市场逐渐走低。之后，长城转向代工，加强了与国外硬盘厂商合作，引进 IBM 生产线和技术。

2001 年，长城以中外合资的方式创建了易拓，长城硬盘逐渐淡出，长城将硬盘业务归于易拓。之后易拓推出了木星系列和火星系列机械硬盘。由于缺乏核心技术，易拓被 IBM 带偏了，使用了 IBM 的“高密度玻璃盘片技术”。IBM 玻璃盘片技术存在严重的技术缺陷，坏道频发，导致大量返修，易拓硬盘销售惨淡。2007 年 12 月，美国电脑存储器生产商 Iomega 公司宣布，以 3.06 亿美元价格收购长城控股企业易拓科技集团。2008 年，易拓推出了使用相对成熟的垂直磁记录技术的机械硬盘，但是仍然没有成功翻身。

长城硬盘、易拓硬盘不到 10 年就消亡了。国产硬盘只是昙花一现。令人扼腕叹息！总结中国国产机械硬盘失败的原因是：缺乏核心技术。直到今天，在消费市场，我们也没有真正的国产机械硬盘。

但是，电磁存储不是唯一的存储解决方案，机械盘不是硬盘的最终形态，还有电子存储，闪存才是更先进、更好的解决方案。

早在 1967 年，贝尔实验室的韩裔科学家姜大元和华裔科学家施敏一起发明了浮栅晶体管（Floating Gate Transistor），这就是闪存 NAND Flash 的技术来源。1984 年，东芝的 Fujio Masuoka 提出了快速闪存存储器 NAND flash 的概念，半导体技术发达的国家开始致力于研究和量产闪存，如美国的镁光、英特尔，日本的东芝，韩国的三星。1989 年，世界上第一款固态硬盘出现。此后三星、镁光、东芝垄断了全球的闪存市场和 SSD 市场，金士顿、闪迪等依靠垄断厂商也逐渐崛起。时间来到 2012 年，SSD 逐渐进入国内消费端，国产固态硬盘也随之开始萌芽、发展。

国内较早的 SSD 厂商/品牌有江波龙、嘉合劲威、朗科、金泰克、七彩虹等。但是由于中国集成电路发展落后，缺乏核心技术。国产 SSD 并不能称之为国产 SSD，因为芯片都是国外的，我们不过是做了组装，没有核心技术。这也使国产 SSD 得不到国内市场的认可，也得不到发展。国内 SSD 市场被国外品牌长期垄断。

2015 年，国内高端存储芯片厂商深圳嘉合劲威全资收购了加拿大存储品牌光威 GLOWAY。自此，光威把重心转向国内，成为国内消费市场上的国民品牌。

2017—2018 年，国内 SSD 价格飞涨，这使得国内意识到了，必须掌握核心技术，拥有国产闪存的能力，必须自主国产 SSD，打破国外长期垄断。在大基金和国家政策的扶持下，国内高端存储企业，如长江存储、晋华、紫光等大力发展国产闪存事业。但是，令人愤怒的是，在美国镁光的起诉和制裁下，晋华从此一蹶不振，“三驾马车”唯剩其二。

在光威打响国产 SSD 第一枪后，2019 年，紫光推出了紫光 SSD。使用的是群联主控和紫光自封装闪存。但是此时国产闪存尚未成熟，而国内对紫光 SSD 的期望太高了。网上各种关于紫光SSD的胡乱吹嘘，结果严重地挫伤了国内消费者对国产 SSD 的热情。

在 2019 年下半年，长江存储国产闪存取得重大突破，开始量产基于 Xtacking 结构的 64 层 3D TLC NAND。此举打破了国外对高端存储芯片的长期垄断。

2020 年 5 月，嘉合劲威旗下光威正式推出首款真正意义上的纯国产 SSD——光威弈 PRO SATA SSD。它采用了联芸主控 MAS0902，长江存储 3D TLC NAND。它的出现，开启了国产 SSD 的新纪元，也标志着国产闪存、主控事业的成功，中国存储从此站起来了。

光威弈 PRO SATA SSD 虽然定位为一款入门级 SSD，但是上线短短 1/2 个星期，销量火爆，好评如潮。第一，它的性能不输于国外一线品牌的入门级 SSD；第二，天下苦秦久矣，这可是中国首款纯国产 SSD，其意义非凡，影响深远。总结纯国产 SSD 成功的原因是：中国集成电路的发展，自主创新，提升核心技术，多厂商共同协作，国内消费者的大力支持。大家都知道中国以前造不了圆珠笔芯，只能从日本进口，后来我们能造了，圆珠笔 5 角钱一支。我们以前造不了液晶显示板，后来我们能造了，显示器、电视机被我们干成了白菜价。

中国硬盘发展风雨 20 年，十年饮冰，热血未冷，经过不断的努力，我们终于能国产闪存，国产主控，也终于能够拥有自己的纯国产 SSD 了。在国内电脑存储产品市场，被垄断掠夺的时代已经过去了，大国必将崛起。

【任务评价】——评一评

1. 各小组派代表展示本项目知识点思维导图。

本项目知识点思维导图

2. 各小组展示汇报实训效果。

实训任务	完成情况	备注
任务 1	□已完成　□完成一部分　□全部未做	
任务 2	□已完成　□完成一部分　□全部未做	
任务 3	□已完成　□完成一部分　□全部未做	

3. 学生自我评估与总结。

（1）你掌握了哪些知识点？

____

____

____

（2）你在实际操作过程中出现了哪些问题？如何解决？

____

____

（3）谈谈你的学习心得体会。

____

____

4. 评价反馈。

根据各组学生在完成任务中的表现，给予综合评价。

项目实训评价表

评价项目	评价要点	分值	自评	互评	师评
精神状态	课前准备充分，物品放置齐整	10			
	积极发言，声音响亮、清晰	10			
	具有团队合作意识，注重沟通，自主探究学习和相互协作完成任务	10			
完成工作任务	任务 1	20			
	任务 2	20			
	任务 3	20			
自主创新	能自主学习，勇于挑战难题，积极创新探索	10			
总　分					
小组成员签名					
教 师 签 名					
日　　期					

【知识巩固】——练一练

一、选择题

1. 小张所使用的计算机的名称为 zhang，系统为 Windows Server 2022。他共享了一个文件夹，并将共享名设置为 share$。要在其他 Windows 计算机上访问该文件夹中的内容，应该通过（　　）提供的方式。

A. 在“运行”里输入“\\zhang”

B. 在“运行”里输入“\\zhang\share$”

C. 在“运行”里输入“\\zhang\share”

D. 查出该计算机的 IP 地址，然后在“运行”里输入“\\IP 地址”

2. 你是公司的网络管理员，一个员工使用 Windows 7 系统进行日常办公，他想共享自己机器上的文件夹，但发现在右击该文件夹后，没有出现“共享”的选项，你认为最可能的原因是（　　）。

A. 操作系统为 Windows 7，不能共享文件

B. 该员工的账号不具备共享文件夹的权限

C. 该文件夹所在的磁盘为 FAT32 文件系统

D. 该文件夹所在的磁盘为 NTFS 文件系统

3. 在 Windows Server 2022 中，利用（　　）可以实现单点访问存储在多台计算机上的共享文件夹。

A. DHCP　　B. DFS　　C. NTBACKUP　　D. ICS

4. 在 Windows Server 2022 系统中创建共享文件夹时，若在共享名后面加上一个“$”，结果会（　　）。

A. 创建了一个隐藏的共享文件夹

B. 创建了一个管理型的共享文件夹

C. 该共享文件夹将无法访问

D. 该共享文件夹会自动发布到活动目录中

5. 某台系统为 Windows Server 2022 的文件服务器，IP 地址为 192.168.0.3，在该服务器的 D 盘下有一个共享名为 secret$的共享文件夹。员工小李要通过网络访问该文件夹下的一个文件，可在“开始”菜单中的“运行”里输入（　　）。

A. \\192.168.0.3　　B. \\192.168.0.3\secret

C. \\192.168.0.3\D:\secret$　　D. \\192.168.0.3\secret$

6. 公司有一台系统为 Windows Server 2022 的文件服务器，其 IP 地址为 192.168.1.3/24，在服务器的 D 分区上共享着一个文件夹 software，小刚要在自己的机器上访问该文件夹，应在“运行”工具中输入（　　）。

A. \\192.168.1.3\D　　B. \\192.168.1.3/D:\software

C. \\192.168.1.3\software　　D. \\software

7. 小李是迅达公司的网络管理员，现在小李希望每位员工打开计算机就可以自动访问公司的文件服务器，下面的几种访问方法中，可以采取的方法是（　　）。

A. 每次使用 UNC 路径访问　　B. 通过“网络”浏览

C. 通过映射网络驱动器　　D. 编辑脚本

8. 你在一台系统为 Windows Server 2022 的计算机上创建了一个共享文件夹。默认情况下该共享文件夹的共享权限是（　　）。

A. everyone 组的完全控制权限　　B. everyone 组的更改权限

C. everyone 组的读取权限　　D. 没有任何权限设置

9. 在 Windows Server 2012 系统中建立共享文件夹时，要使网络中的用户不能直接通过网络邻居浏览到这个文件夹，可以（　　）。

A. 修改文件文件夹共享权限，删除 user group 的允许读权限

B. 修改共享文件夹 NTFS 权限，删除 USER GROUP 的允许读权限

C. 在共享名的后面添加特殊符号#

D. 在共享名的后面添加特殊符号$

10. 在 Windows Server 2022 系统中，用户对某个文件夹的共享权限为只读，NTFS 权限为写入，则用户从本地计算机访问该文件夹时的有效权限是（　　）。

A. 完全控制　　B. 读取　　C. 写入　　D. 拒绝读取

11. 小王使用的计算机名称为xiaowang，系统是Windows Server 2022。他共享了一个文件夹，并将共享名设置为share$。要在与其连通的其他Windows计算机上成功访问该文件夹中的内容，应该通过（　　）提供的方式。

A. 在“运行”里输入\\xiaowang

B. 在“运行”里输入\\xiaowang\share$

C. 在文件夹选项中设置“显示所有文件和文件夹”，再在“运行”里输入\\xiaowang

D. 查出该计算机的IP地址，再在“运行”里输入\\IP地址

12. 共享权限为只读，NTFS为完全控制，用户通过网络访问权限是（　　）。

A. 只读　　B. 完全控制　　C. 读写　　D. 不能访问

13. 下面不是共享文件夹的访问权限的是（　　）。

A. 读取　　B. 更改　　C. 部分控制　　D. 完全控制

14. 在使用高级共享设置共享文件夹权限时，Everyone的权限是（　　）。

A. 读取　　B. 更改　　C. 完全控制　　D. 运行

15. 如果将某文件夹的本地权限设为“Everyone读取”，而将该文件夹的共享权限设为“Everyone更改”。那么，当某用户通过网络访问该共享文件夹时，将拥有（　　）。

A. 更改权限　　B. 读取权限　　C. 写入权限　　D. 完全控制权限

二、判断题

1. Windows Server 2022中默认的共享权限为Everyone读取。（　　）

2. 共享文件夹权限只对用户通过网络访问这个文件夹时起到约束作用，如果用户在这个文件夹所在的计算机上以交互方式访问它时，则不会受到共享文件夹权限的限制。（　　）

3. 组只是为了简化系统管理员的管理，与访问权限没有任何关系。（　　）

4. 默认时，任何用户账户都有权共享本地计算机上的文件夹。（　　）

5. 当对共享文件夹进行复制或移动的操作时，复制或移动后的文件夹仍然是共享文件夹。（　　）

项目三

部署 DHCP 服务实现自动分配 IP 地址

【学习目标】

1. 知识与能力目标

（1）了解 DHCP 的作用。

（2）了解 DHCP 的工作原理。

（3）掌握 DHCP 服务器的安装和配置方法。

（4）掌握 DHCP 客户端的配置方法。

2. 素质与思政目标

（1）能与组员精诚合作，能正确面对他人的成功或失败。

（2）排除常规故障，弘扬精益求精的大国工匠精神。

（3）以 DHCP 服务器工作原理为例，如果有客户端不服从服务器配置，则引起网络混乱，结合集体生活、工作学习中，服从指挥，避免冲突的重要性，使学生体会遵守纪律、严于律己的必要性。

【工作情景】

柠檬摄影工作室已经组建了办公网络，然而随着笔记本电脑的普及，职工移动办公的现象越来越多，当计算机从一个网络移动到另一个网络时，需要重新获知新网络的 IP 地址、网关等信息，并对计算机进行设置。这样，客户端就需要知道整个网络的部署情况，需要知道自己处于哪个网段、哪些 IP 地址是空闲的以及默认网关是多少等信息，不仅用户觉得烦琐，同时，也为网络管理员规划网络分配 IP 地址带来了困难。因此，管理员决定搭建一台 DHCP 服务器，实现 IP 地址自动分配。拓扑结构如图 3－1 所示。

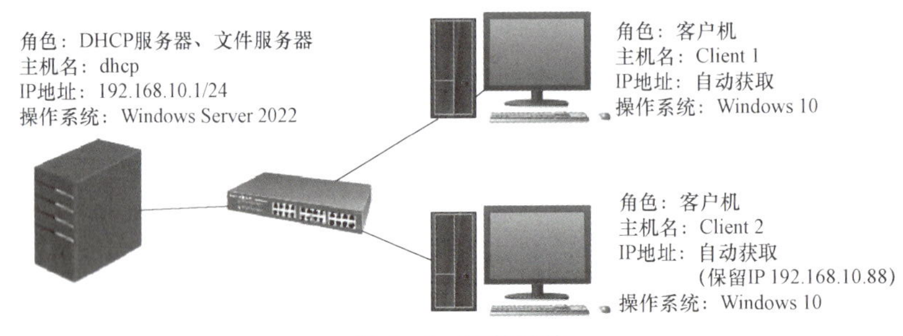

图 3－1　拓扑结构

【知识导图】

本项目知识导图如图 3-2 所示。

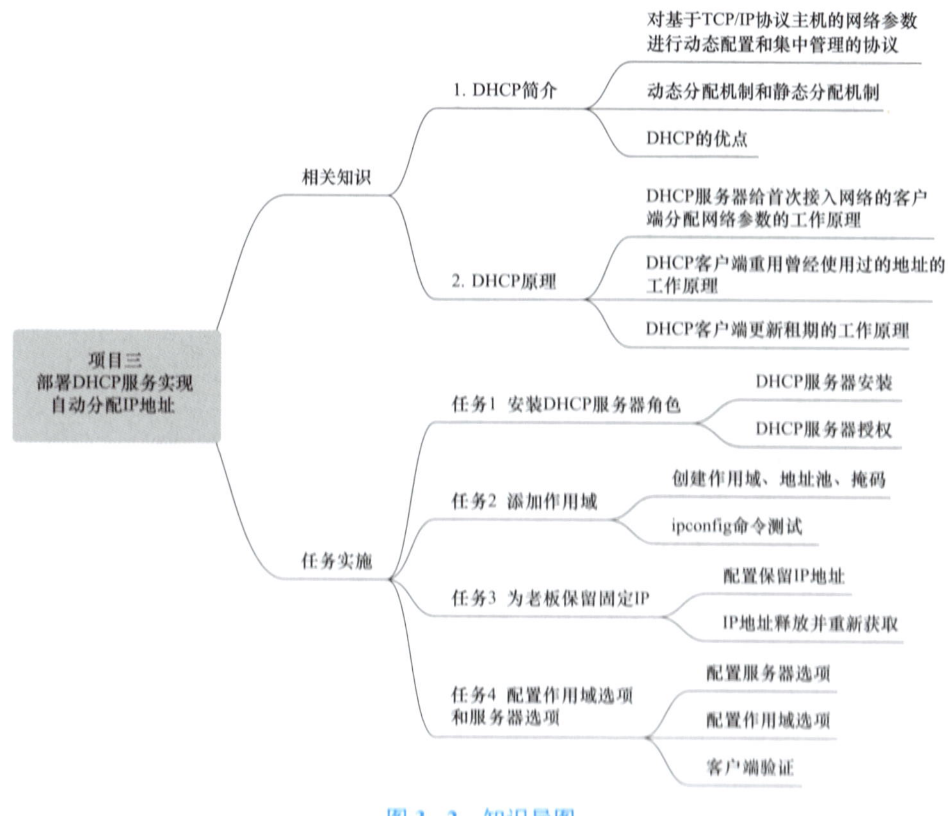

图 3-2　知识导图

【相关知识】——看一看

一、DHCP 简介

动态主机配置协议（Dynamic Host Configuration Protocol，DHCP）是一种对基于 TCP/IP 协议主机的网络参数进行动态配置和集中管理的协议，可以实现：为网络主机分配 IP 地址，为网络主机提供除 IP 地址以外的网络参数。例如 DNS 服务器的 IP 地址、路由信息、网关地址等。

DHCP 可以提供两种地址分配机制，网络管理员可以根据网络需求为不同的主机选择不同的分配策略。

动态分配机制：通过 DHCP 为主机分配一个有使用期限（这个使用期限通常叫作租期）的 IP 地址。这种分配机制适用于主机需要临时接入网络或者空闲地址数小于网络主机总数且主机不需要永久连接网络的场景。例如，企业出差员工的便携机、咖啡厅的移动终端为了临时接入网络，需要获取 IP 地址。

静态分配机制：网络管理员通过 DHCP 为指定的主机分配固定的 IP 地址。这种分配机制适用于对 IP 地址有特殊要求的主机，例如企业的文件服务器由于需要对外网用户提供服务，需要使用固定的 IP 地址。相比手工静态配置 IP 地址，通过 DHCP 方式静态分配机制可以避免人工配置发生错误，方便管理员统一维护管理。

网络中主机需要与外界进行通信时，需要配置自己的 IP 地址、网关地址、DNS 服务器等网络参数信息。手工在每台主机上配置时维护成本高，容易出错，而且不利于管理员统一维护。

BOOTP（Bootstrap Protocol）提供了动态配置主机网络参数的机制，是一种基于客户端/服务器模型的远程引导协议，可以给无盘工作站或第一次启动的主机提供 IP 地址、网关地址和 DNS 服务器等配置信息。BOOTP 需要由管理员配置和维护一个 BOOTP 配置文件，配置文件定义了主机 MAC 地址与 IP 地址等的对应关系。在 BOOTP 中，每台主机从服务器中获取配置信息，建立一个永久的网络连接。由于配置信息是静态维护的，一旦主机位置发生变化，需要重新配置。

当网络中可供主机使用的地址数量有限，或者主机需要经常移动（例如移动终端、企业出差员工的便携机）时，BOOTP 协议不能满足要求。为了解决这个问题，出现了 DHCP。DHCP 可以实现 IP 地址重复利用，并且为主机动态分配 IP 地址等网络参数。DHCP 也是一种基于客户端/服务器模型的协议。DHCP 服务器上不需要手工记录网络中所有主机 MAC 地址和 IP 地址的对应关系，而是通过地址池管理可供某网段主机使用的 IP 地址。

当主机成功地向 DHCP 服务器申请到 IP 地址后，DHCP 服务器才会记录主机 MAC 地址和 IP 地址的对应关系，并且此过程不需要人工参与。同时，DHCP 服务器还可以为某个网段内主机动态分配相同的网络参数，例如，默认网关、DNS 服务器的 IP 地址等。DHCP 可以把同一个地址在不同时间分配给不同的主机，当主机不需要使用地址时，可以释放此地址，供其他主机使用，从而实现了 IP 地址的重复利用。

DHCP 的优点：

① 降低网络接入成本：静态方式时，需要考虑主机所处的物理位置，人力成本大。采用 DHCP 方式只需要管理员在服务器上统一配置，降低了网络接入成本。

② 降低主机配置成本：静态方式时，配置成本大，对配置人员技术要求高。采用 DHCP 方式只需要保证主机正常上电，无须其他配置，对配置人员技术要求低，降低了主机配置成本。

③ 提高 IP 地址利用率：静态方式时，主机和 IP 地址是一一绑定的。采用 DHCP 方式，当主机退出网络时，其 IP 地址还可以分给其他主机继续使用，提高了 IP 地址的利用率。

④ 方便统一管理：静态方式时，如果配置信息发生变化（例如主机网关地址变化），需要在每台主机上修改。采用 DHCP 方式只需要管理员在服务器上修改，方便统一管理。

二、DHCP 原理

1. DHCP 服务器给首次接入网络的客户端分配网络参数的工作原理

DHCP 客户端首次接入网络时，通过图 3－3 所示的四个阶段与 DHCP 服务器交互 DHCP

报文，从而获取到 IP 地址等网络参数。

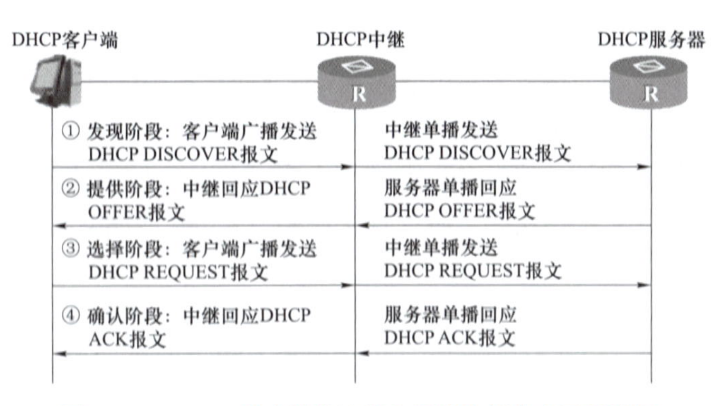

图 3-3　DHCP 客户端首次接入网络的报文交互示意图

DHCP 报文是基于 UDP 协议传输的。DHCP 客户端向 DHCP 服务器发送报文时，采用 67 端口号；DHCP 服务器向 DHCP 客户端发送报文时，采用 68 端口号。

（1）发现阶段，即 DHCP 客户端发现 DHCP 服务器的阶段

DHCP 客户端发送 DHCP DISCOVER（发现）报文来发现 DHCP 服务器。由于 DHCP 客户端不知道 DHCP 服务器的 IP 地址，所以 DHCP 客户端以广播方式发送 DHCP DISCOVER 报文（目的 IP 地址为 255.255.255.255），同一网段内所有 DHCP 服务器或中继都能收到此报文。

DHCP DISCOVER 报文中携带了客户端的 MAC 地址（DHCP DISCOVER 报文中的 chaddr 字段）、需要请求的参数列表选项（Option55 中填充的内容，标识了客户端需要从服务器获取的网络配置参数）、广播标志位（DHCP DISCOVER 报文中的 flags 字段，表示客户端请求服务器以单播或广播形式发送响应报文）等信息。

DHCP DISCOVER 报文中的 Option 字段定义了网络参数信息，不同 Option 值代表了不同的参数。例如，Option3 表示客户端的网关地址选项（当客户端发送的 DHCP DISCOVER 报文的 Option55 中填充了选项值 3 时，就表示客户端希望从服务器获取网关地址）；Option53 表示 DHCP 报文类型（例如，DHCP DISCOVER 报文）。Option 选项分为知名选项和自定义选项，关于知名选项的含义，请参见 RFC2132。除了 RFC2132 里面定义的知名选项，不同厂商可以根据需求自己定义自定义选项，例如，Option43 为厂商特定信息选项。Option 选项的详细介绍请参见后面 DHCP Options 字段选项。

RFC2131 中定义了 DHCP 报文的广播标志字段（flags），当标志字段的最高位为 0 时，表示客户端希望服务器以单播方式发送 DHCP OFFER/DHCP ACK 报文；当标志字段的最高位为 1 时，表示客户端希望服务器以广播方式发送 DHCP OFFER/DHCP ACK 报文。

（2）提供阶段，即 DHCP 服务器提供网络配置信息的阶段

位于同一网段的 DHCP 服务器都会接收到 DHCP DISCOVER 报文，每个 DHCP 服务器上可能会部署多个地址池，服务器通过地址池来管理可供分配的 IP 地址等网络参数。

服务器接收到 DHCP DISCOVER 报文后，选择跟接收 DHCP DISCOVER 报文接口的 IP

地址处于同一网段的地址池，并且从中选择一个可用的 IP 地址，然后通过 DHCP OFFER（提供）报文发送给 DHCP 客户端。

DHCP OFFER 报文里面携带了希望分配给指定 MAC 地址客户端的 IP 地址（DHCP 报文中的 yiaddr 字段）及其租期等配置参数。

通常，DHCP 服务器的地址池中会指定 IP 地址的租期，如果 DHCP 客户端发送的 DHCP DISCOVER 报文中携带了期望租期，服务器会将客户端请求的期望租期与其指定的租期进行比较，选择其中时间较短的租期分配给客户端。

DHCP 服务器会把地址池中的 IP 地址根据不同状态分成不同的 IP 地址列表：把未分配出去的 IP 地址放在可分配的 IP 地址列表中；把已经分配出去的 IP 地址放在正在使用 IP 地址列表中；把处于冲突状态的 IP 地址放在冲突 IP 地址列表中；把不能分配的 IP 地址放在不能分配 IP 地址列表中。

DHCP 服务器在地址池中为客户端选择 IP 地址的优先顺序如下：

➢ DHCP 服务器上已配置的与客户端 MAC 地址静态绑定的 IP 地址。

➢ DHCP 服务器上记录的曾经分配给客户端的 IP 地址。

➢ 客户端发送的 DHCP DISCOVER 报文中 Option50 字段（请求 IP 地址选项）指定的地址。

➢ 按照 IP 地址从大到小的顺序查询，选择最先找到的可供分配的 IP 地址。

➢ 如果未找到可供分配的 IP 地址，则依次查询超过租期、处于冲突状态的 IP 地址，如果找到可用的 IP 地址，则进行分配；否则，发送 DHCP NAK（否定应答）报文作为应答，通知 DHCP 客户端无法分配 IP 地址。DHCP 客户端需要重新发送 DHCP DISCOVER 报文来申请 IP 地址。

设备支持在地址池中排除某些不能通过 DHCP 机制进行分配的 IP 地址。例如，客户端所在网段已经手工配置了地址为 192.168.1.100/24 的 DNS 服务器，DHCP 服务器上配置的网段为 192.168.1.0/24 的地址池中需要将 192.168.1.100 的 IP 地址排除，不能通过 DHCP 分配此地址，否则，会造成地址冲突。

为了防止分配出去的 IP 地址与网络中其他客户端的 IP 地址冲突，DHCP 服务器在发送 DHCP OFFER 报文前，可以通过发送源地址和目的地址都为预分配出去的 IP 地址的 ICMP ECHO REQUEST 报文对分配的 IP 地址进行地址冲突探测。

如果在指定的时间内没有收到应答报文，表示网络中没有客户端使用这个 IP 地址，可以分配给客户端；如果指定时间内收到应答报文，表示网络中已经存在使用此 IP 地址的客户端，则把此地址列为冲突地址，然后等待重新接收到 DHCP DISCOVER 报文后按照前面介绍的选择 IP 地址的优先顺序重新选择可用的 IP 地址。

注意，此阶段 DHCP 服务器分配给客户端的 IP 地址不一定是最终确定使用的 IP 地址，因为 DHCP OFFER 报文发送给客户端等待 16 秒后，如果没有收到客户端的响应，此地址就可以继续分配给其他客户端。通过下面的选择阶段和确认阶段后，才能最终确定客户端可以使用的 IP 地址。

（3）选择阶段，即 DHCP 客户端选择 IP 地址的阶段

因为 DHCP DISCOVER 报文是广播发送的，所以，如果同一网段内存在多个 DHCP 服务器，接收到 DHCP DISCOVER 报文的服务器都会回应 DHCP OFFER 报文。如果有多个 DHCP 服务器向 DHCP 客户端回应 DHCP OFFER 报文，则 DHCP 客户端一般只接收第一个收到的 DHCP OFFER 报文，然后以广播方式发送 DHCP REQUEST（请求）报文，该报文中包含客户端想选择的 DHCP 服务器标识符（即 Option54）和客户端 IP 地址（即 Option50，填充了接收的 DHCP OFFER 报文中 yiaddr 字段的 IP 地址）。

以广播方式发送 DHCP REQUEST 报文，是为了通知所有的 DHCP 服务器，它将选择某个 DHCP 服务器提供的 IP 地址，其他 DHCP 服务器可以重新将曾经分配给客户端的 IP 地址分配给其他客户端。

（4）确认阶段，即 DHCP 服务器确认所分配 IP 地址的阶段

当 DHCP 服务器收到 DHCP 客户端发送的 DHCP REQUEST 报文后，DHCP 服务器回应 DHCP ACK（确认）报文，表示 DHCP REQUEST 报文中请求的 IP 地址（Opton50 填充的）分配给客户端使用。

DHCP 客户端收到 DHCP ACK 报文，会广播发送免费 ARP 报文，探测本网段是否有其他终端使用服务器分配的 IP 地址，如果在指定时间内没有收到回应，表示客户端可以使用此地址。如果收到了回应，说明有其他终端使用了此地址，客户端会向服务器发送 DECLINE 报文，并重新向服务器请求 IP 地址，同时，服务器会将此地址列为冲突地址。当服务器没有空闲地址可分配时，再选择冲突地址进行分配，尽量减少分配出去的地址冲突。

当 DHCP 服务器收到 DHCP 客户端发送的 DHCP REQUEST 报文后，如果 DHCP 服务器由于某些原因（例如，协商出错，或者由于发送 REQUEST 过慢导致服务器已经把此地址分配给其他客户端）无法分配 DHCP REQUEST 报文中 Opton50 填充的 IP 地址，则发送 DHCP NAK 报文作为应答，通知 DHCP 客户端无法分配此 IP 地址。DHCP 客户端需要重新发送 DHCP DISCOVER 报文来申请新的 IP 地址。

2. DHCP 客户端重用曾经使用过的地址的工作原理

DHCP 客户端非首次接入网络时，可以重用曾经使用过的地址。通过图 3－4 所示的两个阶段与 DHCP 服务器交互 DHCP 报文，从而可以重新获取之前使用的 IP 地址等网络参数。

客户端广播发送包含前一次分配的 IP 地址的 DHCP REQUEST 报文，报文中的 Option50（请求的 IP 地址选项）字段填入曾经使用过的 IP 地址。

DHCP客户端　DHCP服务器
① 选择阶段：客户端广播发送 DHCP REQUEST报文
② 确认阶段：服务器回应 DHCP ACK报文

图 3－4　DHCP 客户端重用曾经使用过的 IP 地址的报文交互过程

DHCP 服务器收到 DHCP REQUEST 报文后，根据 DHCP REQUEST 报文中携带的 MAC 地址来查找有没有相应的租约记录，如果有，则返回 DHCP ACK 报文，通知 DHCP 客户端可以继续使用这个 IP 地址；否则，保持沉默，等待客户端重新发送 DHCP DISCOVER 报文请求新的 IP 地址。

3. DHCP 客户端更新租期的工作原理

DHCP 服务器采用动态分配机制给客户端分配 IP 地址时，分配出去的 IP 地址有租期限制。DHCP 客户端向服务器申请地址时，可以携带期望租期，服务器在分配租期时，把客户端期望租期和地址池中的租期配置进行比较，分配其中一个较短的租期给客户端。

租期时间到后，服务器会收回该 IP 地址，收回的 IP 地址可以继续分配给其他客户端使用。这种机制可以提高 IP 地址的利用率，避免客户端下线后 IP 地址继续被占用。如果 DHCP 客户端希望继续使用该地址，需要更新 IP 地址的租期（如延长 IP 地址租期）。

下面介绍 DHCP 客户端更新租期的工作原理（图 3－5）：

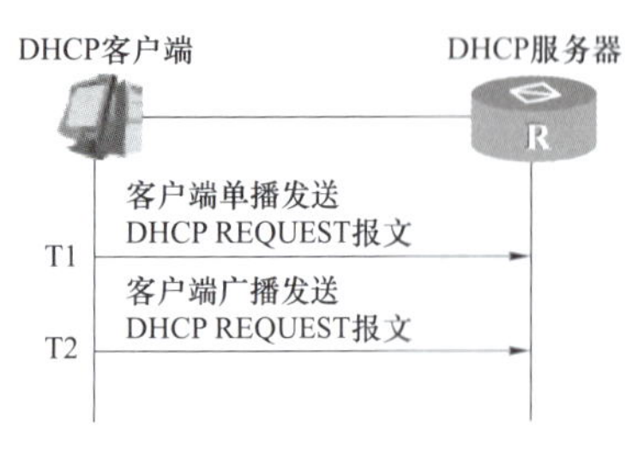

图 3－5　DHCP 客户端更新租期示意图

当租期达到 50%（T1）时，DHCP 客户端会自动以单播的方式向 DHCP 服务器发送 DHCP REQUEST 报文，请求更新 IP 地址租期。如果收到 DHCP 服务器回应的 DHCP ACK 报文，则租期更新成功（即租期从 0 开始计算）；如果收到 DHCP NAK 报文，则重新发送 DHCP DISCOVER 报文请求新的 IP 地址。

当租期达到 87.5%（T2）时，如果仍未收到 DHCP 服务器的应答，DHCP 客户端会自动以广播的方式向 DHCP 服务器发送 DHCP REQUEST 报文，请求更新 IP 地址租期。如果收到 DHCP 服务器回应的 DHCP ACK 报文，则租期更新成功（即租期从 0 开始计算）；如果收到 DHCP NAK 报文，则重新发送 DHCP DISCOVER 报文请求新的 IP 地址。

如果租期时间到时都没有收到服务器的回应，客户端停止使用此 IP 地址，重新发送 DHCP DISCOVER 报文请求新的 IP 地址。

客户端在租期时间到之前，如果用户不想使用分配的 IP 地址（例如客户端网络位置需要变更），则会触发 DHCP 客户端向 DHCP 服务器发送 DHCP RELEASE 报文，通知 DHCP 服务器释放 IP 地址的租期。DHCP 服务器会保留这个 DHCP 客户端的配置信息，将 IP 地址列为曾经分配过的 IP 地址中，以便后续重新分配给该客户端或其他客户端。

客户端可以通过发送 DHCP INFORM 报文向服务器请求更新配置信息。

【任务实施】——学一学

任务 1　安装 DHCP 服务器角色

首先，按照图 3－1 的拓扑结构准备好环境，配置好服务器 dhcp 的 TCP/IP 等信息，IP 地址为 192.168.10.1，子网掩码为 255.255.255.0，首选 DNS 为 192.168.10.1。配置客户机 Client1、Client2 为自动获取 IP 地址等信息。

在添加向导里选择服务器角色，勾选要安装的“DHCP 服务器”，如图 3－7 所示。单击“下一步”按钮，在弹出的询问“添加 DHCP 服务器所需功能”界面，单击“添加功能”按钮。

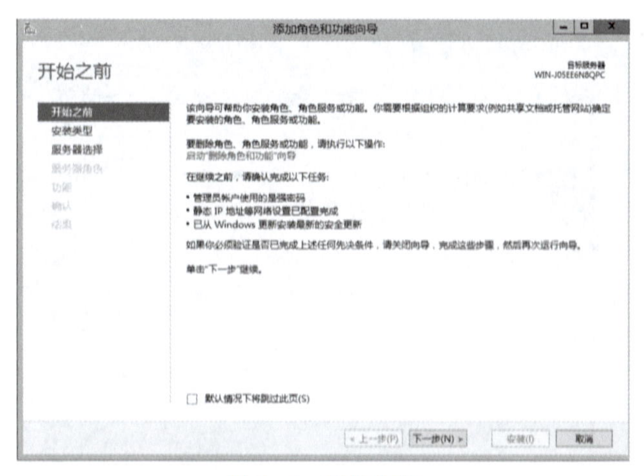

图 3-6 开始之前

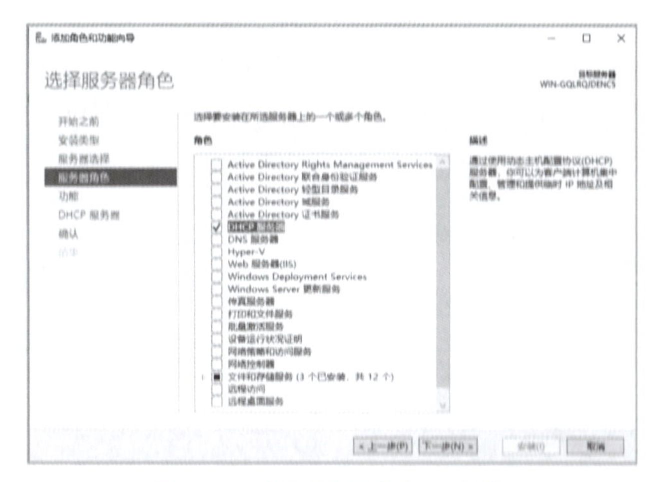

图 3-7 “选择服务器角色”对话框

然后单击“下一步”→“下一步”→“下一步”→“安装”，如图 3-8 所示，直到安装完成，单击“完成 DHCP 配置”按钮。

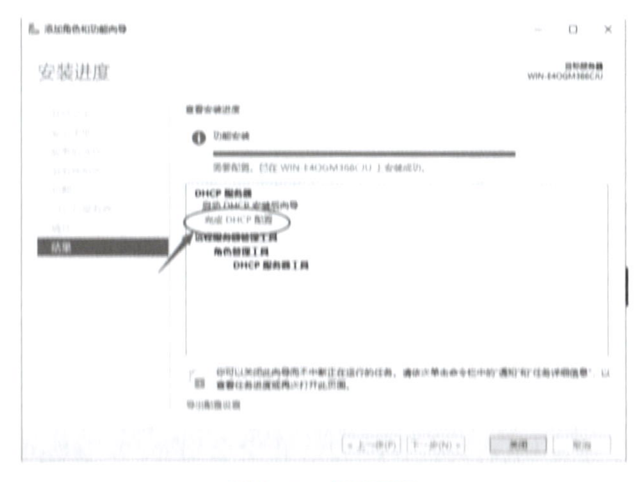

图 3-8 部署配置

单击“提交”按钮，完成 DHCP 的安装，如图 3－9 所示。

图 3－9　DHCP 安装后配置向导

DHCP 服务器安装完成后，可以通过单击“服务器管理器”→“工具”→“DHCP”，如图 3－10 所示。打开后如图 3－11 所示。

图 3－10　DHCP 成功安装后检测 DHCP

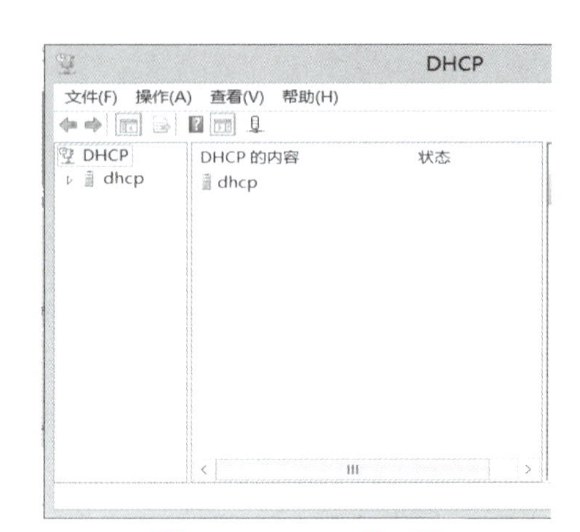

图 3－11　DHCP 管理器

任务 2　添加作用域

DHCP 服务安装完成后，接下来创建作用域，地址池为 192.168.10.10～192.168.10.200，子网掩码为 255.255.255.0，排除地址为 192.168.10.158～192.168.10.160。

右击“IPv4”，选择“新建作用域”，如图 3－12 所示。然后单击“下一步”按钮，在“作用域名称”界面输入作用域的名称和描述，如图 3－13 所示。

在“IP 地址范围”界面中，输入起始 IP 和结束 IP 分别为 192.168.10.10、192.168.10.200，子网掩码为 24 位，如图 3－14 所示，然后单击“下一步”按钮。

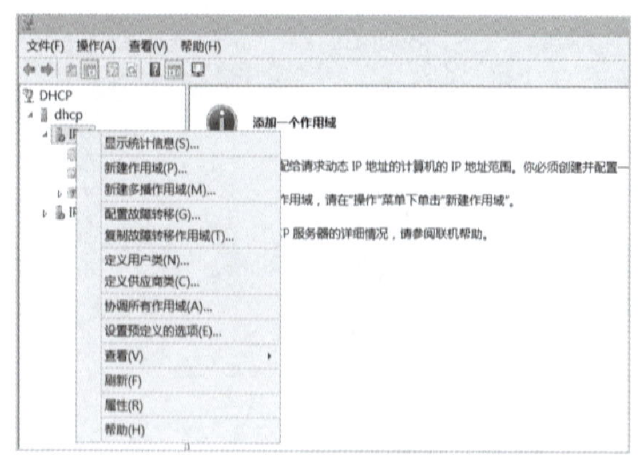

图 3–12　选择“新建作用域”

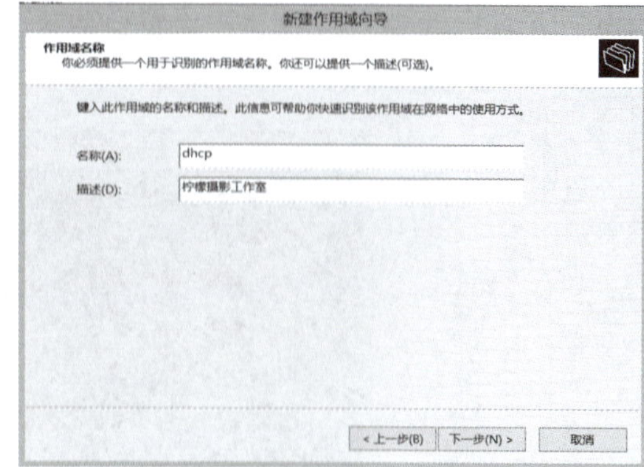

图 3–13　输入作用域名称和描述

在“添加排除和延迟”界面中输入起始和结束 IP 分别为 192.168.10.158 和 192.168.10.160，然后单击“添加”按钮，如图 3–15 所示，单击“下一步”按钮。

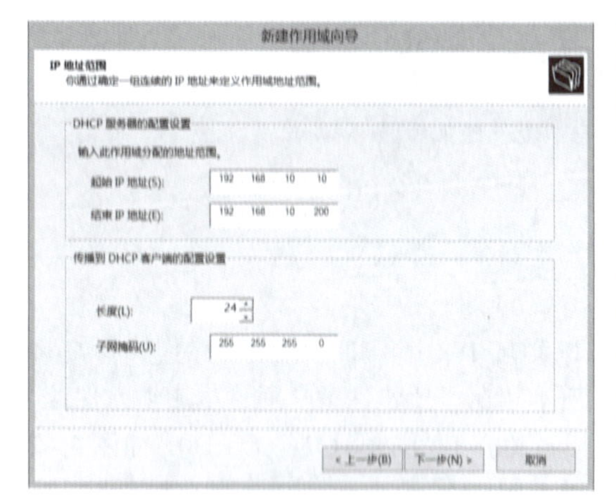

图 3–14　设置 IP 地址范围

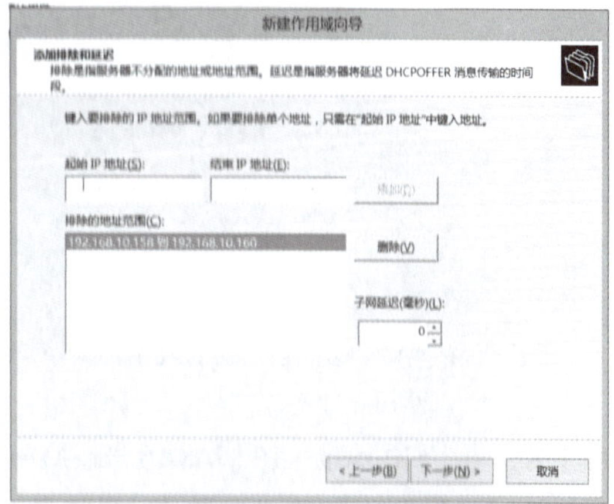

图 3–15　添加排除和延迟

设置租约期限为 8 天，如图 3–16 所示，然后一直单击“下一步”按钮，直到完成作用域创建。完成后的作用域效果如图 3–17 所示。

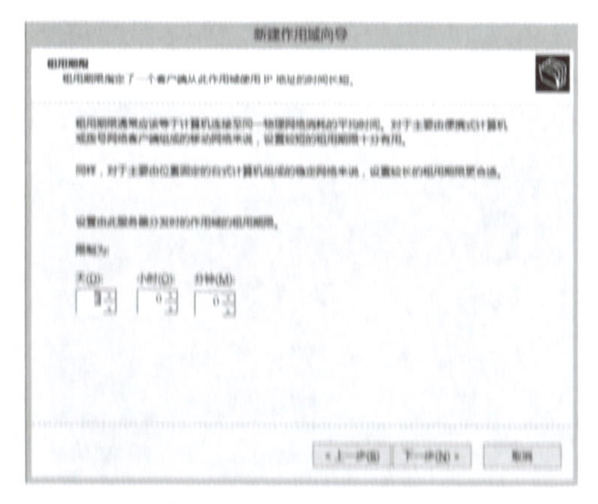

图 3–16　设置租约期限

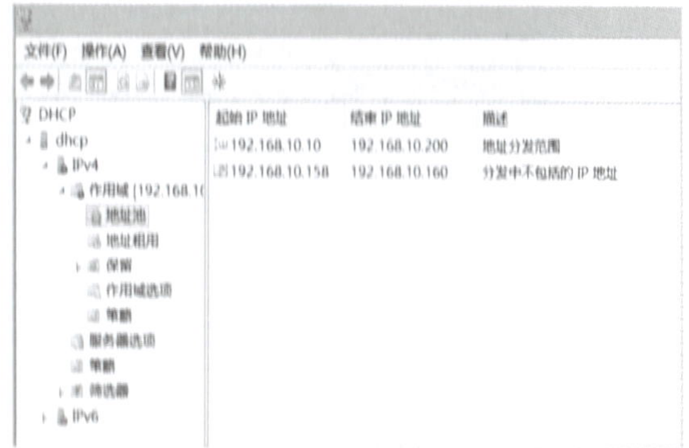

图 3–17　作用域创建完成后的效果

打开客户机 Client1 测试，设置自动获取 IP 地址，使用 ipconfig /all 命令测试自动获取的到的 IP 地址，如图 3-18 所示。

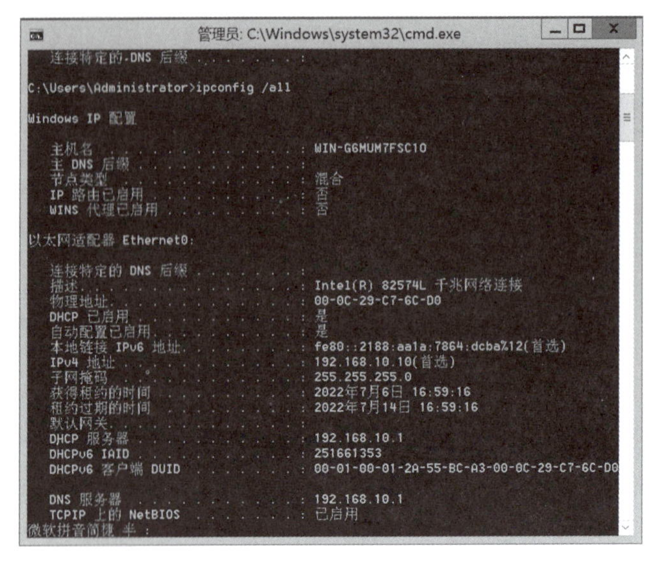

图 3-18　客户端测试自动获取 IP 等参数

任务 3　为老板保留固定 IP

新建保留地址，给客户机 Client2 保留固定 IP 地址 192.168.10.88。具体操作步骤如下：

单击“保留”→“新建保留”，如图 3-19 所示。在“新建保留”对话框中输入保留名称：boss，保留 IP 地址：192.168.10.88，MAC 地址：00-0C-29-C7-6C-D0，如图 3-20 所示。此 MAC 地址为 Client2 的 MAC 地址，可以使用命令 ipconfig /all 查看。然后单击“添加”按钮，完成保留创建。

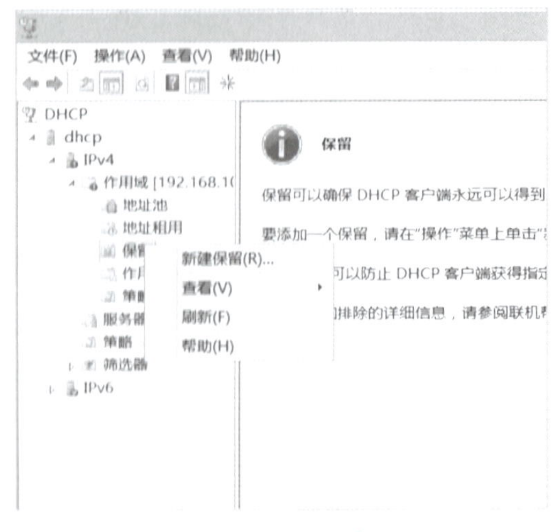

图 3-19　打开“新建保留”

图 3-20　设置新建保留

打开客户机 Client2，用 ipconfig /release 释放掉之前获得的 IP 地址，然后使用 ipconfig /renew 重新获取 IP 地址，重新获取到保留的 IP 地址 192.168.10.88，如图 3-21 所示。

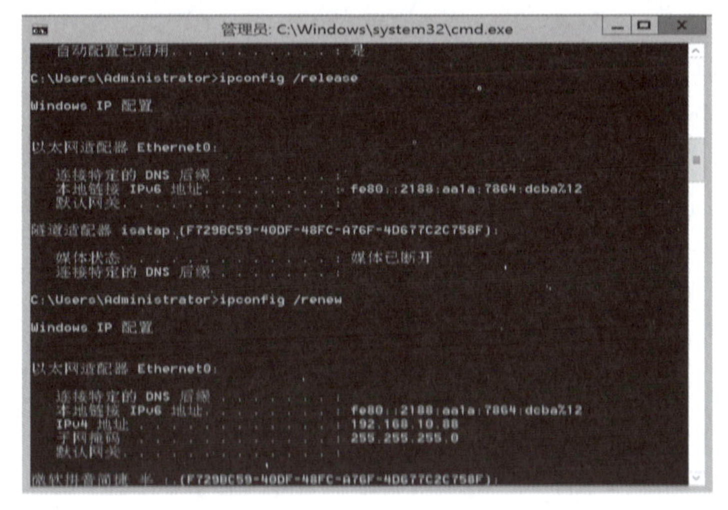

图 3-21　保留设置结果验证

任务 4　配置作用域选项和服务器选项

接下来配置服务器选项和作用域选项，首先配置服务器选项，设置默认网关为 192.168.10.254。具体操作步骤如下：

右击“服务器选项”，选择“配置选项”，如图 3-22 所示。

在“服务器选项”对话框中选择“003 路由器”，然后输入 IP 地址 192.168.10.254，单击右侧“添加”按钮，如图 3-23 所示，单击“确定”按钮完成服务器选项的设置，完成后如图 3-24 所示。

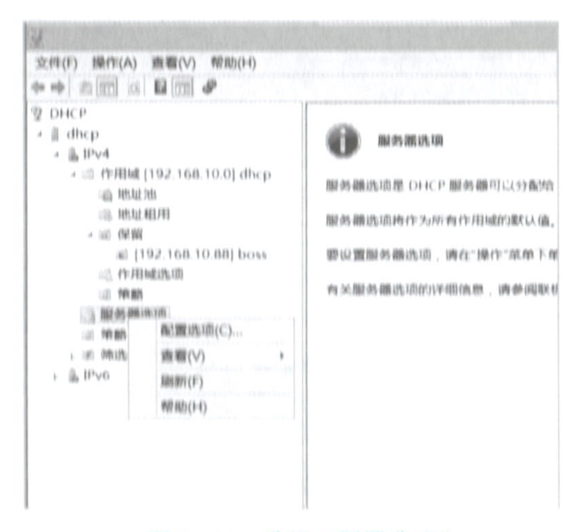

图 3-22　选择“配置选项”

图 3-23　配置服务器选项

下面配置作用域选项，设置 DNS 为 192.168.10.1，域名为 ningmeng.com。右击“作用域选项”，选择“配置选项”，如图 3-25 所示。

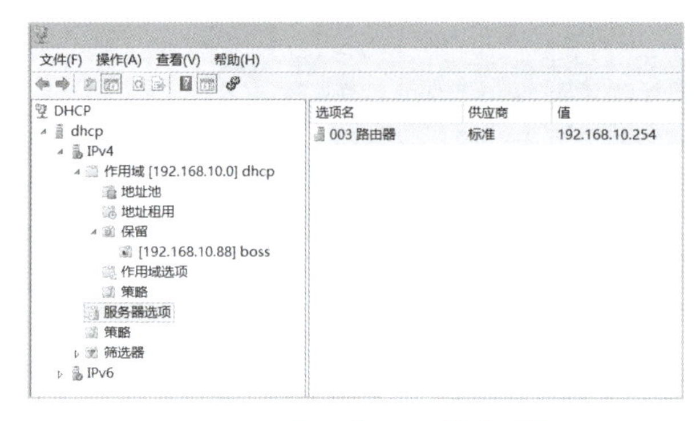

图 3-24 服务器选项配置完成后效果

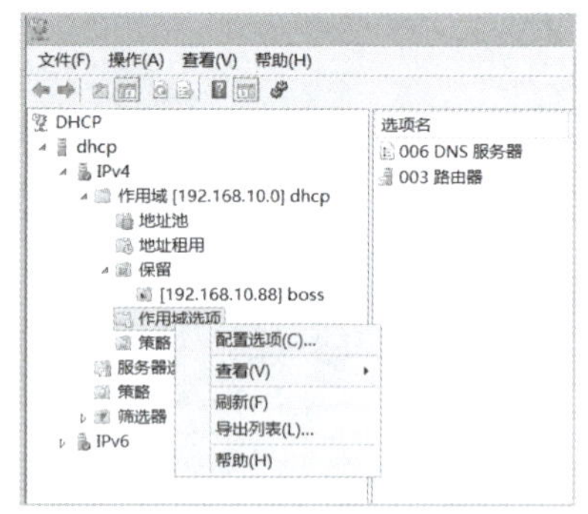

图 3-25 选择配置作用域选项

在“作用域选项”对话框中设置“006DNS 服务器”为 192.168.10.1，“015DNS 域名”为 ningmeng.com，如图 3-26 所示。配置完成后，单击“作用域选项”，效果如图 3-27 所示。

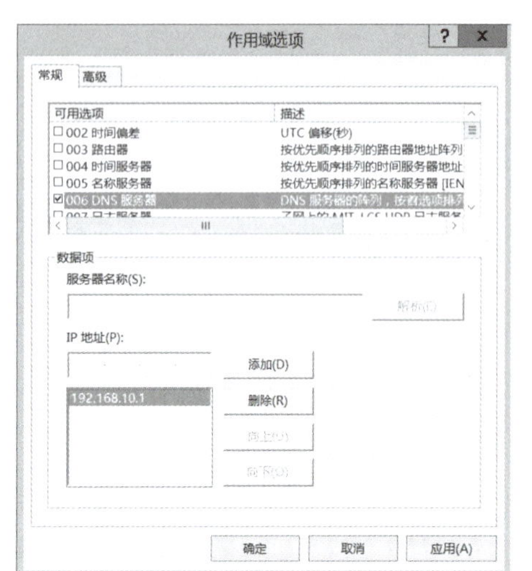

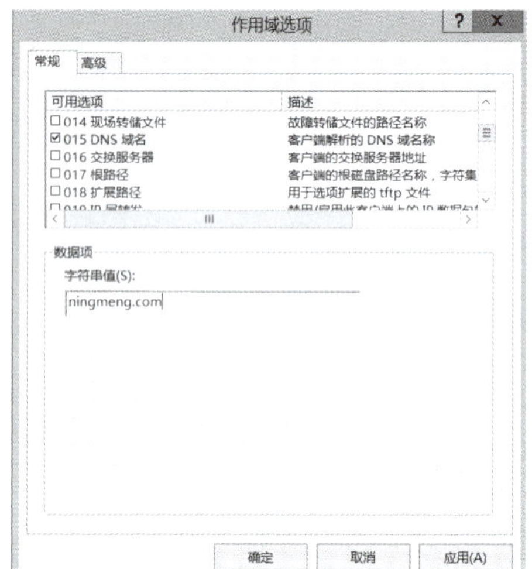

图 3-26 配置作用域选项

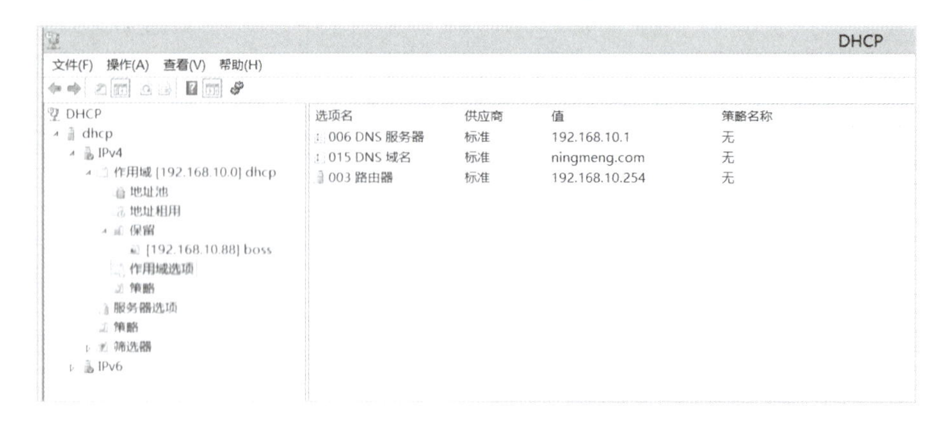

图 3-27 作用域选项配置完成后效果

在客户端 Client2 上验证，使用 ipconfig /release 释放已经获取的 IP 地址等信息，然后在使用 ipconfig /renew 重新获取 IP 地址，结果如图 3－28 所示。

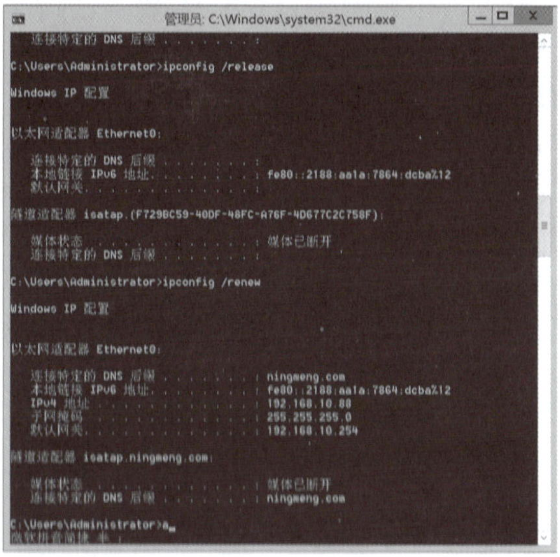

```
管理员: C:\Windows\system32\cmd.exe
   连接特定的 DNS 后缀 . . . . . . . :

C:\Users\Administrator>ipconfig /release

Windows IP 配置


以太网适配器 Ethernet0:

   连接特定的 DNS 后缀 . . . . . . . :
   本地链接 IPv6 地址. . . . . . . . : fe80::2188:aa1a:7864:dcba%12
   默认网关. . . . . . . . . . . . . :

隧道适配器 isatap.{F729BC59-40DF-48FC-A76F-4D677C2C758F}:

   媒体状态  . . . . . . . . . . . . : 媒体已断开
   连接特定的 DNS 后缀 . . . . . . . :

C:\Users\Administrator>ipconfig /renew

Windows IP 配置


以太网适配器 Ethernet0:

   连接特定的 DNS 后缀 . . . . . . . : ningmeng.com
   本地链接 IPv6 地址. . . . . . . . : fe80::2188:aa1a:7864:dcba%12
   IPv4 地址 . . . . . . . . . . . . : 192.168.10.88
   子网掩码  . . . . . . . . . . . . : 255.255.255.0
   默认网关. . . . . . . . . . . . . : 192.168.10.254

隧道适配器 isatap.ningmeng.com:

   媒体状态  . . . . . . . . . . . . : 媒体已断开
   连接特定的 DNS 后缀 . . . . . . . : ningmeng.com

C:\Users\Administrator>a
```

图 3－28　作用域选项和服务器选项配置结果验证

注意：作用域选项和服务器选项有什么区别？

服务器选项的范围最大，作用域选项的范围第二大，保留选项的范围最小。但是，应用时如果有冲突，则范围最小的生效。

【技能拓展】——拓一拓

DHCP 分配地址需要用到 IP 广播，但是广播是不能在两个网段之间进行的。那么和 DHCP 服务器不在同一个网段的客户机怎么获得相应的 IP 地址呢？这时就要用到 DHCP 中继代理了。

在另一个 Windows 服务器上只要配备两块网卡，再安装一个简单的服务器“角色”就可以实现 DHCP 中继代理了。拓扑结构如图 3－29 所示。两台客户机分别位于 192.168.10.0 和 192.168.20.0 两个不同的网段，需要从 DHCP 服务器自动获取 IP 地址。

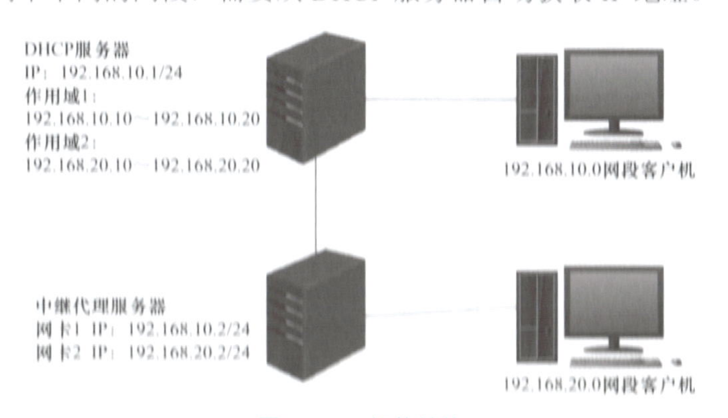

图 3－29　拓扑结构

【训练准备】——想一想

为了又快又好地完成任务，需要弄清楚以下几个问题：

认真阅读公司服务器拓扑结构，理解工作任务内容，明确工作任务的目标，同时拟订任务实施计划。

引导问题 1：拓扑结构中总共有几台服务器？各自的作用是什么？

____

引导问题 2：作为中继代理的服务器，需要添加几张网卡？每张网卡分别连接哪些网段？

____

引导问题 3：中继代理服务器需要安装什么角色服务？DHCP 服务器需要安装什么角色服务？

____

【训练过程】——做一做

操作步骤指导：

1. 配置 DHCP 服务器

注意，在 DHCP 服务器上配置静态 IP 的时候，网关要指向中继代理服务器，如图 3－30 所示。

图 3－30　配置 IP 地址

在 DHCP 服务器上安装 DHCP 角色，并添加两个可分配的作用域选项，如图 3－31 所示。

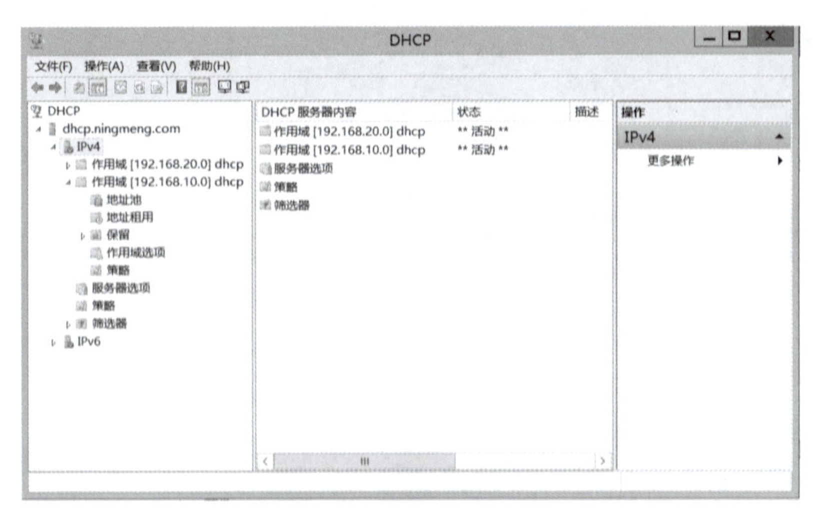

图 3-31　添加两个作用域

2. 配置 DHCP 中继代理服务器

分别配置两块网卡的 IP 地址，要把与 DHCP 服务器相连的网卡配置成与 DHCP 服务器一个网段(192.168.10.2)，把和 2.0 网段相连的第二块网卡 IP 设置为 192.168.20.2，如图 3-32 和图 3-33 所示。

图 3-32　配置第一张网卡 IP 地址

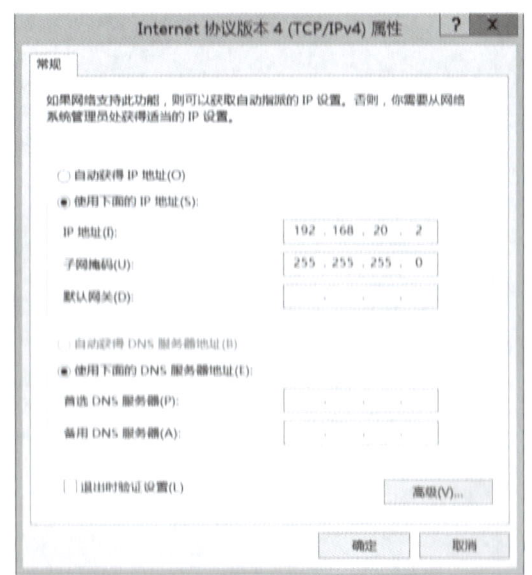

图 3-33　配置第二张网卡 IP 地址

接下来添加中继代理角色。依次单击左下角“开始”→“管理工具”→“服务器管理器”→“角色”，在右侧对话框中单击“添加角色”按钮，打开“添加角色向导”。勾选“网络策略和访问服务”和“远程访问”服务器角色，如图 3-34 所示，在“角色服务”中勾选“路由”和“DirectAccess 和 VPN（RAS）”，如图 3-35 所示。单击“下一步”按钮，直到安装成功。

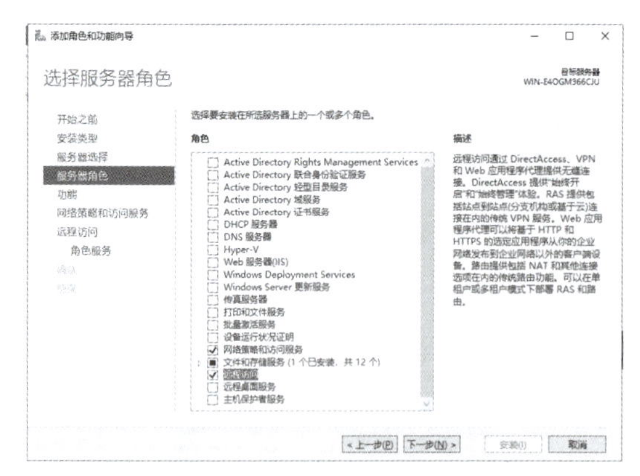

图 3-34　选择服务器角色

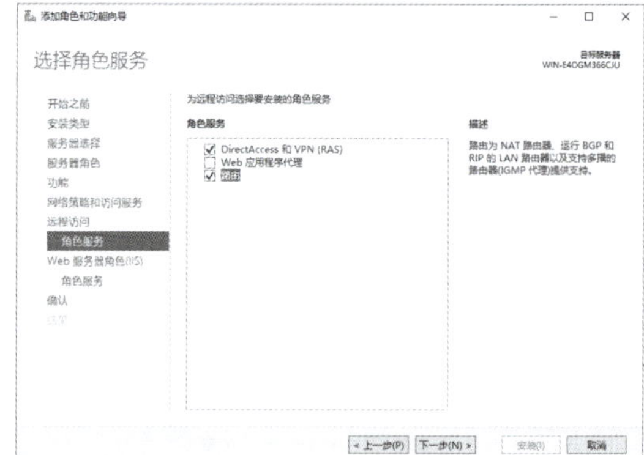

图 3-35　选择角色服务

从“工具”中打开“路由和远程访问”服务，如图 3-36 所示。

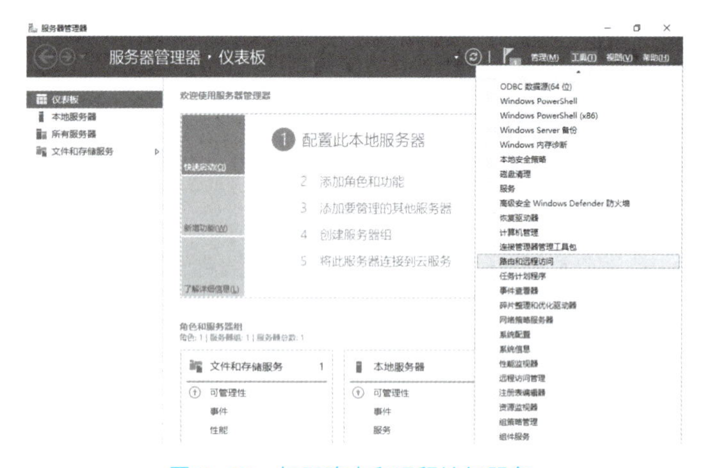

图 3-36　打开路由和远程访问服务

右击计算机名，单击“配置并启用路由和远程访问”，如图 3-37 所示。在“配置”对话框中选择“自定义配置”，单击“下一步”按钮，如图 3-38 所示。

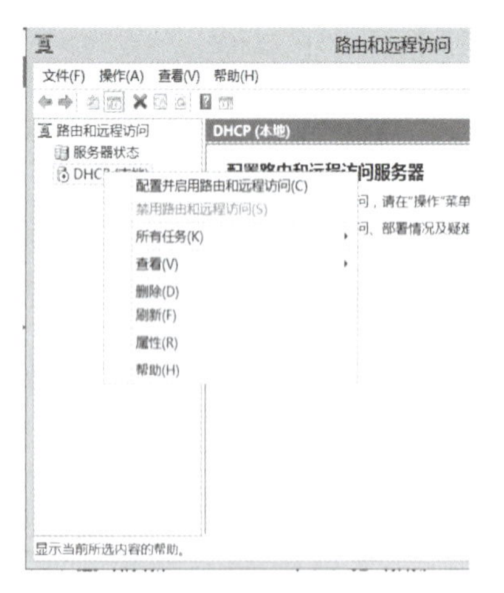

图 3-37　选择“配置并启用路由和远程访问”

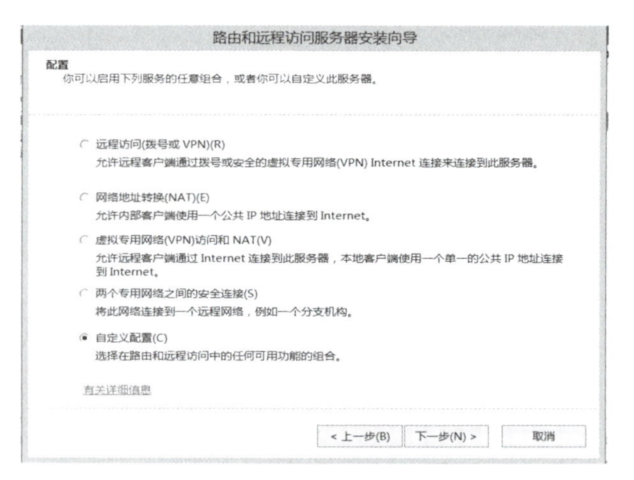

图 3-38　配置选项设置

在“自定义配置”对话框中选择“LAN 路由”，单击“下一步”按钮，如图 3-39 所示。单击“完成”按钮。

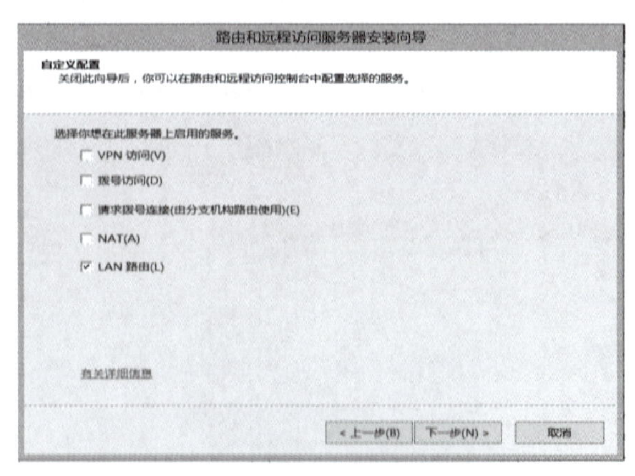

图 3-39　自定义配置选项设置

打开“IPv4”选项，右击“常规”，选择“新增路由协议”，选中“DHCP 中继代理程序”，单击“确定”按钮，如图 3-40 所示。

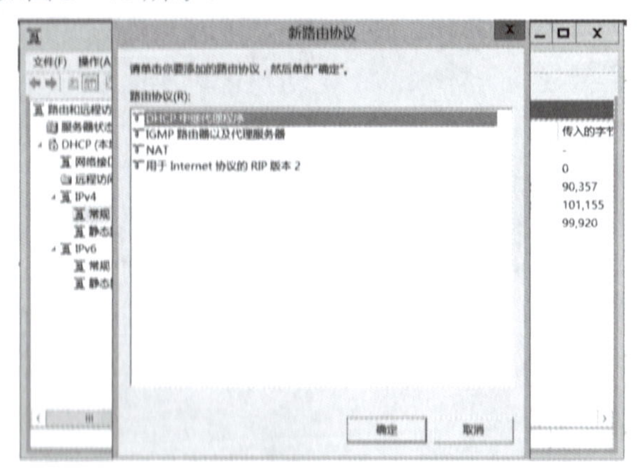

图 3-40　“新增路由协议”对话框

右击“DHCP 中继代理”，选择“新增接口”，窗口如图 3-41 所示。

图 3-41　新增接口窗口

把“Ethernet 1”和“Ethernet 2”分别添加到“DHCP 中继代理”中（添加的时候，属性就用默认的，不用修改）。添加完成后，效果如图 3-42 所示。

最后，右击“DHCP 中继代理”，单击“属性”，把 DHCP 服务器的 IP 地址输入进去，单击“添加”按钮，再单击“确定”按钮，如图 3-43 所示。中继服务器配置完毕。

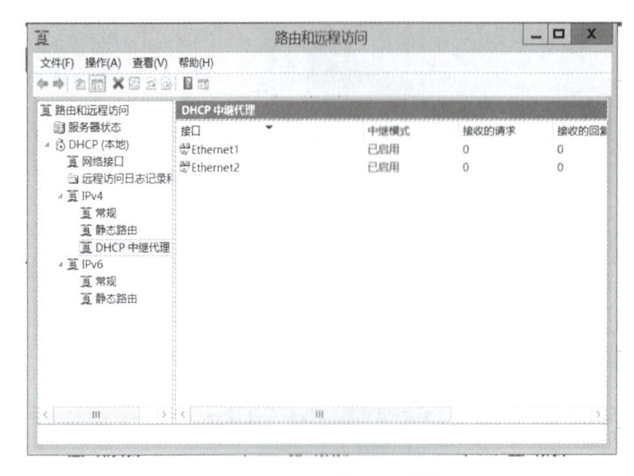

图 3-42　新增接口后效果

图 3-43　设置中继代理属性

3. 验证 DHCP 客户机 IP 地址的获得情况

如果使用虚拟机做实验，就要把虚拟机自带的 DHCP 关闭，防止冲突。方法如下：

打开“打开虚拟网络编辑器”，方法如图 3-44 所示。

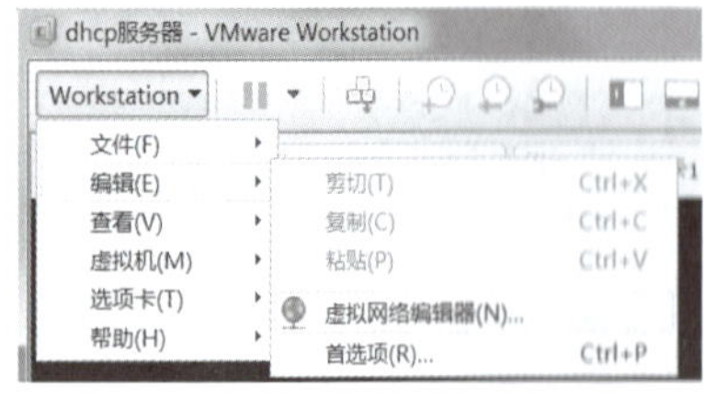

图 3-44　打开虚拟网络编辑器

分别点选实验用的两张网卡，取消勾选“使用本地 DHCP 服务将 IP 地址分配给虚拟机”，如图 3-45 所示。

图 3-45　设置虚拟网络编辑器

设置与 10.0 网段相连的客户机（拓扑图中上面那台客户机）使用 DHCP 自动获取，如图 3－46 所示。

在客户机上打开命令提示符，输入“ipconfig /release”释放现在的 IP 地址。再输入“ipconfig /renew”重新获取 IP 地址，可以看到提示成功获取到 192.168.10.0/24 网段的 IP 地址 192.168.10.11，如图 3－47 所示。

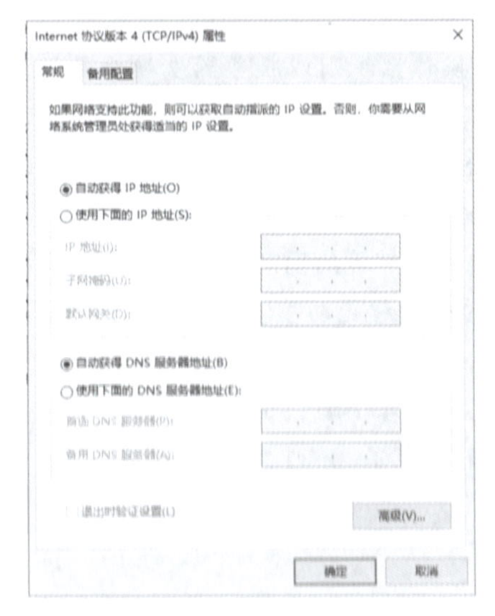

图 3－46　客户机自动获取 IP 地址

```
管理员: C:\Windows\system32\cmd.exe
C:\Users\Administrator>
C:\Users\Administrator>
C:\Users\Administrator>ipconfig /release

Windows IP 配置

以太网适配器 Ethernet0:

   连接特定的 DNS 后缀 . . . . . . . :
   本地链接 IPv6 地址. . . . . . . . : fe80::9403:1d8d:28da:53b4%12
   默认网关. . . . . . . . . . . . . :

隧道适配器 isatap.{17984D57-D4D2-4848-AAE0-64D55AB96481}:

   媒体状态 . . . . . . . . . . . . : 媒体已断开
   连接特定的 DNS 后缀 . . . . . . . :

C:\Users\Administrator>ipconfig /renew

Windows IP 配置

以太网适配器 Ethernet0:

   连接特定的 DNS 后缀 . . . . . . . : ningmeng.com
   本地链接 IPv6 地址. . . . . . . . : fe80::9403:1d8d:28da:53b4%12
   IPv4 地址 . . . . . . . . . . . . : 192.168.10.11
   子网掩码 . . . . . . . . . . . . : 255.255.255.0
   默认网关. . . . . . . . . . . . . : 192.168.10.254

隧道适配器 isatap.ningmeng.com:

   媒体状态 . . . . . . . . . . . . : 媒体已断开
   连接特定的 DNS 后缀 . . . . . . . : ningmeng.com

C:\Users\Administrator>_
微软拼音简捷 半 :
```

图 3－47　客户机验证

换到与第二个网段网卡相连的客户机上来验证，和第一台的步骤一样，这里可以看到结果是成功获取到 192.168.20.0/24 网段的 IP 地址，如图 3－48 所示。

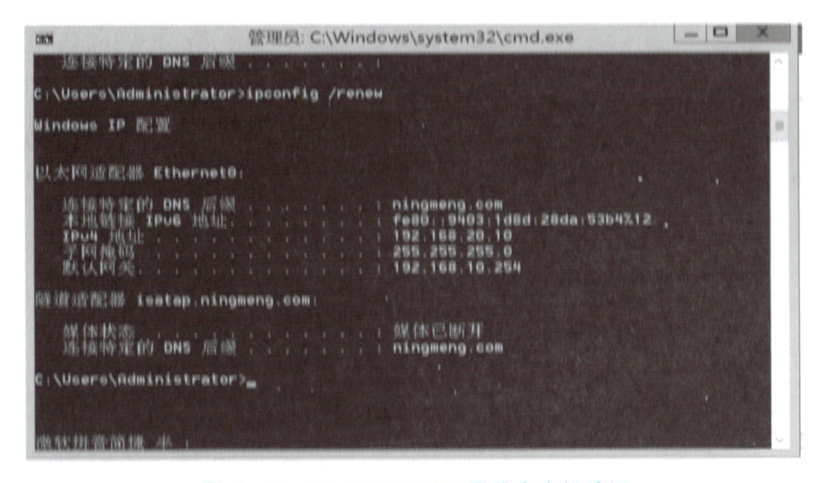

图 3－48　192.168.20.0/24 网段客户机验证

记录拓展实验中存在的问题：

【课程思政】——融一融

国产操作系统 UOS 正式版本发布

2020 年 1 月 15 日消息，国产操作系统 UOS 正式版本发布，UOS 是一款基于 Linux 内核的操作系统，分为桌面操作系统和服务器操作系统。

桌面操作系统是以桌面应用场景为主，而服务器操作系统则以服务器支持服务场景为主，目前支持龙芯、飞腾、兆芯、海光、鲲鹏等芯片平台的笔记本、主机以及服务器。

除了和芯片厂商进行适配外，国产操作系统 UOS 还同很多软件也进行了适配，比如 WPS、福昕 OFD 版式办公套件软件、国产中望 CAD.永中 Office 办公软件等。

国产操作系统 UOS 是中国唯一独立构建操作系统桌面环境的团队，目前支持的功能还是比较多的，已经满足日常的办公需求，比如有专门的语音智能助手、专门的应用商店、设备管理器、日志收集等。

统信软件成立于 2019 年，非常年轻，但其背景实力不容小觑，由国内多家长期从事操作系统研发的核心企业整合后组成，2019 年 10 月中旬发布了 alpha 版本，到 2020 年 1 月 14 日就发布了正式版，可见其研发实力相当惊人。

【任务评价】——评一评

1. 各小组派代表展示本项目知识点思维导图。

本项目知识点思维导图

2. 各小组展示汇报实训效果。

实训任务	完成情况	备注
任务 1	□已完成　□完成一部分　□全部未做	
任务 2	□已完成　□完成一部分　□全部未做	
任务 3	□已完成　□完成一部分　□全部未做	
任务 4	□已完成　□完成一部分　□全部未做	

3. 学生自我评估与总结。

（1）你掌握了哪些知识点？

____

____

____

（2）你在实际操作过程中出现了哪些问题？如何解决？

____

____

（3）谈谈你的学习心得体会。

____

____

4. 评价反馈。

根据各组学生在完成任务中的表现，给予综合评价。

项目实训评价表

评价项目	评价要点	分值	自评	互评	师评
精神状态	课前准备充分，物品放置齐整	10			
	积极发言，声音响亮、清晰	10			
	具有团队合作意识，注重沟通，自主探究学习和相互协作完成任务	10			
完成工作任务	任务 1	15			
	任务 2	15			
	任务 3	15			
	任务 4	15			
自主创新	能自主学习，勇于挑战难题，积极创新探索	10			
总　分					
小组成员签名					
教　师　签　名					
日　　　期					

【知识巩固】——练一练

一、填空题

1. 通常情况下，当 DHCP 客户的 IP 地址租用期满后，客户机会（　　）。

A. 继续使用该 IP 地址

B. 使用专用 IP 自动编址

C. 广播 DHCP REQUEST 消息请求续租

D. 重新启动租用过程来租用新的 IP 地址

2. DHCP 服务器为一个客户端指定 IP 地址时，需要知道该客户端的（　　）。

A. IP 地址　　B. NetBIOS 名称　　C. MAC 地址　　D. 所在的域

3. DHCP 租约过程中，当客户请求 IP 时，选用（　　）作为源地址、（　　）作为目的地址。

A. 0.0.0.0，广播地址　　B. 广播地址，127.0.0.1

C. 127.0.0.1，广播地址　　D. 广播地址，广播地址

4. 如果 DHCP 客户端无法获得 IP 地址，将自动从 Microsoft 保留地址段（　　）中选择一个作为自己的地址。

A. 127.0.0.0～127.1.253.254　　B. 169.254.0.1～169.254.255.254

C. 253.254.1.1～253.254.254.254　　D. 169.1 – 1～169.254.22.1

5. 在安装 DHCP 服务器之前，必须保证这台计算机具有静态的（　　）。

A. 远程访问服务器的 IP 地址　　B. DNS 服务器的 IP 地址

C. IP 地址　　D. WINS 服务器的 IP 地址

6. 在多个网络中实现 DHCP 服务的方法有（　　）。

A. 设置 IP 作用域　　B. 设置子网掩码

C. 设置 DHCP 中继代理　　D. 设置 IP 地址保留

7. 有一台系统为 Windows Server 2022 的 DHCP 服务器，该服务器上有多个作用域为不同网段分配 IP 地址，但所有客户机的 DNS 地址都是一样的，则推荐在（　　）中配置 DNS 服务器地址。

A. 作用域选项　　B. 服务器选项　　C. 保留选项　　D. 客户机选项

8. 你在网络中配置了 Windows Server 2022 DHCP 服务器，并配置其他计算机成为 DHCP 客户端。由于工作需要，一台 Windows Server 2022 客户机要把从 DHCP 服务器获得的地址释放，可以使用（　　）命令。

A. ipconfig /all　　B. ipconfig /renew

C. ipconfig /release　　D. ipconfig /flushdns

9. 某公司在 Windows Server 2022 服务器上搭建了 DHCP 服务。由于硬件故障，导致服务器宕机。此时最佳的恢复 DHCP 服务的方式是（　　）。

A. 使用 DHCP 数据库备份信息在另一台服务器上恢复服务

B. 将其他计算机上的操作系统全盘复制到宕机的服务器上，然后重新安装 DHCP 服务

C. 通过安全模式进入操作系统中，然后启动 DHCP 服务继续提供服务

D. 没有办法，只能等待更换新的服务器，然后重新安装操作系统和服务

10. 在 Windows Server 2022 系统中，如果要为服务器添加 DHCP 服务器角色，可以使用（　　）工具来实现。

A. 管理您的服务器　　B. 添加删除 Windows 组件

C. 服务器管理器　　D. 计算机管理器

二、 判断题

1. DHCP 只有两种类型的分配方式：动态分配方式和手工分配方式。（　　）

2. 在使用 Windows Server 2022 的 DHCP 服务时，当客户机租约使用时间超过租约的 50% 时，客户机会向服务器发送 DHCP DISCOVER 数据包，以更新现有的地址租约。（　　）

3. 在不同的 DHCP 服务器上，针对同一个网络 ID 号可以分别建立多个不同的作用域。（　　）

4. 默认时，DHCP 客户机获得的 IP 地址租约期限是无限的。（　　）

5. 如果要设置保留 IP 地址，则必须把 IP 地址和客户端的 MAC 地址进行绑定。（　　）

项目四

部署 VPN 服务器实现远程办公

【学习目标】

1. 知识与能力目标

（1）VPN 服务的基本概念与实现机制。

（2）常见的 VPN 隧道协议和认证方式。

（3）掌握远程访问服务的安装。

（4）掌握实现远程访问的服务器的配置。

2. 素质与思政目标

（1）养成刻苦、勤奋、好问、独立思考和细心检查的学习习惯。

（2）培养认真细致的工作态度和工作作风。

（3）排除常规故障，弘扬精益求精的大国工匠精神。

【工作情景】

2020 年的春节，一场突如其来的疫情，像是蓄谋已久的战争，对我们发起了猝不及防的闪电战。当大家还沉浸在迎接春节的喜悦中时，它已经开始大张声势地恐吓着每一个人。一夜之间，各大新闻媒体满屏都是疫情进展的情况，周围的人们不断地寻找着抵抗疫情的各种办法。药店人满为患，口罩、酒精成了一价难求的精贵物；商场、马路人可罗雀，人人戴着大口罩，用戒备的眼神互相扫视着对方，冠状病毒给大家的生活蒙上厚厚的阴影。工业停产，学校停课，商店关门……居家办公、线上教学、线上会议日趋常态化。

在疫情的影响下，柠檬摄影工作室同样也选择了让员工居家办公，领导提出居家办公需要将公司的摄影摄像报价和客户资料提供给员工使用；前期、后期部门的员工可以在家里通过网络下载公司文件服务器上的素材，并能将制作好的照片和影片及时反馈给部门领导……为此，柠檬摄影工作室要求在不增加额外硬件成本的前提下，在已有的服务器上架设 VPN 服务，让工作室员工能随时随地地通过 VPN 访问内部资源。拓扑结构如图 4 – 1 所示。

按照 VPN 服务项目拓扑设计，柠檬摄影工作室 VPN 服务器与 DHCP 服务器和文件服务器架设在同一台物理服务器上，该服务器上安装有两块网卡，配置的 IP 地址分别为 192.168.10.1/24 和 10.10.10.1/8。

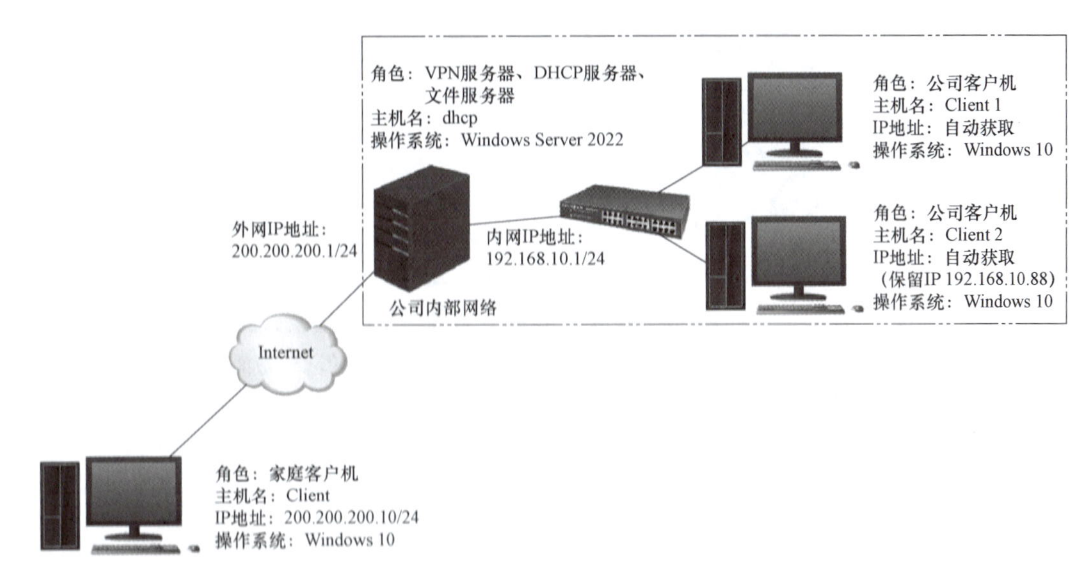

图 4－1　拓扑结构

【知识导图】

本项目知识导图如图 4－2 所示。

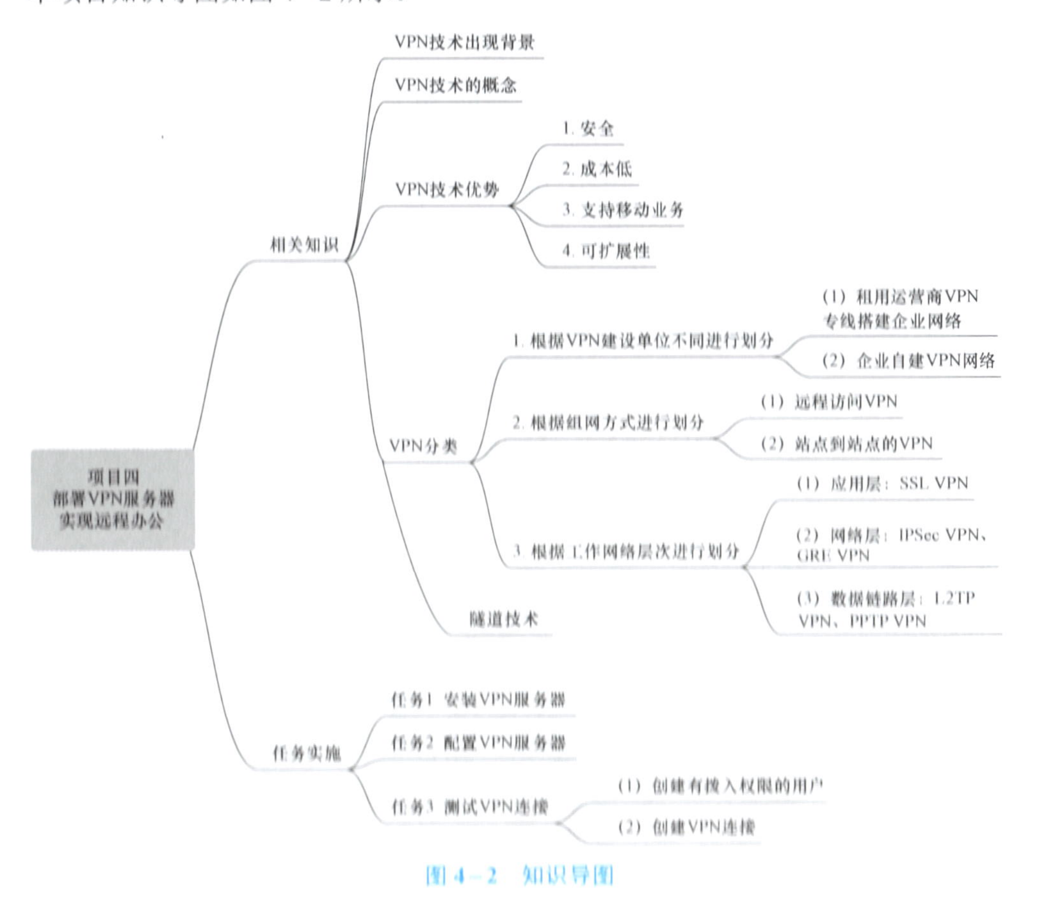

图 4－2　知识导图

【相关知识】——看一看

一、VPN 技术出现背景

一个技术的出现都是由于某种需求触发的。那么为什么会出现 VPN 技术呢？VPN 技术解决了什么问题呢？

在没有 VPN 之前，企业的总部和分部之间的互通都是通过运营商的 Internet 进行的，那么 Internet 中往往是不安全的，通信的内容可能被窃取、修改等，从而造成安全事件。那么有没有一种技术既能实现总部和分部间的互通，也能够保证数据传输的安全性呢？一开始大家想到的是专线，在总部和分部之间拉条专线，只传输自己的业务，但是这个专线的费用却不是一般公司能够承受的，而且维护也很困难。那么有没有成本也比较低的方案呢？那就是 VPN。VPN 通过在现有的 Internet 网中构建专用的虚拟网络，实现企业总部和分部的通信，解决了互通、安全、成本的问题。

二、VPN 技术的概念

VPN 英文全称是“Virtual Private Network”，也就是“虚拟专用网络”。虚拟专用网络就是一种虚拟出来的企业内部专用线路，这条隧道可以对数据进行几倍加密，达到安全使用互联网的目的。此项技术已被广泛使用。虚拟专用网可以帮助远程用户、公司分支机构、商业伙伴及供应商同公司的内部网建立可信的安全连接，用于经济有效地连接到商业伙伴和用户的安全外联网虚拟专用网。

专用：VPN 虚拟网络是专门给 VPN 用户使用的网络。对于用户而言，使用 VPN 和 Internet，用户是不感知的，由 VPN 虚拟网络提供安全保证。

虚拟：相对于公有网络而言，VPN 网络是虚拟的，是逻辑意义上的一个专网。

三、VPN 技术优势

VPN 和传统的公网 Internet 相比，具有以下优势：

① 安全：在远端用户、驻外机构、合作伙伴、供应商与公司总部之间建立可靠的连接，保证数据传输的安全性。这对于实现电子商务或金融网络与通信网络的融合特别重要。

② 成本低：利用公共网络进行信息通信，企业可以用更低的成本连接远程办事机构、出差人员和业务伙伴。

③ 支持移动业务：支持出差 VPN 用户在任何时间、任何地点的移动接入，能够满足不断增长的移动业务需求。

④ 可扩展性：由于 VPN 为逻辑上的网络，物理网络中增加或修改节点，不影响 VPN 的部署。

四、VPN 分类

1. 根据 VPN 建设单位不同进行划分

（1）租用运营商 VPN 专线搭建企业网络

运营商的专线网络大多数使用的是 MPLS VPN。

企业通过购买运营商提供的 VPN 专线服务实现总部和分部间的通信需求。VPN 网关为运营商所有。

（2）企业自建 VPN 网络

企业自己基于 Internet 自建 VPN 网络，常见的如 IPSec VPN、GRE VPN、L2TP VPN。

企业自己购买 VPN 网络设备，搭建自己的 VPN 网络，实现总部和分部的通信，或者是出差员工和总部的通信。

2. 根据组网方式进行划分

（1）远程访问 VPN

这种方式适用于出差员工拨号接入 VPN 的方式，只要有 Internet 的地方，都可以通过 VPN 接入访问内网资源。

最常见的是 SSL VPN、L2TP VPN。

（2）站点到站点的 VPN

这种方式适用于企业两个局域网互通的情况。例如，企业的分部访问总部。最常见的是 MPLS VPN、IPSec VPN。

3. 根据工作网络层次进行划分

VPN 可以按照工作层次进行划分：

① 应用层：SSL VPN。

② 网络层：IPSec VPN、GRE VPN。

③ 数据链路层：L2TP VPN、PPTP VPN。

五、隧道技术

VPN 技术的基本原理是使用隧道技术，类似于火车的轨道、地铁的轨道，从 A 站点到 B 站点都是直通的，不会堵车。对于乘客而言，就是专车。

隧道技术是对传输的报文进行封装，利用公网建立专用的数据传输通道，从而完成数据的安全、可靠传输，如图 4-3 所示。

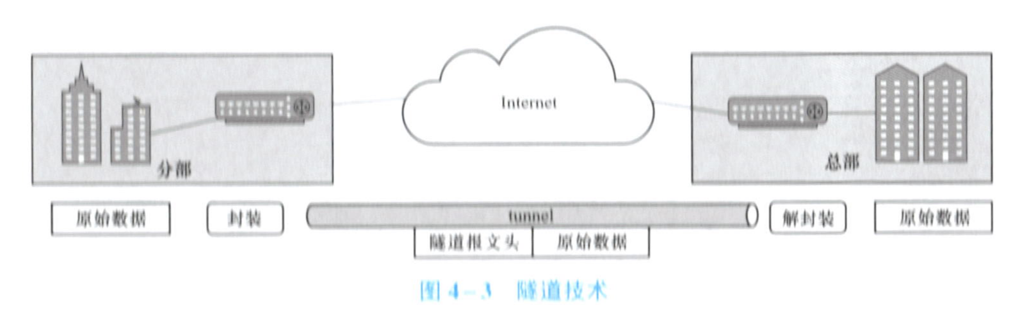

图 4-3　隧道技术

可以看到，原始报文在隧道的一端进行封装，封装后的数据在公网上传输，在隧道另一端进行解封装，从而实现了数据的安全传输。隧道通过隧道协议实现。如 GRE（Generic Routing Encapsulation）、L2TP（Layer 2 Tunneling Protocol）等。

隧道协议通过在隧道的一端给数据加上隧道协议头，即进行封装，使这些被封装的数据能都在某网络中传输，并且在隧道的另一端去掉该数据携带的隧道协议头，即进行解封装。报文在隧道中传输前后都要经历封装和解封装两个过程。

【任务实施】——学一学

任务 1　安装 VPN 服务器

首先在安装 VPN 服务之前，按照图 4－1 所示拓扑结构准备好环境，VPN 服务器需要两张网卡，外网卡的 IP 地址为 200.200.200.1/24，内网卡的 IP 地址为 192.168.10.1/24。家庭客户机的 IP 地址为 200.200.200.10/24，公司内部客户机 client2 的 IP 地址配置为 192.168.10.88/24。本次实验可以只用一台公司内部的客户机 client2，不需要 client1。

“DirectAccess 和 VPN”是“远程访问”服务器角色中的一个角色服务，它通过虚拟专用网络（VPN）或拨号连接为远程用户提供对专用网络上资源的访问。因此，要在服务器上架设 VPN 服务，首先就要添加“DirectAccess 和 VPN”和“路由”这两个角色服务。成功安装后，使用“管理工具”中的“路由和远程访问”菜单项，即可打开“路由和远程访问”控制台，具体操作如下：

执行“开始”→“管理工具”→“服务器管理器”→“仪表板”选项中的“添加角色和功能”，在添加向导里的“开始之前”，单击“下一步”按钮，在添加向导里选择服务器角色，勾选要安装的“远程访问”，如图 4－4 所示。单击“下一步”按钮。在弹出的询问“添加远程访问所需功能”界面，单击“添加功能”按钮。

然后单击“下一步”→“下一步”→“下一步”→“下一步”，在“选择角色服务”界面勾选“DirectAccess 和 VPN（RAS）”和“路由”两个复选项，如图 4－5 所示。

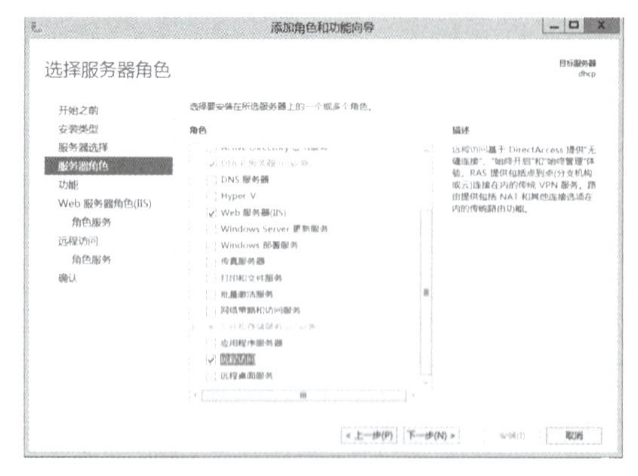

图 4－4　添加服务器角色

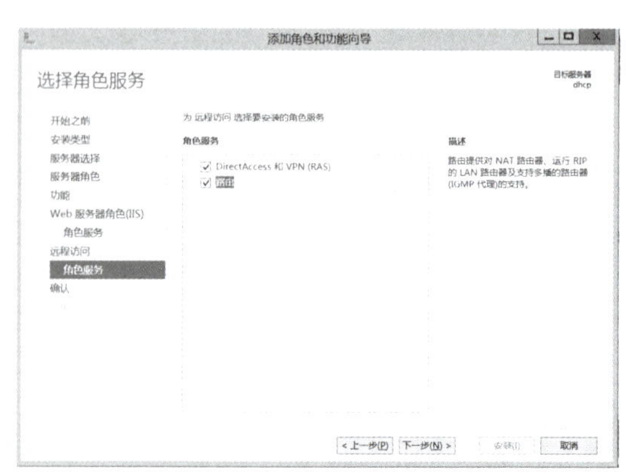

图 4－5　选择“角色服务”

单击“下一步”按钮，再单击“安装”按钮。安装完成后，单击“结束”按钮。成功安装“远程访问”角色后，执行“开始”→“管理工具”→“服务器管理器”→“仪表板”选项中的“工具”，可以查看到“路由和远程访问”选项，如图 4-6 所示。

任务 2　配置 VPN 服务器

打开“路由和远程访问”对话框，右击，单击“DHCP（本地）”→“配置并启用路由和远程访问”，启用 VPN，如图 4-7 所示。

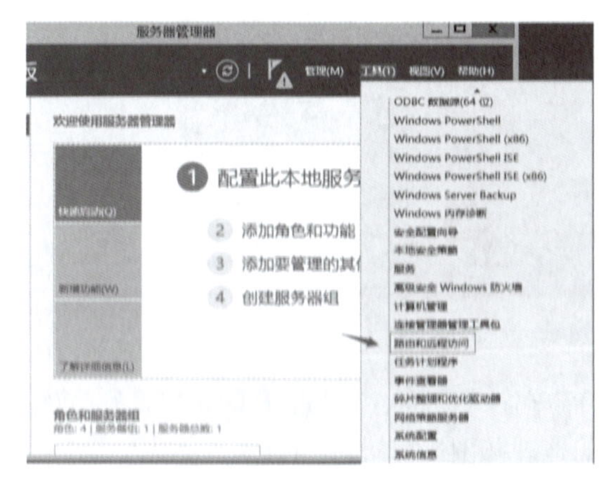

图 4-6　“路由和远程访问”安装成功

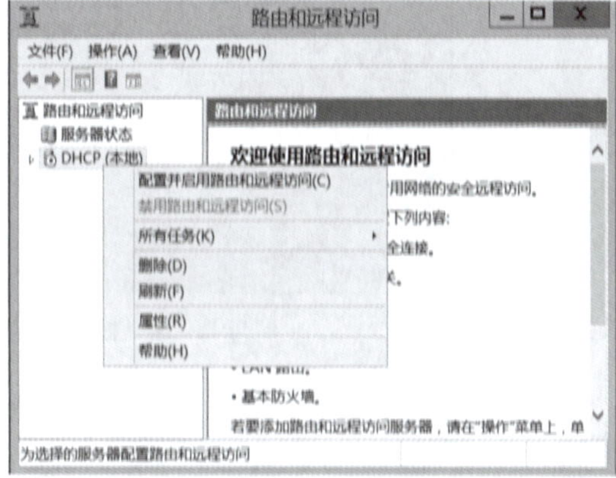

图 4-7　启用“路由和远程访问”

在“路由和远程访问服务器安装向导”页面，单击“下一步”按钮，在“路由和远程访问服务器安装向导-配置”页面选择“远程访问（拨号或 VPN）”，如图 4-8 所示。

在“路由和远程访问服务器安装向导-远程访问”页面勾选“VPN”和“拨号”，如图 4-9 所示。单击“下一步”按钮。选择连接到 Internet 的网络接口为 10.10.10.1 的网卡接口，如图 4-10 所示，单击“下一步”按钮。

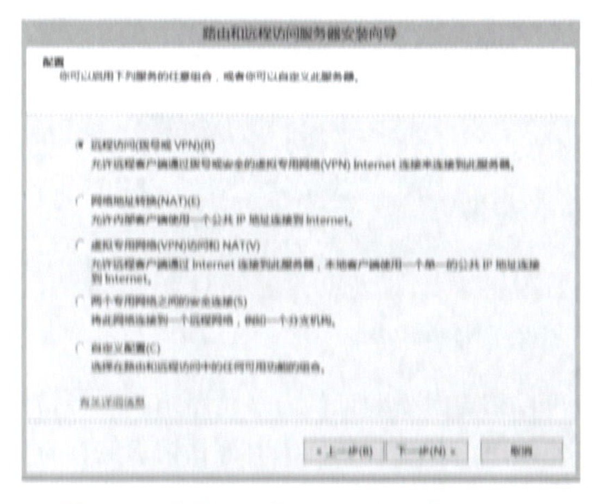

图 4-8　选择“远程访问（拨号或 VPN）”

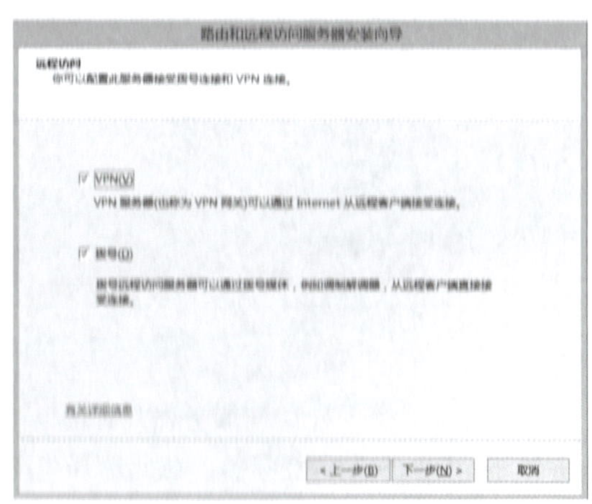

图 4-9　选择“VPN”和“拨号”

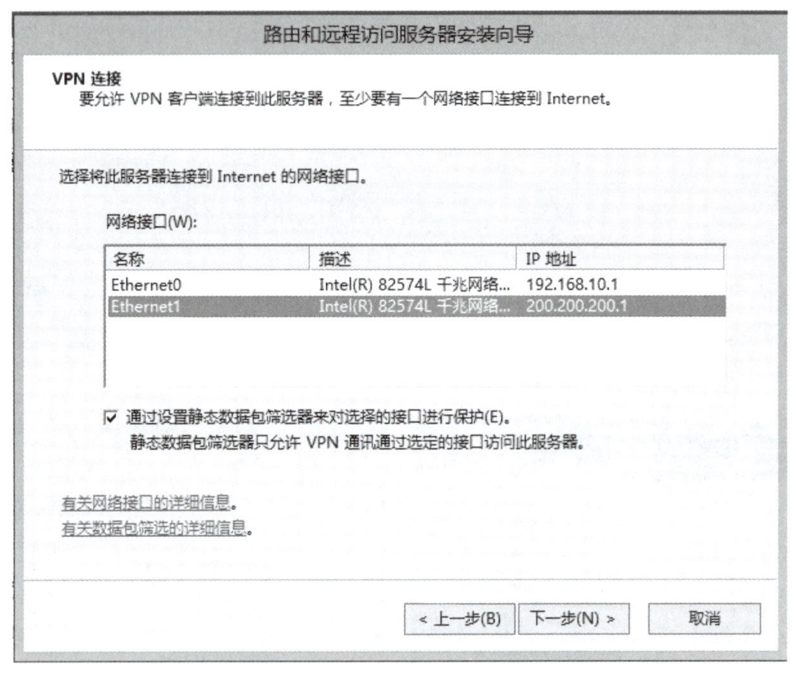

图 4-10　选择连接到 Internet 的网络接口

设置 IP 地址分配，可以设置分配给 VPN 客户端计算机的 IP 地址从 DHCP 服务器获取或是指定一个范围，在此选择“来自一个指定的地址范围”，单击“下一步”按钮。在“新建 IPv4 地址范围”中输入起始 IP 地址为 192.168.10.201，结束 IP 地址为 192.168.10.240。如图 4-11 所示，单击“确定”按钮。注意：“地址范围指定”在这里是服务和 VPN 客户端相连的一个网段的 IP 地址。

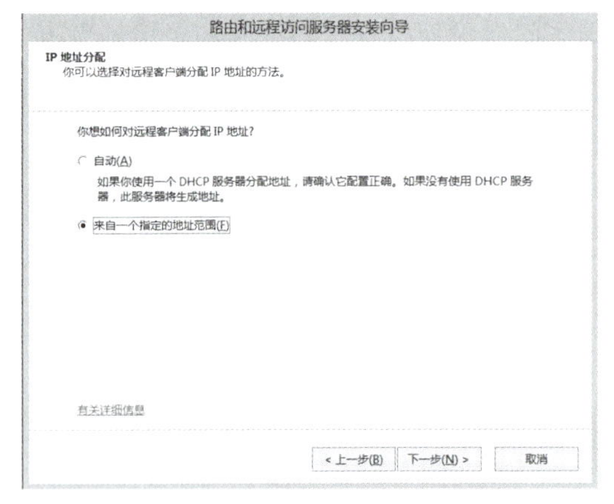

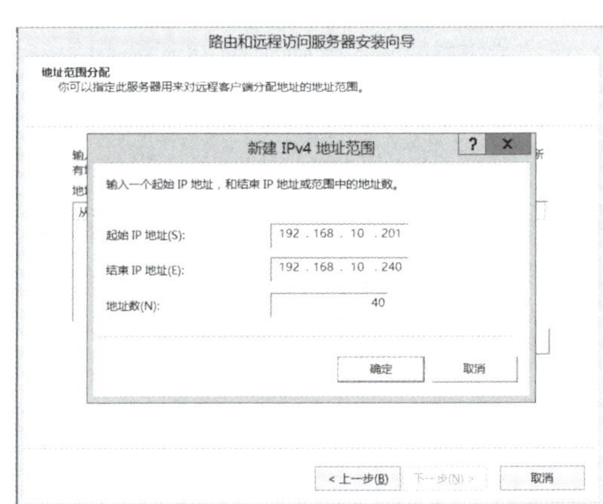

图 4-11　设置 IP 地址范围分配

在“管理多个远程访问服务器”对话框中，可以指定身份验证的方法是路由和远程访问服务器还是 RADIUS 服务器，在此选择“否，使用路由和远程访问来对连接请求进行身份验证”单选项，如图 4-12 所示，单击“下一步”→“完成”按钮，弹出图 4-13 所示对话框，单击“确定”按钮，至此已完成了路由和远程访问服务器的安装。

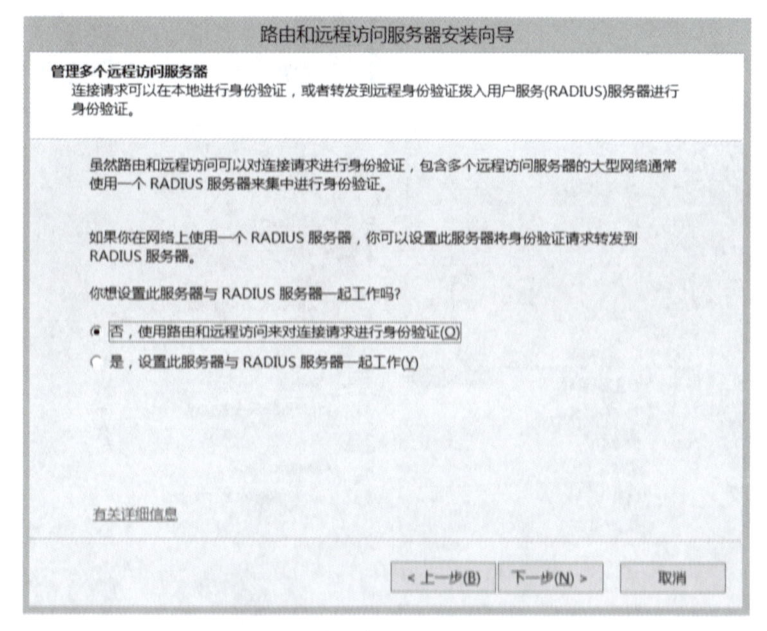

图 4－12　管理多个远程访问服务器

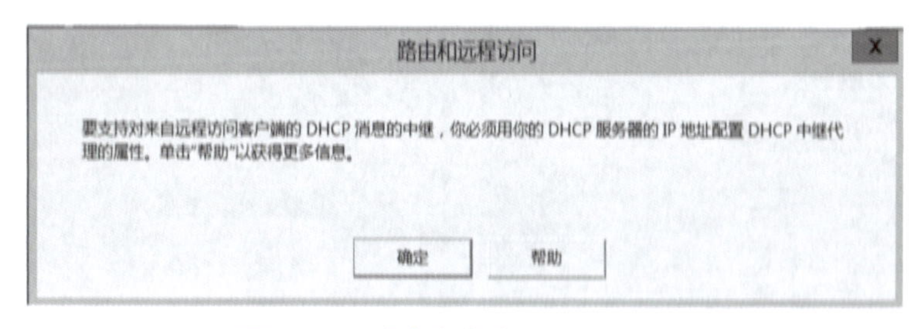

图 4－13　确定客户端的 DHCP 中继

任务 3　测试 VPN 连接

1. 创建有拨入权限的用户

接下来需要在服务器上创建多个具有拨入权限的账户。创建用户 tom 和 jack。可以使用命令或者图形化界面创建。右击"tom"，选择"属性"，如图 4－14 所示。

打开"tom 属性"窗口，切换到"拨入"选项卡，设置"网络访问权限"为"允许访问"，如图 4－15 所示，单击"应用"按钮和"确定"按钮。

2. 创建 VPN 连接

在客户机 client 上打开"网络和共享中心"对话框，单击"设置新的连接或网络"，如图 4－16 所示。在"选择一个连接选项"界面中选择"连接到工作区"，如图 4－17 所示，单击"下一步"按钮。

在"你希望如何连接？"界面选择"使用我的 Internet 连接（VPN）"，如图 4－18 所示，然后选择"我将稍后设置 Internet 连接"，如图 4－19 所示。

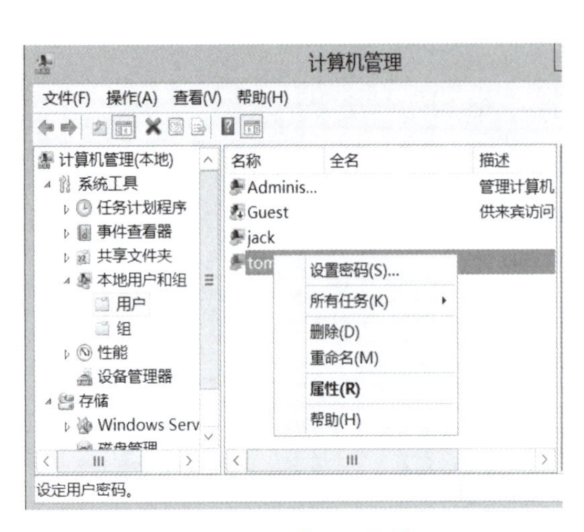

图 4-14　选择“属性”

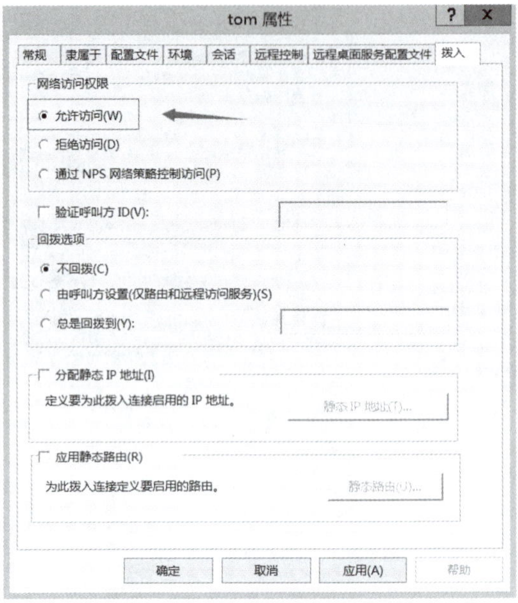

图 4-15　设置 tom 拨入权限

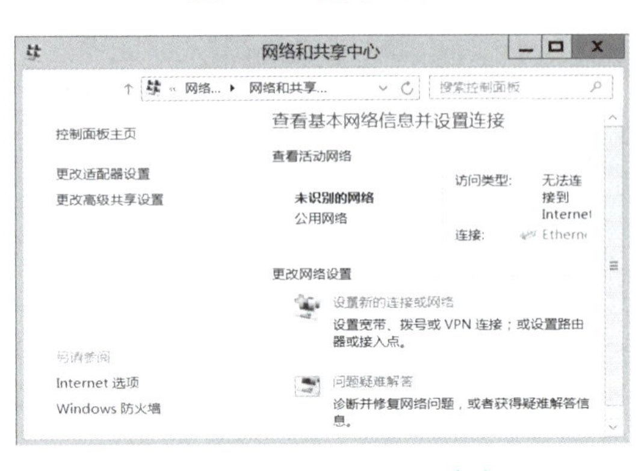

图 4-16　打开网络和共享中心

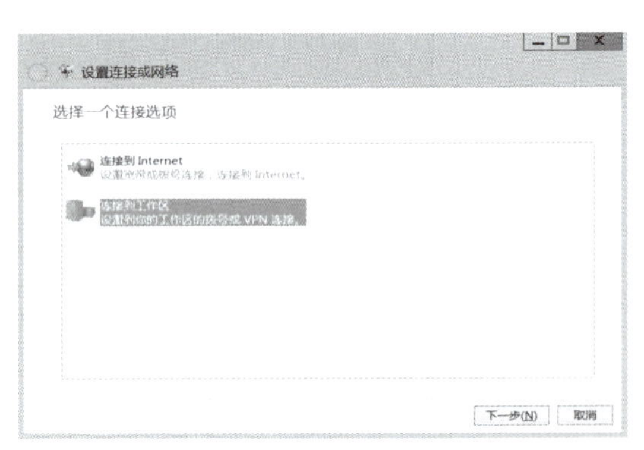

图 4-17　设置连接选项

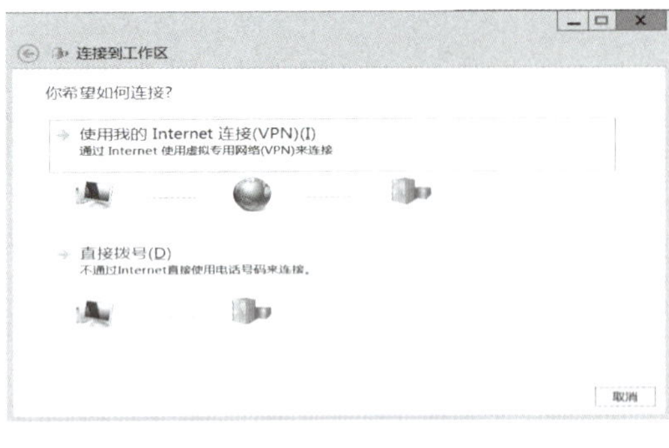

图 4-18　选择连接方式

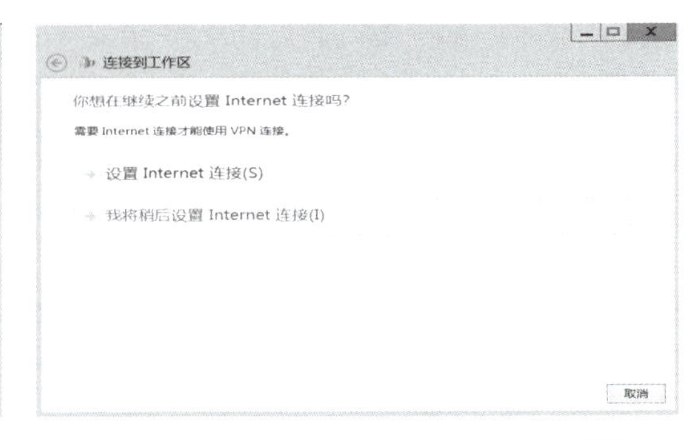

图 4-19　选择“我将稍后设置 Internet 连接”

在 Internet 地址中输入连接的 VPN 服务器主机名或者 IP 地址，根据拓扑结构输入 VPN 外网地址 200.200.200.1，如图 4-20 所示，单击“创建”按钮。此时可以看到在网络连接中多了一个名为“VPN 连接”的网络连接，连接此网络，输入用户名和密码，如图 4-21 所示。

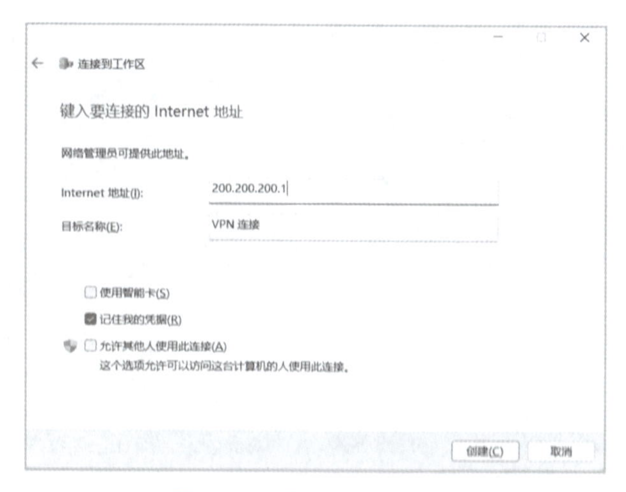

图 4-20　设置 Internet 地址

图 4-21　连接 VPN

连接成功后，查看客户机的 IP 地址，如图 4-22 所示。可以看到客户机 client 多了一个 192.168.10.102 的 IP 地址，此 IP 为公司内网的 IP 地址。使用 ping 命令 ping 内网服务器地址 192.168.10.1，可以 ping 通，如图 4-23 所示，表示外网可以正常访问到内部网络数据。

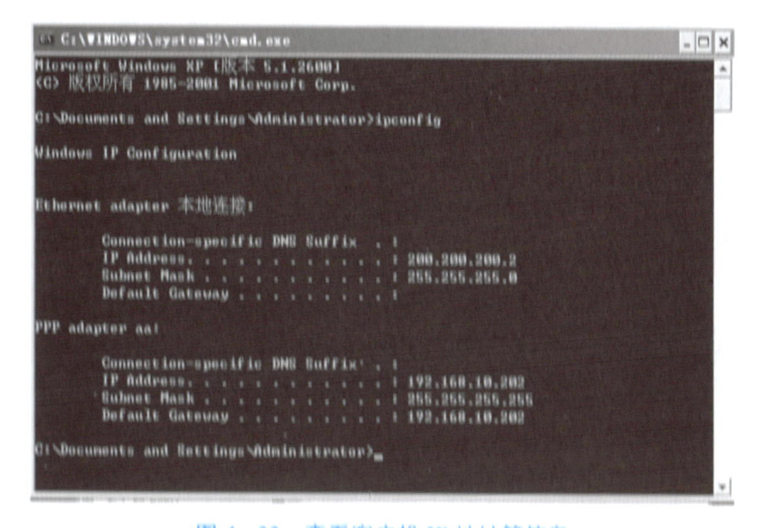

图 4-22　查看客户机 IP 地址等信息

```
管理员: C:\Windows\system32\cmd.exe
   媒体状态  . . . . . . . . . . . . : 媒体已断开
   连接特定的 DNS 后缀 . . . . . . . :

隧道适配器 isatap.{94A67B61-11FE-4694-A929-DAA7989CA4EE}:

   媒体状态  . . . . . . . . . . . . : 媒体已断开
   连接特定的 DNS 后缀 . . . . . . . :

C:\Users\Administrator>ping 192.168.10.1

正在 Ping 192.168.10.1 具有 32 字节的数据:
来自 192.168.10.1 的回复: 字节=32 时间<1ms TTL=127
来自 192.168.10.1 的回复: 字节=32 时间=2ms TTL=127
来自 192.168.10.1 的回复: 字节=32 时间<1ms TTL=127
来自 192.168.10.1 的回复: 字节=32 时间<1ms TTL=127

192.168.10.1 的 Ping 统计信息:
    数据包: 已发送 = 4，已接收 = 4，丢失 = 0 (0% 丢失)，
往返行程的估计时间(以毫秒为单位):
    最短 = 0ms，最长 = 2ms，平均 = 0ms
微软拼音简捷 半 :
```

图 4-23　测试客户机与内网服务器连通性

【拓展训练】——拓一拓

新源公司目前在外地尚未正式成立分公司，仅有两名员工长期驻留在北京办事处。公司内部网络结构也非常简单，所有员工都通过 Optical Modem 接入 Internet。但公司需要员工在家里或在外地也能便捷、安全地访问公司内网资源，包括内网计算机中的共享资源、仅供内网访问的 Web 站点和 FTP 站点等，还能通过公司内部网中的 E-mail 服务器收发邮件。为此，新源公司要求在不增加额外硬件成本的前提下，让公司员工能随时随地通过 VPN 访问内网资源。拓扑结构如图 4-24 所示。

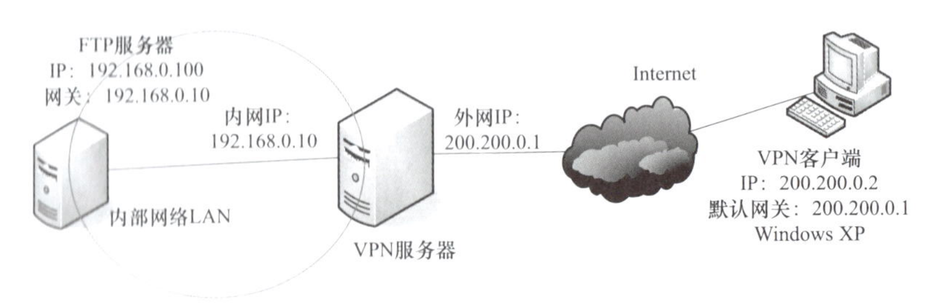

图 4-24　拓扑结构

【训练准备】——想一想

为了又快又好地完成任务，需要弄清楚以下几个问题：

引导问题 1：VPN 服务器总共需要几张网卡？每张网卡分别连接什么网络？

____

引导问题 2：在 VMware 虚拟机上如何模拟连接多个不同网络？

____

引导问题 3：架设 VPN 服务器需要哪几个步骤？

____

【训练过程】——做一做

操作步骤指导：

第 1 步：虚拟机环境准备。VPN 添加两张网卡，一张连接内网，一张连接外网，保证内网与内网、外网与外网之间能够互通。

第 2 步：安装 VPN 服务（路由和远程访问）。

第 3 步：配置路由和远程访问服务。

第 4 步：设置用户允许拨入权限。

第 5 步：客户端创建 VPN 连接，并连接测试。

【课程思政】——融一融

以建设科技强国助推“中国梦”实现

党的十九大报告提出了建设社会主义现代化强国各方面内涵，包括科技强国、质量强国、航天强国、网络强国、交通强国、数字中国、智慧社会建设等。科技强国作为首要的强国目标，是建设社会主义现代化强国的基础和核心，在建设强国的系统工程中发挥着决定性作用。因此，必须以建设科技强国助推“中国梦”的实现。

习近平总书记强调：“科技是国之利器，国家赖之以强，企业赖之以赢，人民生活赖之以好。”习近平总书记的论述，明确了科技强国在建设社会主义现代化强国中的基础地位。首先，科技强国是国家富强的前提和基础，国家富强离不开生产力发展，“科学技术是第一生产力”，科技对生产力发展起到引领和推动的作用，因此，建设科技强国对于实现国家富强至关重要。其次，科技强国是企业竞争的关键。当前，在全球地缘政治形势愈演愈烈与新冠疫情持续反复的双重影响下，经济形势复杂严峻，不稳定性、不确定性因素增多，遇到的很多问题是中长期的，必须从持久战的角度加以认识，加快形成以国内大循环为主体、国内国际双循环相互促进的新发展格局。科技作为企业的核心竞争力，其发展既是企业参与内循环、提升经济发展质量的动力，也是企业参与外循环、赢得国际市场的关键。最后，科技强国是人民生活水平提升的保障。科技的每一次重大突破，都会引起经济的深刻变革和人类社会的巨大进步。党的十九大报告指出，中国特色社会主义进入新时代，我国社会主要矛盾已经转化为人民日益增长的美好生活需要和不平衡不充分的发展之间的矛盾。解决现阶段我国社会主要矛盾，就要以科技发展回应人民期待，满足人民对美好生活的期待，实现共同富裕。

在建设社会主义现代化强国的系统工程中，科技强国作为核心要素，为全面建设社会主义现代化强国提供源源不断的动力，是质量强国、航天强国、网络强国、交通强国、数字中国、智慧社会建设等其他强国建设的重要支撑。科技强国建设既要解决其他强国要素在建设过程中的“卡脖子”的问题，进一步解放国内生产力，完善产业链，突破国外势力科技封锁的窘境，在高端芯片、航空发动机、精密仪器、高端生物医药等领域占据主导权，促进经济发展，保障国计民生；又要帮助其他强国要素在建设过程中实现科技创新，把握科技发展方向，引领科技发展潮流，在国际竞争中领先身位、彰显优势。比如，在量子科技、超级计算、人工智能、现代通信、绿色能源、功能材料等方面实现弯道超车，实现从“跟跑”到“领跑”的跨越，真正成为世界科技发展的“高地”。毋庸置疑，实现科技强国是实现建设社会主义现代化强国目标的应有之义、必由之路，是实现民族复兴、实现“中国梦”的前提、基础和保障。

科技强则国家强。世界上任何一个发达国家都不会是科技落后的国家。实现中华民族伟大复兴、建设社会主义现代化强国的伟大征程上，要始终把科技强国放在重要的位置上，自觉履行高水平科技自立自强的使命担当。要贯彻“创新是引领发展第一动力”的重要理念，将科技创新作为科技强国的核心目标，以科技创新引领全面创新，为实现各项强国目标提供发展动力；要紧紧抓住科技创新人才这一关键，培养科技创新人才、引进科技创新人才，为科技创新人才提供良好的创新环境，全面释放创新人才的创新潜能；要全面建设国家战略科技力量，建设涵盖国家实验室、国家科研机构、高水平研究型大学、科技领军企业的科技力量体系，夯实科技强国的根基、完善科技强国的架构、提供科技强国的保障，让科技强国建设成为强国建设、民族复兴的重要驱动，以“科技梦”助推“中国梦”。

【任务评价】——评一评

1. 各小组派代表展示本项目知识点思维导图。

本项目知识点思维导图

2. 各小组展示汇报实训效果。

实训任务	完成情况	备注
任务 1	□已完成　□完成一部分　□全部未做	
任务 2	□已完成　□完成一部分　□全部未做	
任务 3	□已完成　□完成一部分　□全部未做	

3. 学生自我评估与总结。

（1）你掌握了哪些知识点？

____

____

（2）你在实际操作过程中出现了哪些问题？如何解决？

____

____

（3）谈谈你的学习心得体会。

____

____

4. 评价反馈。

根据各组学生在完成任务中的表现，给予综合评价。

项目实训评价表

评价项目	评价要点	分值	自评	互评	师评
精神状态	课前准备充分，物品放置齐整	10			
	积极发言，声音响亮、清晰	10			
	具有团队合作意识，注重沟通，自主探究学习和相互协作完成任务	10			
完成工作任务	任务 1	20			
	任务 2	20			
	任务 3	20			
自主创新	能自主学习，勇于挑战难题，积极创新探索	10			
总　　分					
小组成员签名					
教 师 签 名					
日　　期					

【知识巩固】——练一练

一、选择题

1. 下列不属于 VPN 的组件的是（　　）。

A. VPN 客户端　　B. VPN 服务器

C. 隧道协议　　D. Modem

2. 在激活路由和远程访问服务的过程中，关于“IP 地址分配”窗口内容描述，不正确的是（　　）。

A. 如果环境中有 DHCP 服务器，可以选择“自动”

B. 可以选择“来自一个指定的地址范围”

C. 在指定地址范围时，所指定的地址必须和内部网络在同一网段

D. 在指定地址范围时，所指定的地址可以是一个地址范围，也可以是一个网络号

3. Windows Server 2022 远程访问服务提供了（　　）远程访问连接方式。（选择两项）

A. 拨号网络　　B. RAS

C. RRAS　　D. 虚拟专用网 VPN

4. 某公司的网络中没有任何 DHCP 服务器，但有一台 VPN 服务器为在外工作的销售人员访问公司内网资源提供远程接入，在 VPN 远程访问服务器上，“IP”选项卡中的配置如下图所示，则使用 vista 的客户端通过 VPN 远程拨入后，获取到的 IP 地址对应的子网掩码应该是（　　）。

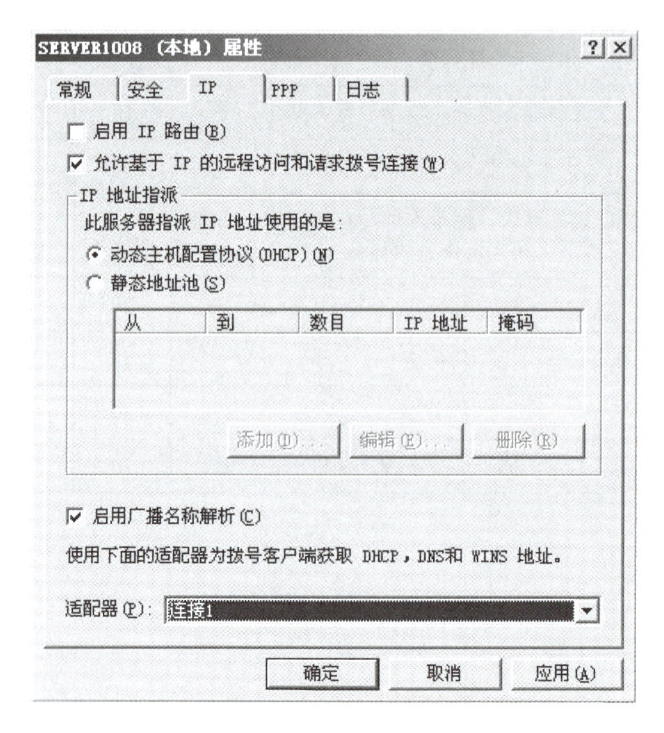

A. 255.255.240.0　　B. 255.255.255.0

C. 255.255.255.240　　D. “连接 1” 上设置的子网掩码

5. 小武是迅达公司的网络管理员，公司的出差员工比较多，经常要拨入公司的内部进行任务的接收和提交业绩信息。为了完成拨号和保证数据的安全，小武为公司搭建了一台 VPN 服务器。在安装完路由和远程访问服务后，管理员小武发现，路由和远程访问的服务器上有一个方向向下的红色箭头，如何操作才能避免这个问题？（　　）

A. 组件安装没有完成

B. 组件的安装有问题

C. 服务就是这样的，这样就是正常的

D. 安装完服务器组件后，其初始状态处于停用状态，必须激活才能提供远程访问服务

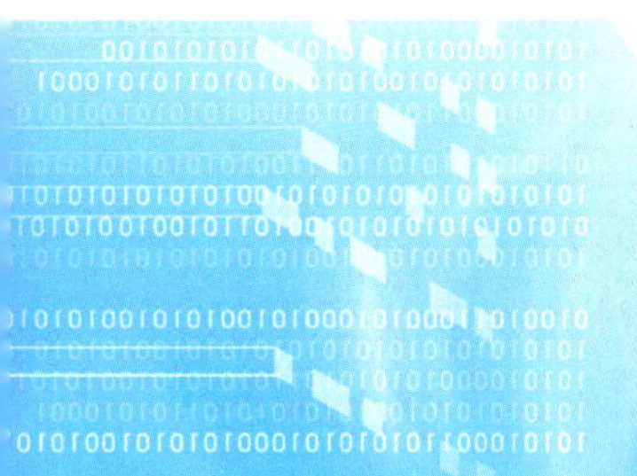

项目五 配置本地安全策略加固服务器系统安全

【学习目标】

1. 知识与能力目标

（1）会进行账户策略、审核策略的安全设置。

（2）会进行用户权限分配、安全选项的安全设置。

（3）会进行 Windows 防火墙入站和出站规则的配置。

2. 素质与思政目标

（1）培养认真细致的工作态度和工作作风。

（2）养成刻苦、勤奋、好问、独立思考和细心检查的学习习惯。

（3）能与组员精诚合作，能正确面对他人的成功或失败。

（4）排除常规故障，弘扬精益求精的大国工匠精神。

【工作情景】

为了减少网络攻击行为的威胁，保障服务器的安全，柠檬摄影工作室网络管理员通过分析决定采取以下措施来加固服务器：对 Windows Server 2022 安装最新的补丁程序来修复系统漏洞；设置账户策略，以防止密码被盗；添加审核策略来跟踪资源访问者；启用并配置 Windows Server 2022 自带的防火墙对进、出服务器的数据包进行筛选。拓扑结构如图 5－1 所示。

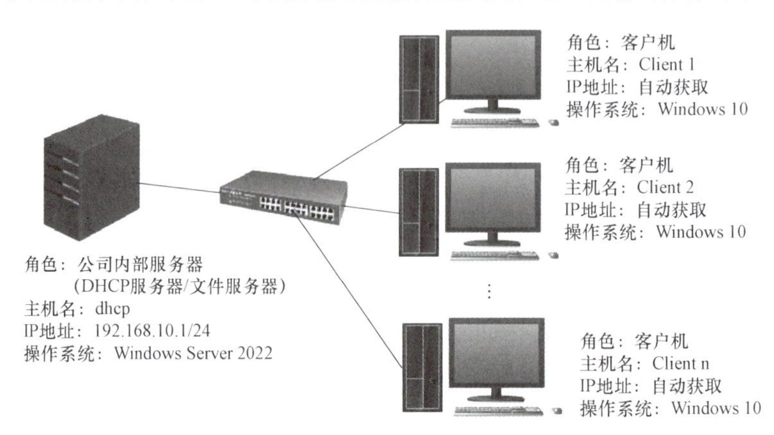

图 5－1　拓扑结构

【知识导图】

本项目知识导图如图 5－2 所示。

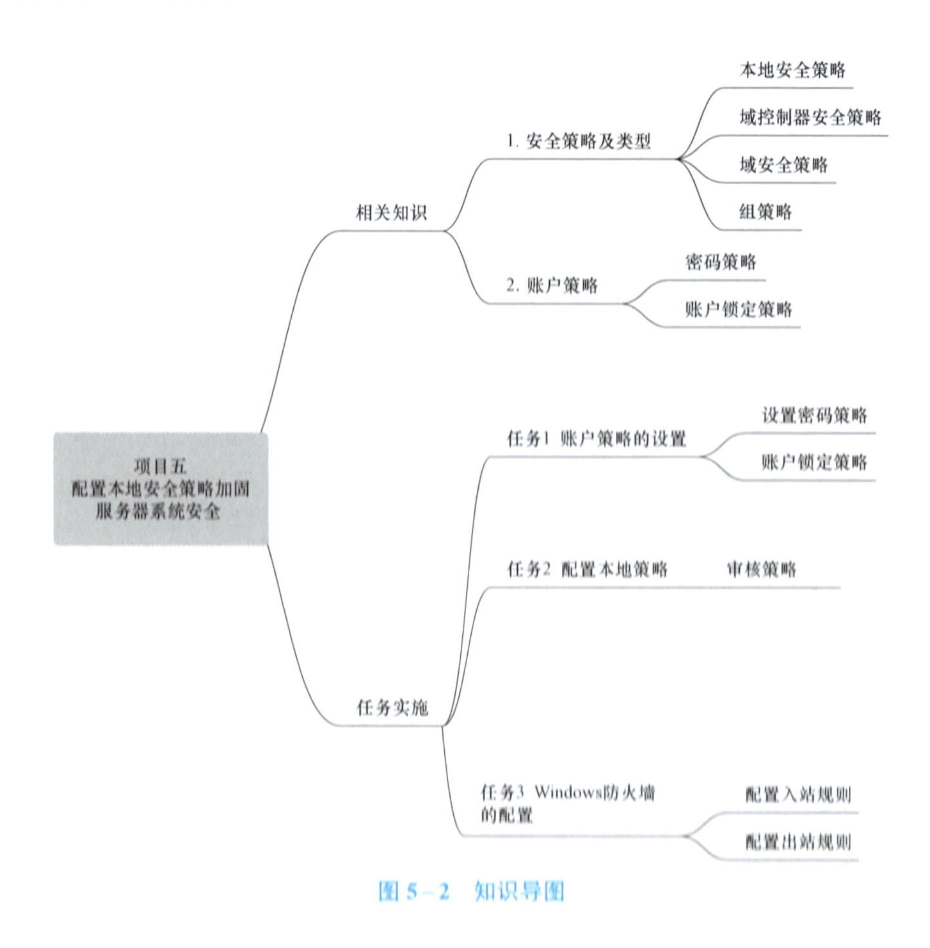

图 5－2　知识导图

【相关知识】——看一看

一、安全策略及类型

安全策略（security policy）规定了用户在使用计算机、运行应用程序和访问网络等方面的行为约束规则。合理运用和设定安全策略，可以使计算机受到的安全威胁大大降低。

根据影响范围的不同，Windows Server 2022 支持以下 4 种类型的安全策略：

① 本地安全策略：实现本地计算机的安全。包括账户策略、本地策略、公钥策略、软件限制策略和 IP 安全策略。

② 域控制器安全策略：实现域控制器的安全。

③ 域安全策略：实现整个域的安全。

④ 组策略：实现整个网络的安全。

二、账户策略

账户策略通过设置密码策略和账户锁定策略来提高用户的密码安全级别。账户策略主要包含密码策略和账户锁定策略。

1. 密码策略

对于域或本地用户账户，决定密码的设置，如强制性和期限。

（1）密码必须符合复杂性要求

✓ 已启用：新建用户密码复杂性必须满足要求（包含 4 类字符中的三种：大写、小写、数字、特殊符号）。

✓ 已禁用：对密码复杂性没有要求。

（2）密码长度最小值

✓ 取值范围：0～14。

✓ 0：代表可不设置密码。

（3）密码最短使用期限

✓ 取值范围：0～998。

✓ 0：代表可以不更改密码。

（4）密码最长使用期限

✓ 取值范围：0～999。

✓ 0：代表密码永不过期。

✓ 默认为 42 天。

（5）强制密码历史

✓ 取值范围：0～24。

✓ 0：代表可随意使用过去使用的密码。

（6）用可还原的加密来存储密码

✓ 已禁用：不在网上存储密码。

✓ 已启用：在网上存储密码。

2. 账户锁定策略

对于域或本地用户账户，决定系统锁定账户的时间，以及锁定谁的账户。

（1）账户锁定时间

✓ 代表该账户被锁定后，多长时间自动解锁。

✓ 范围为 0～99 999 分钟。

✓ 设置为 0 代表永远被锁定，只能由管理员手动解锁。

✓ 对管理员无效。

（2）账户锁定阈值

✓ 代表用户连续输错密码次数等于阈值后该账户被锁定。

✓ 范围为 0～999。

✓ 设置为 0 代表该账户永不锁定。

（3）重置账户锁定计数器

✓ 用户在该计数器时间内只要输错次数不到锁定阈值，该账户不被锁定，过此时间后又有相同的输错次数。

✓ 设置范围小于或等于账户锁定时间。

【任务实施】——学一学

任务 1 账户策略的设置

1. 设置密码策略

首先进行密码策略的设置，主要操作步骤如下：

以管理员账户 Administrator 登录到服务器；单击“开始”→“管理工具”→“本地安全策略”（或者按 Win+R 组合键，打开“运行”窗口，输入“secpol.msc”），打开“本地安全策略”对话框，如图 5-3 所示。

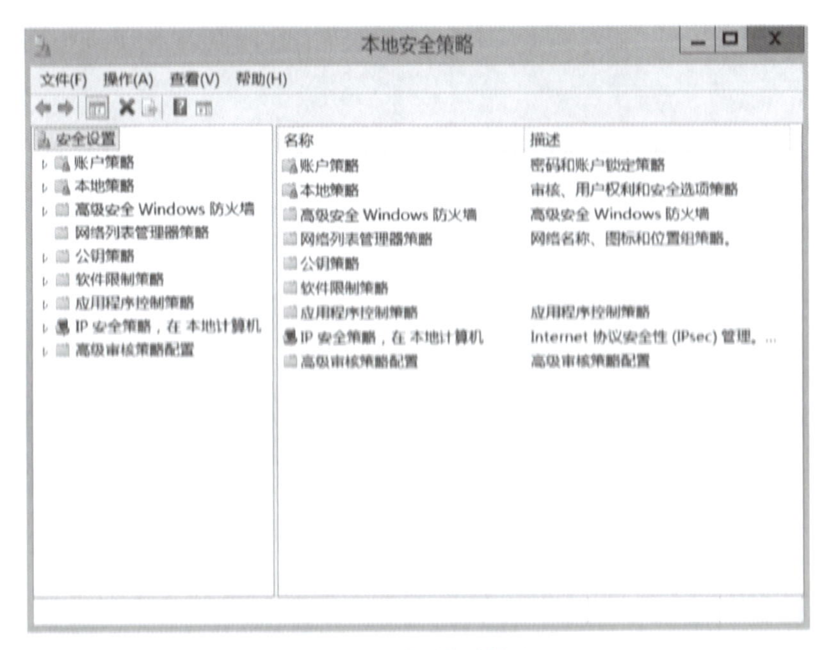

图 5-3 本地安全策略

选择“账户策略”→“密码策略”，设置密码长度最小值为 7，启用密码必须符合复杂性要求，密码使用最长期限为 30 天，如图 5-4 所示。

图 5－4　设置密码策略

选择“账户策略”→“账户锁定策略”，设置账户锁定阈值为 3，锁定时间为 30 分钟，如图 5－5 所示。

图 5－5　设置账户锁定阈

单击“开始”→“运行”，输入“gpupdate/force”，刷新策略，如图 5－6 所示。

以管理员 administrator 登录，打开“计算机管理”对话框。展开“配置”→“本地用户和组”→“用户”，右击账户 test1（自己创建的账户），选择“重设密码”，输入新密码和确认密码“aaa”，单击“确定”按钮，提示密码不符合密码策略的要求，如图 5－7 和图 5－8 所示。

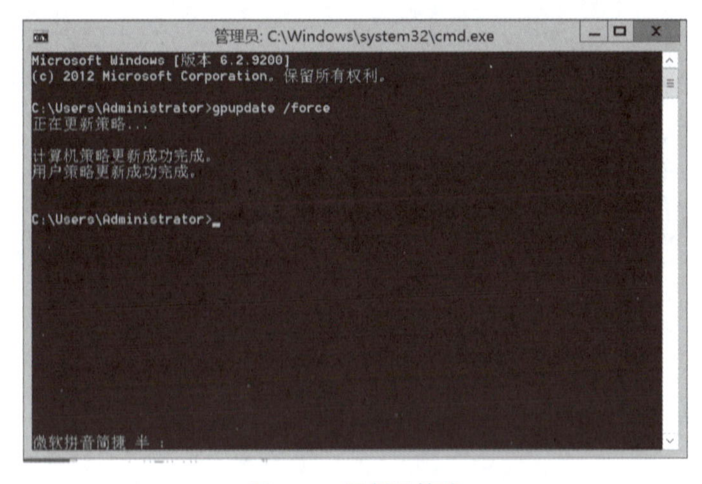

图 5-6　更新组策略

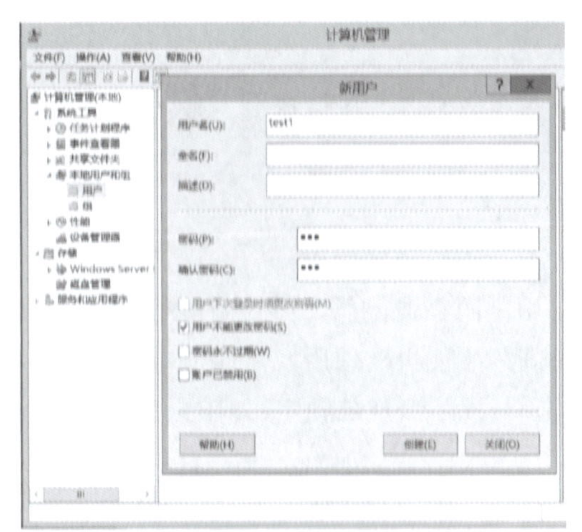

图 5-7　新建用户

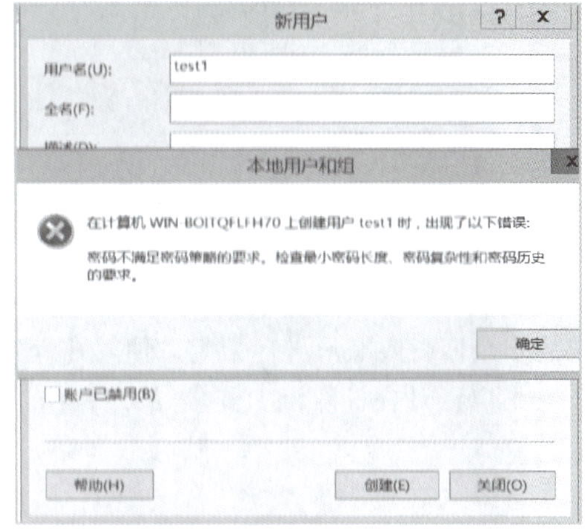

图 5-8　密码不符合密码策略的要求

重新输入新密码和确认新密码“P@ssw0rd”，单击“确定”按钮，用户创建成功，如图 5-9 和图 5-10 所示。

图 5-9　重新输入新密码和确认新密码

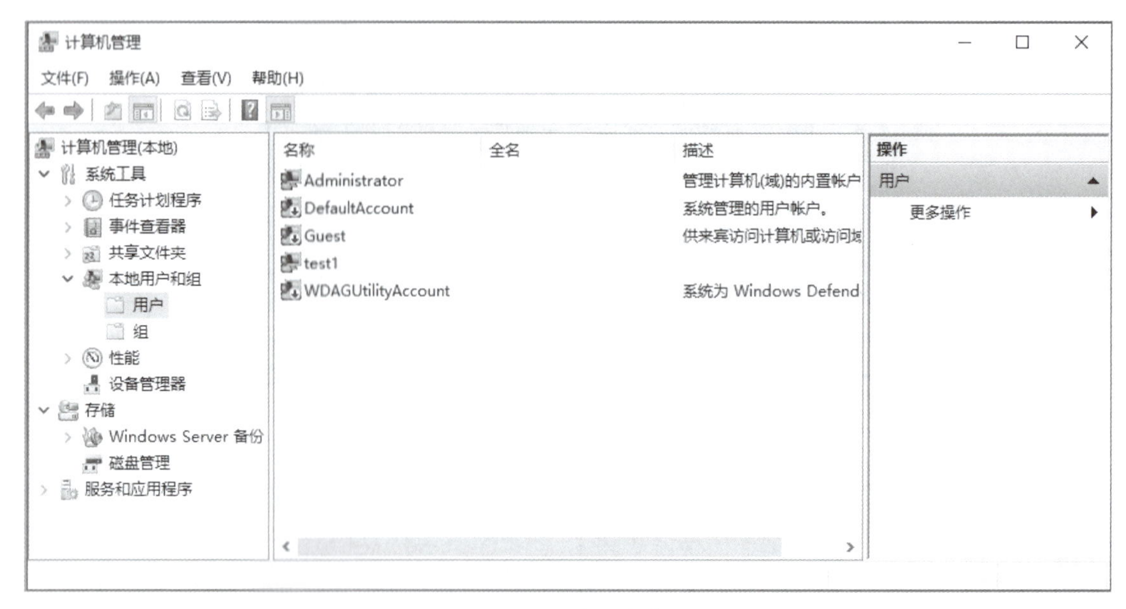

图 5-10 创建用户成功

2. 账户锁定策略

账户锁定是指在某些情况下（如账户受到采用密码词典或暴力方式破解等），为保护该账户的安全而将此账户进行锁定，使其在一定时间内不能再次使用，从而使破解失败。

以账户 test1 在计算机上登录，故意输错 3 次密码，提示账户被锁定，如图 5-11 和图 5-12 所示。

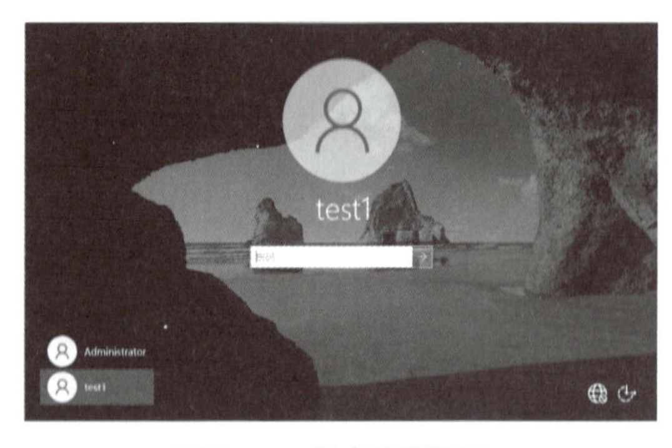

图 5-11 用户登录界面

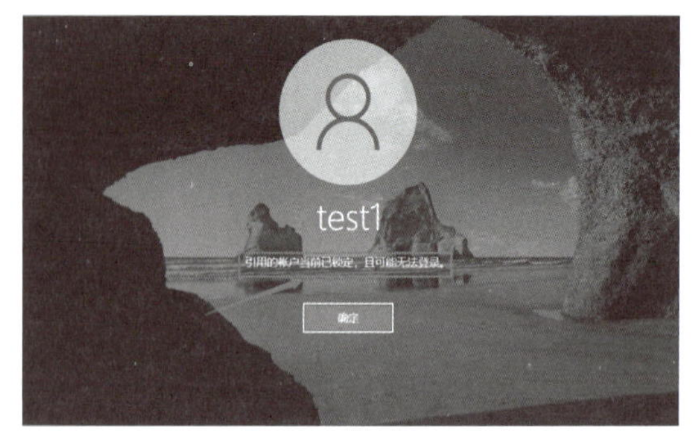

图 5-12 用户界面锁定

以 administrator 登录没有被锁定的提示。以管理员账户登录服务器解锁 test1 账户。在“计算机管理”中，展开“配置”→“本地用户和组”→“用户”，右击账户 test1，选择“属性”→“常规”，可以看到账户已锁定。

取消勾选“账户已锁定”，如图 5-13 所示。

图 5－13　用户属性

以 test1 账户登录服务器，输入正确的密码可以正常登录，如图 5－14 所示。

图 5－14　用户账户页面

任务 2　配置本地策略

1．审核策略

审核就是通过在计算机的安全日志中记录选定类型的事件来跟踪用户和操作系统的活动。配置审核策略就是确定把哪些事件写入计算机的安全日志中。表常用审核策略见表 5－1。

表 5－1　表常用审核策略

审核策略	说明
审核策略更改	是否对用户权限分配策略、审核策略或信任策略的更改进行审核
审核登录事件	是否审核此策略应用到的系统中发生的登录和注销事件
审核对象访问	是否审核用户访问某个对象（如文件、文件夹、注册表项、打印机）的事件
审核账户登录事件	是否审核在这台计算机用于验证账户时，用户登录到其他计算机或者从其他计算机注销的每个实例
审核系统事件	是否审核用户重新启动、关闭计算机以及对系统安全或安全日志有影响的事件

配置审核策略具体步骤如下：

单击“本地安全策略”→“本地策略”→“审核策略”，在右窗格中双击“审核对象访问”，如图 5－15 所示。

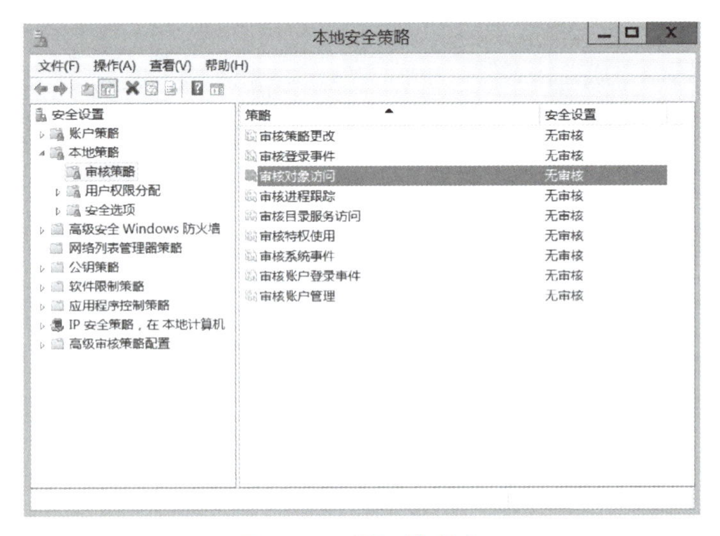

图 5－15　审核对象访问

打开“审核对象访问属性”对话框，勾选“成功”和“失败”选项，单击“确定”按钮，如图 5－16 所示。

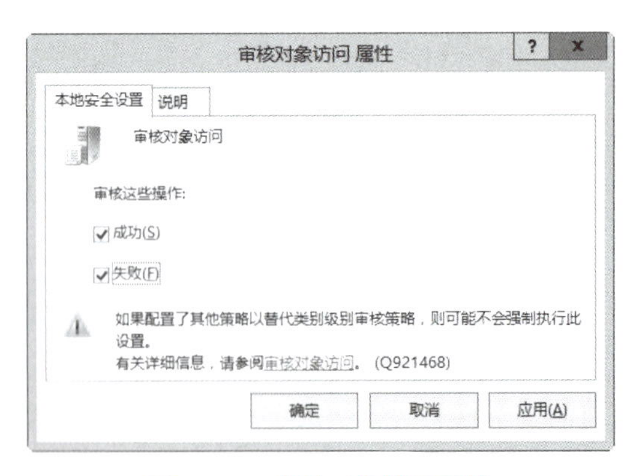

图 5－16　审核对象访问属性

2. 用户权限分配

用户权限是允许用户在计算机系统或域中执行的任务。

有两种类型的用户权限：

✓ 登录权限控制为谁授予登录计算机的权限以及他们的登录方式，比如拒绝本地登录、允许本地登录等。

✓ 特权控制对计算机上系统范围的资源的访问，比如关闭系统、更改系统时间等。

表常用的用户权限分配见表 5－2。

表 5－2　表常用的用户权限分配

用户权限名称	说明
从网络访问此计算机	默认情况下，任何用户均可以从网络访问计算机，根据实际需要可以撤销某组账户从网络访问的权限
拒绝从网络访问这台计算机	有些用户只在本地使用，不允许通过网络访问此计算机，就可以将此用户加入该策略中
允许在本地登录	此登录权限确定了可交互式登录到该计算机的用户，通过在连接的键盘上按 Ctrl＋Alt＋Del 组合键启动登录，该操作需要用户拥有此登录权限。另外，一些能使用户进行登录的服务或管理应用程序可能也需要此登录权限
拒绝本地登录	此安全设置确定阻止哪些用户登录到该计算机。如果一个账户同时受上述策略的制约，则此策略设置将取代允许本地登录策略
关闭系统	让普通用户具有关闭计算机的权限

具体操作步骤如下：

进入“本地安全策略”窗口，在左窗格中展开“本地策略”，单击“用户权限分配”，在右窗格中双击“从网络访问此计算机”策略，如图 5－17 所示。

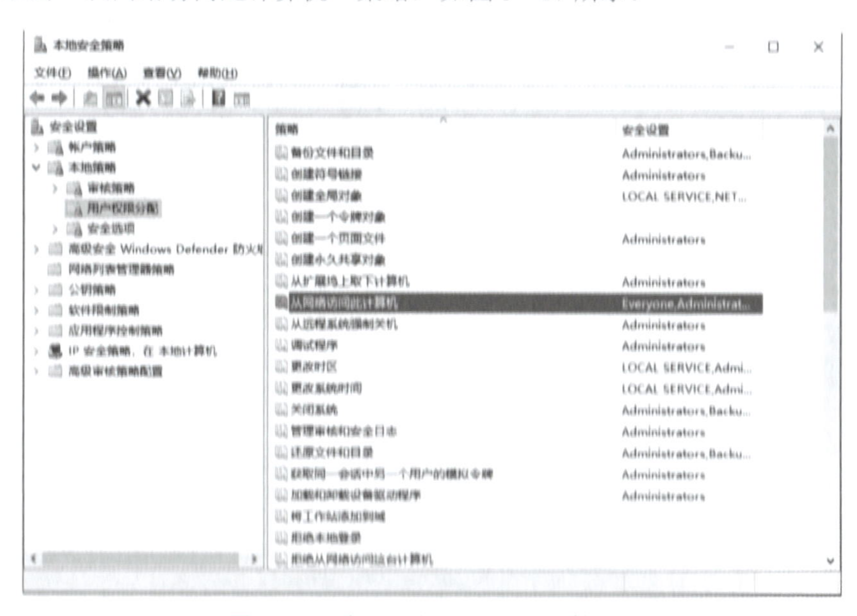

图 5－17　选择“从网络访问此计算机”

打开“从网络访问此计算机属性”对话框，从此可以看出 Everyone 组也允许通过网络连接到此计算机，即网络中的所有用户都可以访问到这台计算机，出于安全考虑，可以把 Everyone 组删除。单击“添加用户或组”或者“删除”按钮，可以添加或删除可从网络访问此计算机的用户或组，如图 5－18 所示。

拒绝 test1 用户本地登录，如图 5－19 和图 5－20 所示。

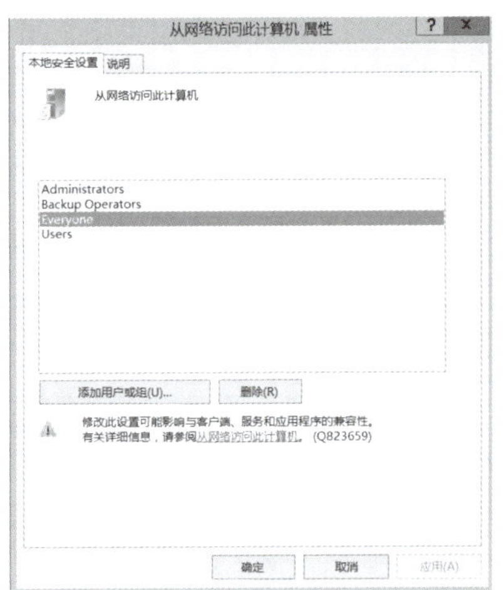

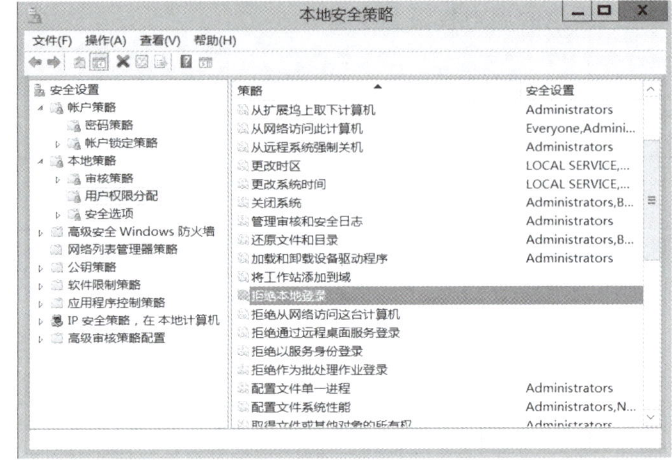

图 5－18　设置用户权限分配

图 5－19　设置用户权限分配

注销用户登录，可以看到登录用户只有 Administrator 管理员，没有 test1 用了。用户登录界面如图 5－21 所示。

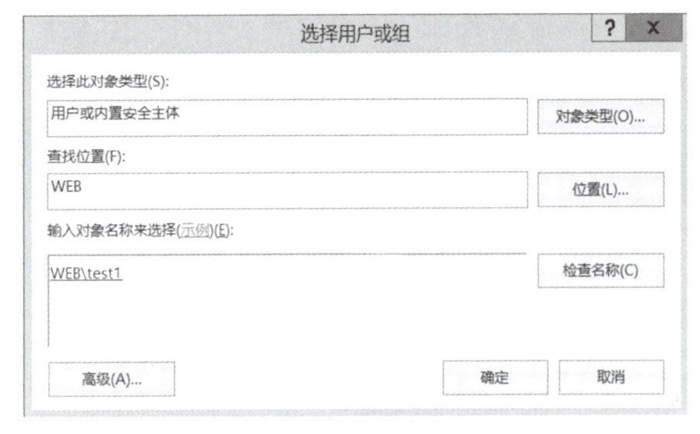

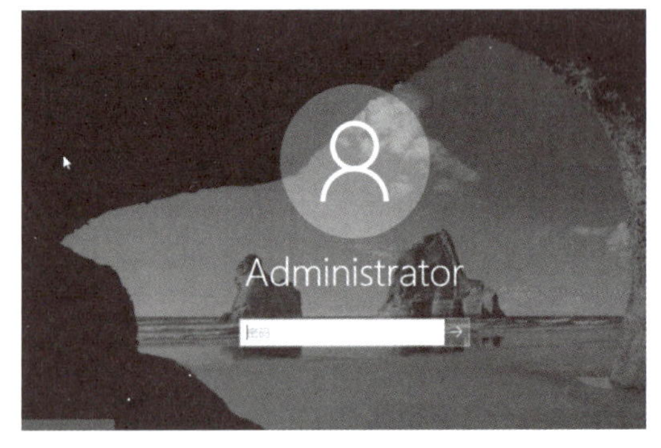

图 5－20　拒绝本地登录属性

图 5－21　用户登录界面

任务 3　Windows 防火墙的配置

防火墙支持双向保护，即可以对入站、出站的数据包进行规则匹配检查，从而决定是否让数据包传入或传出。配置 Windows 防火墙的过程，主要就是配置入站、出站规则的过程。

执行“服务器管理器”→“仪表盘”→“工具”→“高级安全 Windows Defender 防火墙”，打开“高级安全 Windows Defender 防火墙”对话框，在左侧窗格中右击“入栈规则”，选择“新建规则”，如图 5－22 所示。

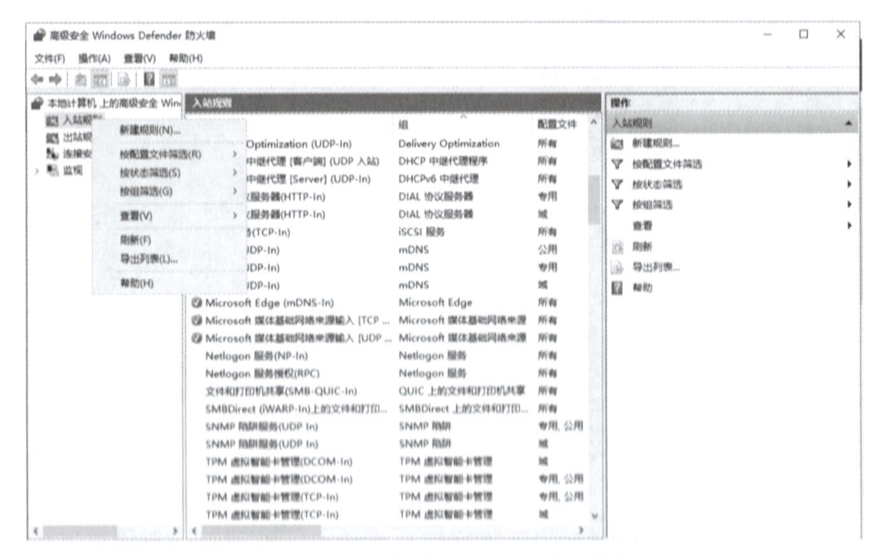

图 5－22　高级安全 Windows 防火墙窗口

在打开的“规则类型”对话框中选择“端口”，单击“下一步”按钮，如图 5－23 所示。

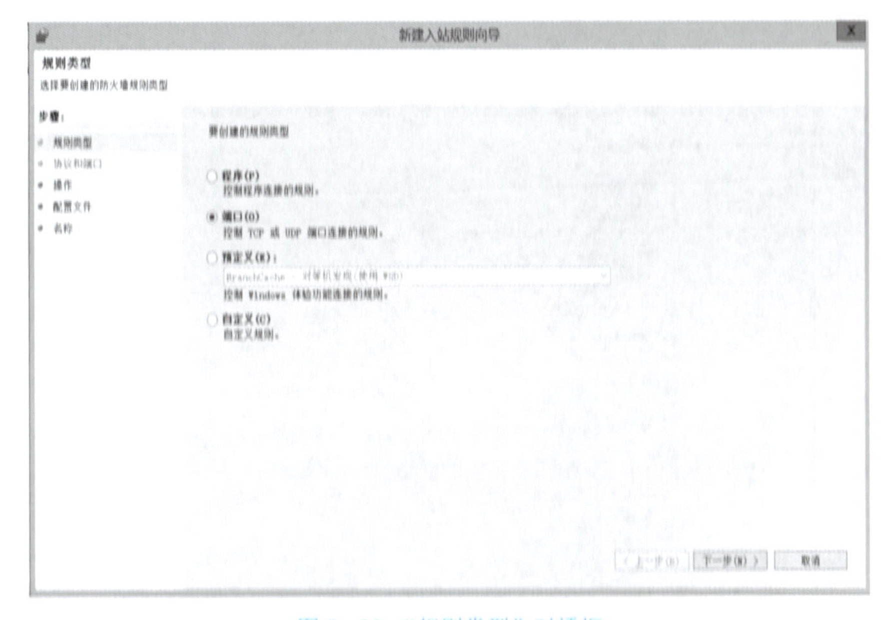

图 5－23　“规则类型”对话框

打开“协议和端口”对话框，选择“TCP”单选项，选择“特定本地端口”单选项并在其编辑框内输入“8080”，单击“下一步”按钮，如图 5－24 所示。

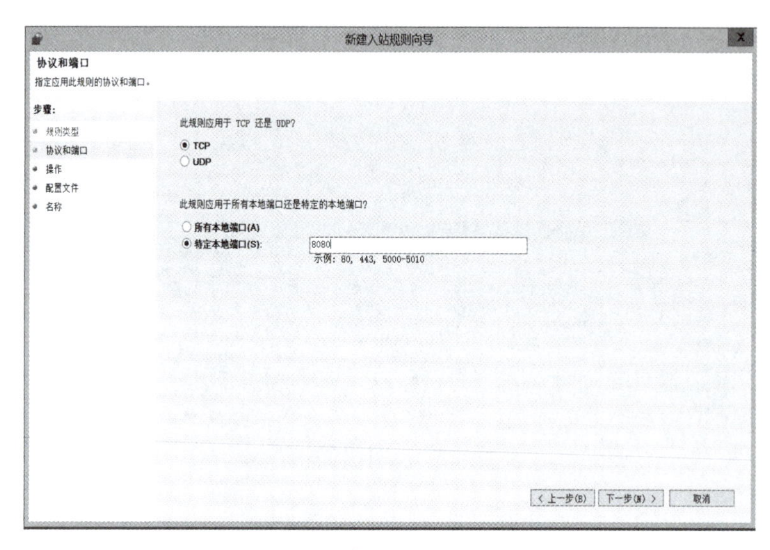

图 5-24 “协议和端口”对话框

打开“操作”对话框，选择“允许连接”，单击“下一步”按钮。打开“配置文件”对话框，勾选“域”“专用”“公用”（表明本规则在三种可能的网络位置均可以生效），单击“下一步”按钮。打开“名称”对话框，在“名称”编辑框中输入“内网用户 Web 入站”，在“描述（可选）”编辑框内输入描述信息，单击“完成”按钮。如图 5-25～图 5-27 所示。

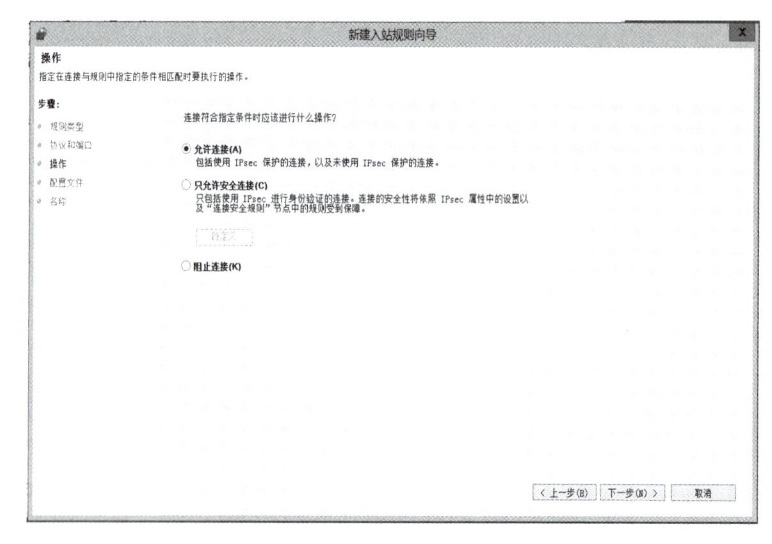

图 5-25 “操作”对话框

系统返回“高级安全 Windows 防火墙”窗口，右击新建的入站规则，在弹出的快捷菜单中单击“属性”，如图 5-28 所示。

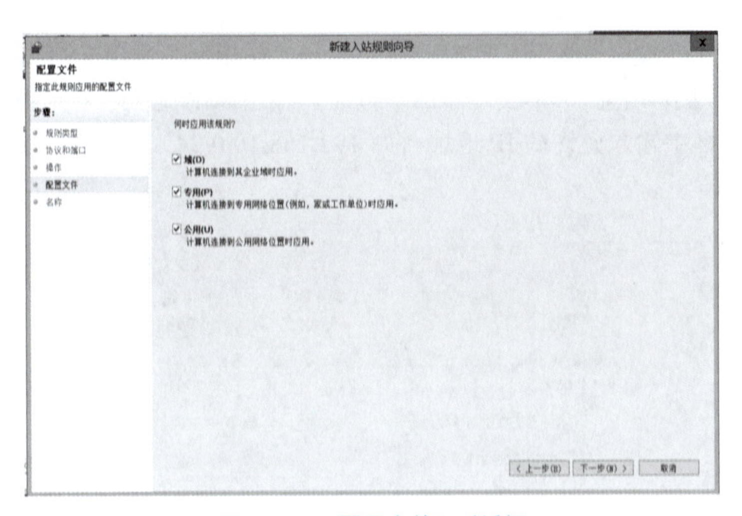

图 5－26　“配置文件”对话框

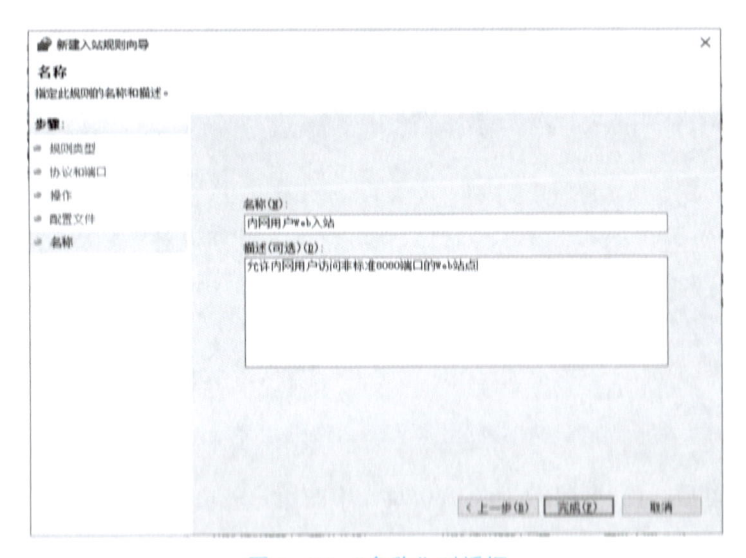

图 5－27　“名称”对话框

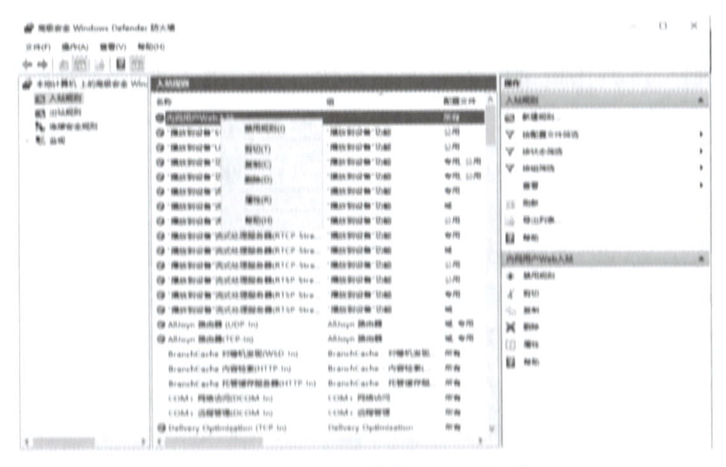

图 5－28　右击新建的入站规则

打开“内网用户 Web 入站属性”对话框，单击“作用域”选项卡，在“本地 IP 地址”区域内选择“下列 IP 地址”，单击“添加”按钮，弹出“IP 地址”对话框，在“此 IP 地址或子网”编辑框中输入允许的 IP 地址（如 192.168.10.0/24），单击“确定”按钮两次，如图 5－29 所示。

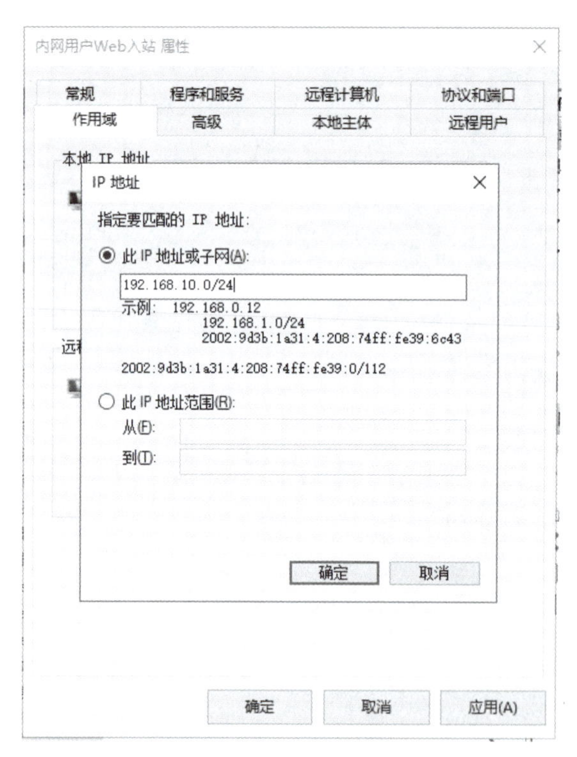

图 5－29　内网用户 Web 入站和 IP 地址对话框

完成以上设置后，内网（192.168.10.0/24）中的用户就可以访问端口号为 8080 的 Web 网站了。

出站规则的添加与设置。默认情况下，高级安全 Windows 防火墙不阻止出去的流量（但阻止标准服务以异常方式进行通信的服务强化规则除外）。用户可以针对数据包的协议、端口等创建出站规则，以阻止指定服务的出站流量。如：阻止当前服务器主机（IP 地址为 192.168.10.1）访问其他 Web 服务器。由于 Windows Server 2022 中有 64 位 IE 浏览器程序，程序位置为“%ProgramFiles%\Internet\Explorer\”，所以需要建立出站规则来组织这个程序出站。具体操作步骤如下：

进入“高级安全 Windows Defender 防火墙”窗口，在左窗格中右击“出站规则”，在弹出的快捷菜单中选择“新建规则”菜单项，如图 5－30 所示，打开“规则类型”对话框，单击“程序”单选项，单击“下一步”按钮，如图 5－31 所示。

在打开的“程序”对话框中选择“此程序路径”单选按钮，并在其编辑框内输入路径，或单击“浏览”按钮，选择程序的路径“%ProgramFiles%\Internet Explorer\iexplore.exe”，再单击“下一步”按钮，如图 5－32 所示。

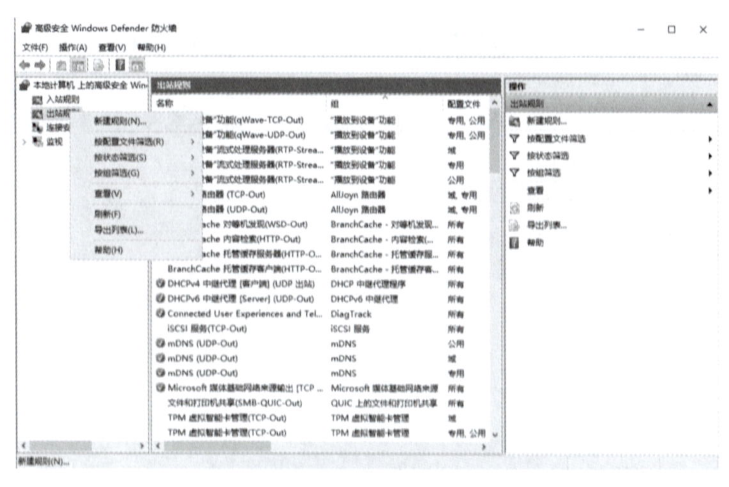

图 5-30　“高级安全 Windows 防火墙”窗口

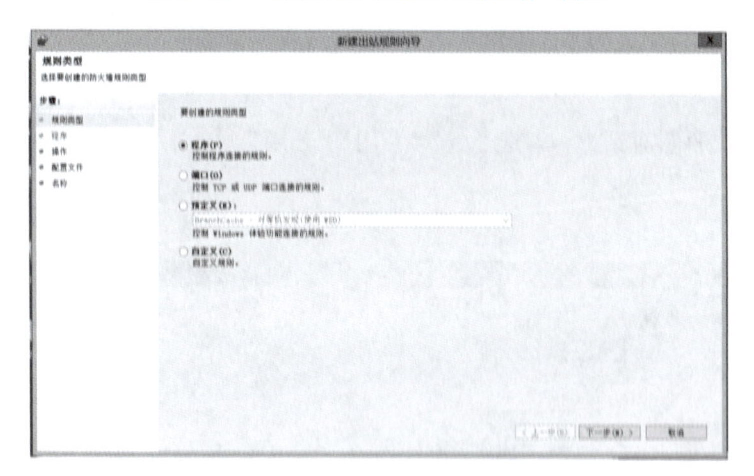

图 5-31　“规则类型”对话框

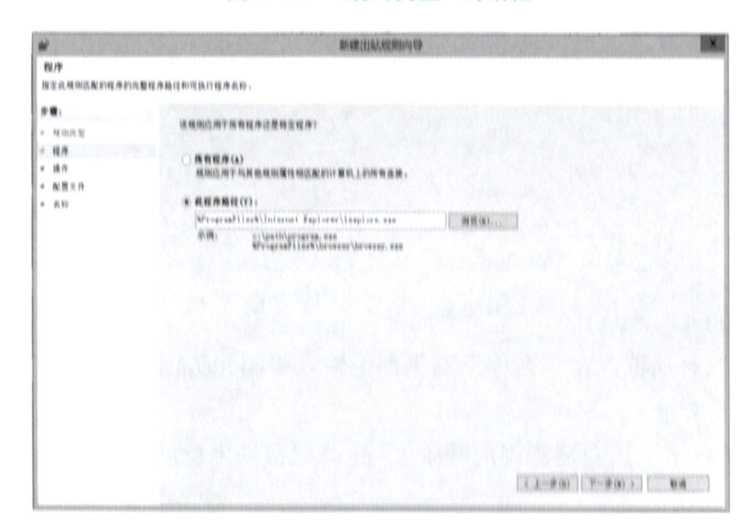

图 5-32　“程序”对话框

打开“操作”对话框，选择“阻止连接”，单击“下一步”按钮，如图 5－33 所示。

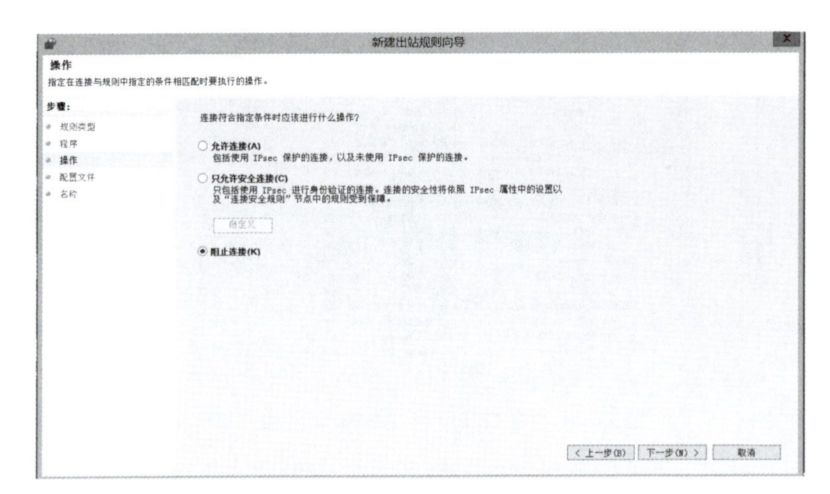

图 5－33　操作对话框

打开“配置文件”对话框，勾选“域”“专用”“公用”，单击“下一步”按钮，如图 5－34 所示。

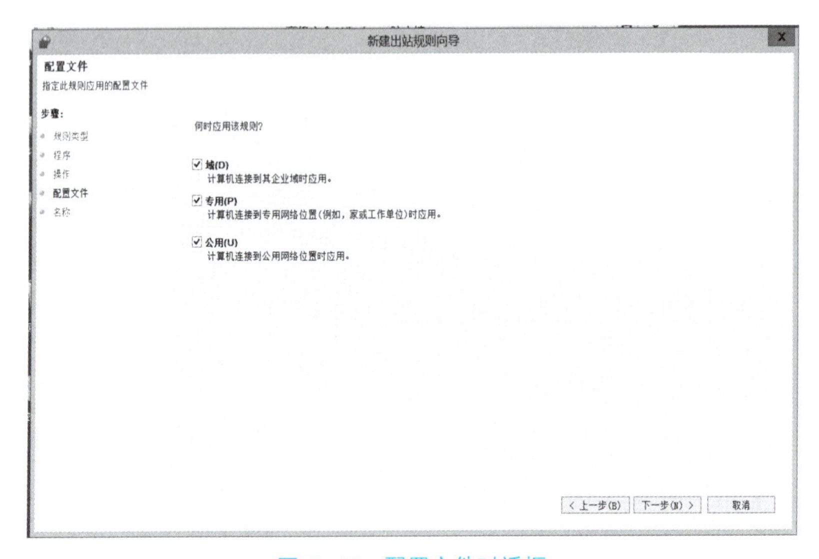

图 5－34　配置文件对话框

打开“名称”对话框，在“名称”编辑框中输入“阻止 64 位 IE 出站”，单击“完成”按钮，如图 5－35 所示。

访问测试。在启用上述新建规则的基础上，测试能否外出访问其他 Web 网站，如图 5－36 所示。

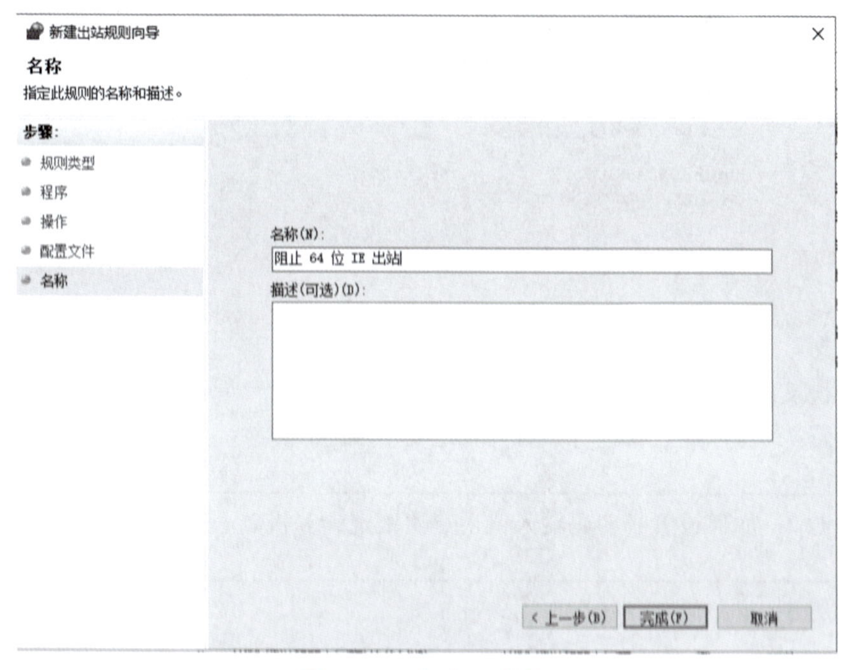

图 5-35　“名称”对话框

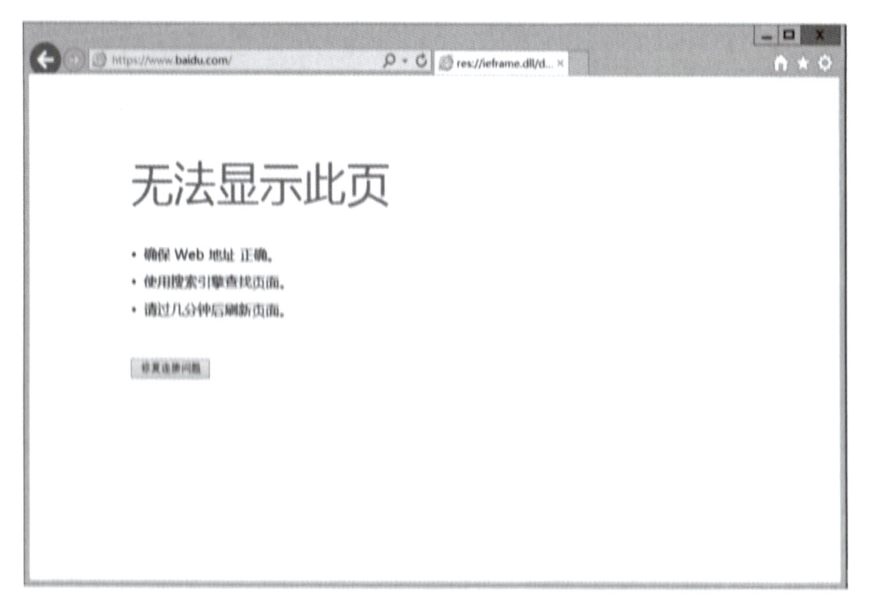

图 5-36　访问本机以外的 Web 网站失败

【技能拓展】——拓一拓

请在烛光传媒工作室的 Windows Server 2022 服务器配置密码策略和账户锁定策略，账户被锁定后，只有管理员账户才能解锁。文件服务器上有一个文件夹 D:\data，为了加强数据的安全性，管理员需要审核所有用户账户对该文件夹的访问情况，如图 5-37 所示。

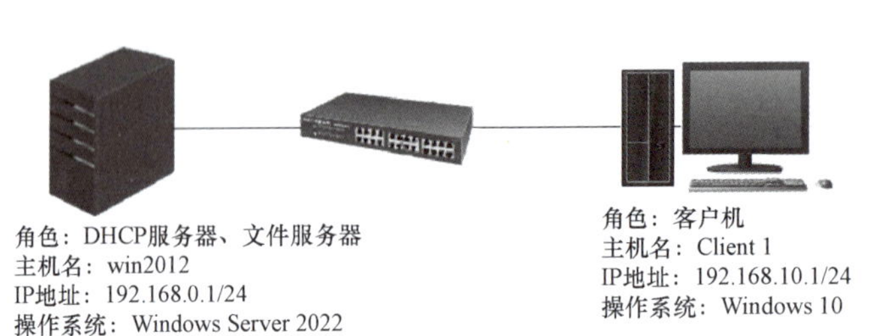

图 5－37　烛光传媒工作室拓扑结构

【训练准备】——想一想

为了又快又好地完成任务，需要弄清楚以下几个问题：

引导问题 1：可以通过哪些方式打开本地安全策略？

____

引导问题 2：如何设置当密码输入错误三次锁定计算机？

____

引导问题 3：审核策略有什么作用？

____

【训练过程】——做一做

操作步骤指导：

第 1 步：启用密码策略，配置密码最短长度要求。

第 2 步：配置账户锁定策略。

第 3 步：启用审核对象访问策略。

第 4 步：查看审核结果。

记录拓展实验中存在的问题：

____

____

____

____

____

【课程思政】——融一融

《中华人民共和国网络安全法》

习近平新时代中国特色社会主义思想学习纲要关于新时代坚持总体国家安全观中指出：网络安全已经成为我国面临的最复杂、最现实、最严峻的非传统安全问题之一。没有网络安全就没有国家安全，就没有经济社会稳定运行，广大人民群众利益也难以得到保障。要加强网络综合治理，形成从技术到内容、从日常安全到打击犯罪的网络治理合力。坚持自力更生、

自主创新，加速推动信息领域核心技术突破。加强关键信息基础设施网络安全防护，不断增强网络安全防御能力和威慑能力。加强网络安全预警监测，切实保障国家数据安全，切实维护国家网络空间主权安全。

《中华人民共和国网络安全法》已由中华人民共和国第十二届全国人民代表大会常务委员会第二十四次会议于2016年11月7日通过，现予公布，自2017年6月1日起施行。

中华人民共和国主席　习近平

目录

（内容：略）

【任务评价】——评一评

1. 各小组派代表展示本项目知识点思维导图。

本项目知识点思维导图

2. 各小组展示汇报实训效果。

实训任务	完成情况	备注
任务 1	□已完成　□完成一部分　□全部未做	
任务 2	□已完成　□完成一部分　□全部未做	
任务 3	□已完成　□完成一部分　□全部未做	

3. 学生自我评估与总结。

（1）你掌握了哪些知识点？

____

____

（2）你在实际操作过程中出现了哪些问题？如何解决？

____

____

（3）谈谈你的学习心得体会。

____

____

4. 评价反馈。

根据各组学生在完成任务中的表现，给予综合评价。

项目实训评价表

评价项目	评价要点	分值	自评	互评	师评
精神状态	课前准备充分，物品放置齐整	10			
	积极发言，声音响亮、清晰	10			
	具有团队合作意识，注重沟通，自主探究学习和相互协作完成任务	10			
完成工作任务	任务 1	20			
	任务 2	20			
	任务 3	20			
自主创新	能自主学习，勇于挑战难题，积极创新探索	10			
总　　分					
小组成员签名					
教 师 签 名					
日　　　期					

【知识巩固】——练一练

一、选择题

1. 下列密码中，符合密码复杂性要求的是（　　）。

A. 12345678　　B. 123.com

C. N3#　　D. NT5

2. 关于账户锁定的描述，正确的是（　　）。（选择两项）

A. 当账户锁定后，将永远无法使用

B. 如果账户锁定时间为 0，那么必须由管理员解锁，否则，一直无法使用

C. 如果账户锁定时间为 30 分钟，那么 30 分钟后，账户将自动解锁

D. 管理员账户也会被锁定

3. 管理员设置“账户锁定阈值”为 3，“账户锁定时间”为 30，“复位账户锁定计时器”为 15，表示（　　）

A. 若用户在 15 分钟内连续输错 3 次密码，则锁定该用户 30 分钟

B. 若用户在 30 分钟内连续输错 3 次密码，则锁定该用户 15 分钟

C. 用户锁定 15 分钟后自动解锁

D. 用户锁定 30 分钟后，再等 15 分钟计时器复位才能输入账号登录

4. 出于安全性考虑，禁止其他人使用密码猜测的方法登录你的计算机，当用户连续 3 次输入错误的密码时，就将该用户锁定，应该采取（　　）措施。

A. 设置计算机本地策略中的账户锁定策略，设置“账户锁定阈值”为 3

B. 设置计算机本地策略中的安全选项，设置“账户锁定阈值”为 3

C. 设置计算机账户策略中的账户锁定策略，设置“账户锁定阈值”为 3

D. 设置计算机账户策略中的密码策略，设置“账户锁定阈值”为 3

5. 有一台系统为 Windows Server 2022 的计算机，管理员在该计算机上建立了一个普通用户账户 vistor 供来宾使用，并为其配置了相应的权限，一段时间后，不知谁更改了该账户的密码，使用以前的密码无法登录，此时（　　）才能使用 vistor 登录且其他的设置都不变。

A. 删除用户账户 vistor 后再重新创建同名账户

B. 使用管理员账户登录，将账户 vistor 的属性设置为“用户不能更改密码”

C. 使用管理员账户登录，重新为账户 vistor 设置密码

D. 只有账户 vistor 能更改自己的密码，忘记密码相当于该账户被禁用

6. 你是一台系统为 Windows Server 2022 的计算机的系统管理员，出于安全性考虑，你希望使用这台计算机的用户账号在设置密码时不能重复前 5 次的密码，应该采取的措施是（　　）。

A. 设置计算机本地安全策略中的密码策略，设置“强制密码历史”的值为 5

B. 设置计算机本地安全策略中的安全选项，设置“账户锁定时间”的值为 5

C. 设置计算机本地安全策略中的密码策略，设置“密码最长存留期”的值为 5

D. 制定一个行政规定，要求用户不得使用前 5 次的密码

7. 在 Windows Server 2022 系统中，如果启用本地策略中的（　　）策略，则不会在“登录到 Windows”对话框中显示最后成功登录的用户的名称。

A. 交互式登录：不需要按 Ctrl＋Alt＋Del 组合键

B. 交互式登录：不显示上次的用户名

C. 审核账户登录的成功事件

D. 拒绝本地登录

8. 在 Windows Server 2022 系统中，（　　）策略是本地安全策略中没有的，它主要用于域用户账户。

A. 密码策略　　B. 账户锁定策略

C. 本地策略　　D. Kerberos 策略

9. 你是公司的网络管理员，工作职责之一就是负责维护文件服务器。你想审核 Windows Server 2022 服务器上的共享 Word 文件被删除情况，需要启动审核策略的（　　）。

A. 审核过程跟踪　　B. 审核对象访问

C. 审核策略更改　　D. 审核登录事件

二、判断题

1. 设置策略，可以实现 Windows 2012 关机时不需要输入关机理由。（　　）

2. 只有管理员才能查看安全日志。（　　）

3. 利用 Windows 的审核功能，不仅可以维护安全性，还可以跟踪事件，确定趋势及设备的利用率。（　　）

4. Windows 2012 高级安全 Windows 防火墙不能配置出站规则。（　　）

三、简答题

1. 什么是本地安全策略？

2. 如何设置本地安全策略？

3. Windows Server 2022 的审核策略包含哪几种？

学习情境二

传承红色基因，争做时代新人

——红色教育网站部署与安全管理

2021 年，是红色之年，是中国共产党成立 100 周年。百年风雨同舟，百年砥砺奋进，中国共产党带领中国人民绘就了一幅波澜壮阔、气势恢宏的历史画卷，谱写了一曲感天动地、气壮山河的奋斗赞歌。在党的百岁生日即将到来之际，徐财高职校为了更好地传承红色基因，赓续红色力量，铸牢红色信仰，打造“网上红色教育基地”，准备发布“献礼建党 100 周年”“网上重走长征路”“传承西迁精神”等红色教育网站，让学生学习和感悟长征精神、西迁精神，体会当前美好生活的来之不易，更能感谢党的领导和拥护党的领导。

> 核心技术是国之重器。要下定决心、保持恒心、找准重心，加速推动信息领域核心技术突破。
>
> ——习近平

项目六

部署 DNS 服务实现域名解析

【学习目标】

1. 知识与能力目标

（1）了解 DNS 服务器的作用及其在网络中的重要性。

（2）理解 DNS 的域名空间结构及其工作过程。

（3）理解并掌握主 DNS 服务器的部署。

（4）理解并掌握 DNS 客户机的部署。

（5）掌握 DNS 服务的测试以及动态更新。

2. 素质与思政目标

（1）遵守国家网络管理法律法规，树立规矩意识，养成良好的运维工程的职业素养。

（2）分组实践操作，提高团队合作意识。

（3）通过部署 DNS 服务器，帮助进行域名解析，才能实现域名访问网站，引导学生服从教师的教导，才能更好地避免走上人生的弯路。

（4）通过主从 DNS 服务器的工作原理，引导学生明白互相帮助的作用，单打独斗是不能解决复杂问题的，培养学生团结友爱、互帮互助的团队精神障，弘扬精益求精的大国工匠精神。

【工作情景】

红色基因是忘己、无私奉献、无怨无悔。一代又一代的人民英雄和爱国志士用鲜血和生命为我们铺就了一条通往实现中国梦的道路，以一种巨大的精神力量托起中华民族的脊梁。这种精神力量永不褪色，它就是“红色基因”。徐财高职校为了把红色基因传承好，准备发布多个红色教育主题网站，打造校园“网上教育基地”。

学校发布了这些红色教育网站，但是只能用 IP 地址进行访问，使用过程中经常有人将 IP 地址记错或不记得服务器 IP 的现象，给内部员工使用带来了很多不便，同时也给网络管理增加了很多工作。如果能把这些枯燥的 IP 地址转化为有意义的符号（域名），则会给用户带来极大的方便。如网易（www.163.com）、百度（www.baidu.com）等，大家都非常熟悉，但对访问的是哪个 IP 地址却并没有印象，那么怎样才能实现呢？网络管理员经过分析，认为需要配置 DNS 服务器来解决此问题，首先根据网络拓扑和网络规模规划网络 DNS 服务器的 IP 地址及销售部的域名，并安装 DNS 服务组件，然后根据客户需要配置并测试 DNS 服务器，从而实现域名解析（图 6－1）。

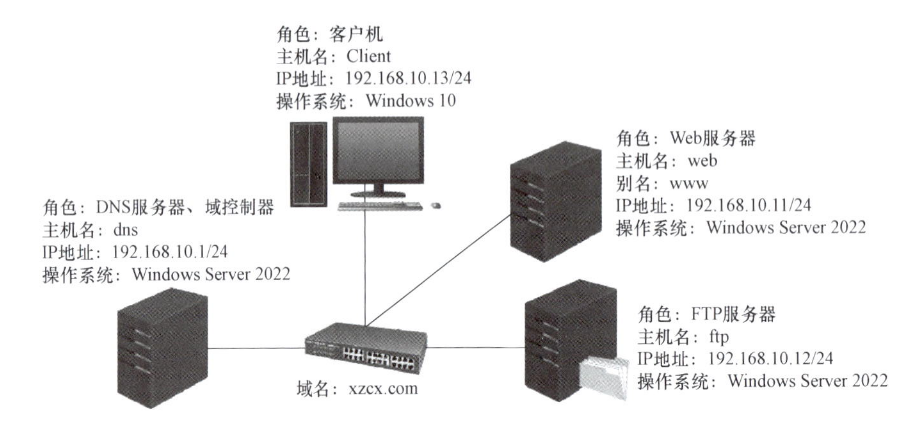

图 6－1　网络拓扑结构

【知识导图】

本章知识导图如图 6－2 所示。

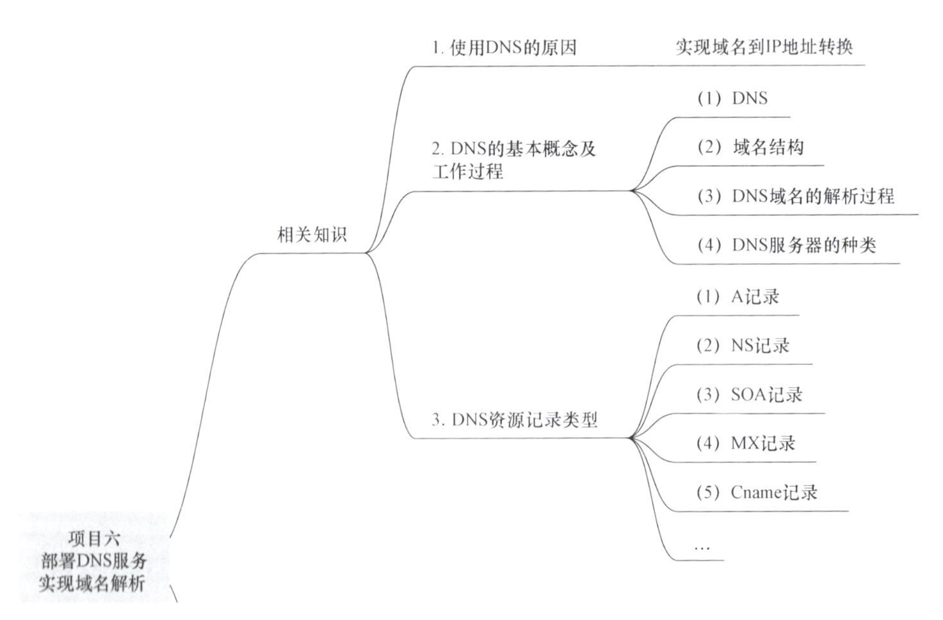

图 6－2　DNS 思维导图

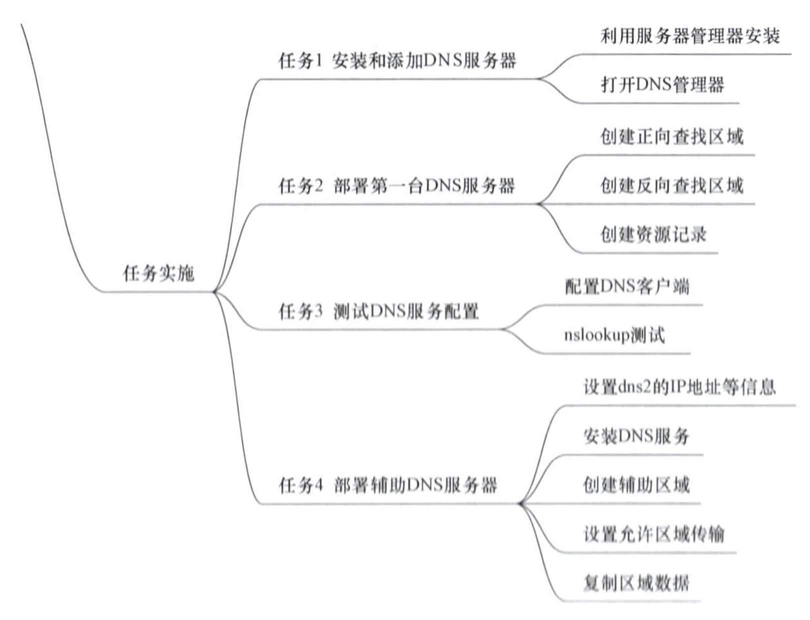

图6-2 DNS思维导图（续）

【相关知识】——看一看

一、使用DNS的原因

网络上的所有计算机都是通过彼此的IP地址进行定位来实现通信的，IP地址是一个多少位的地址？如果让大家记忆大量的IP地址并以此去访问对方的计算机几乎是不可能的。为此，提出了一种便于记忆的名称来表示计算机，这个名称就是“域名”，用户通过域名来访问对方的计算机（比如：www.baidu.com）。域名虽然方便了人们的记忆，但计算机之间仍然是通过IP地址通信的。因此，在网络需要增设一种实现域名到IP地址转换的服务，这个服务就是DNS。

二、DNS的基本概念及工作过程

1. DNS

DNS（domain name system），域名系统，能够提供域名服务的服务器叫DNS服务器。在DNS服务器中保存了网络中主机的域名和IP地址的对应表。实现域名和IP地址之间的转换工作叫域名解析。域名解析分为正向解析和反向解析，正向解析是根据主机名（域名）查找到对应的IP地址，反向解析是根据IP地址查找对应的域名。

2. 域名结构

在Internet上，计算机数量众多，为便于对域名的管理，保证其命名在Internet上的唯一性，域名的名称采用了层次性的命名规则，如图6-3所示。

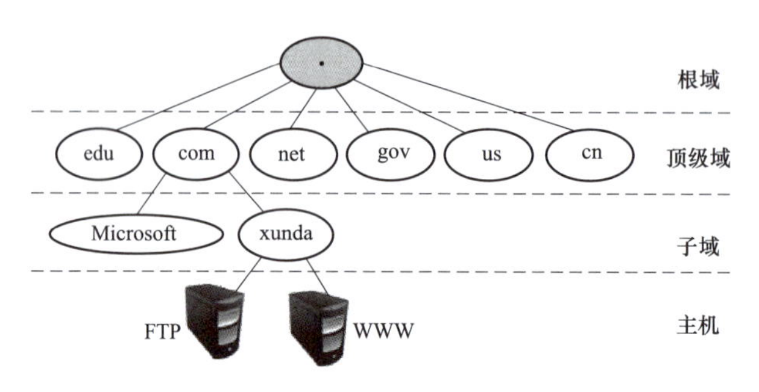

图 6-3 域名结构

（1）根域

在域名系统最上层的就是域名树的根，被称为根域。根域只有一个，用“.”表示。网络上所有的计算机域名都无一例外地放置在这个根域下，通常会省略。

（2）顶级域

将根域分割成若干个子空间，例如 com（商业）、gov（政府）、net、cn（代表中国）等，这些子空间叫顶级域。顶级域的完整域名由自己的域名和根域的名称组成。比如：com。

（3）一级或多级的子域

除了根域和顶级域之外的，其他域称为子域。子域的完整域名由自己的域名和上一级域名组成，中间用.号隔开。比如：baidu.com。

（4）末端的主机

位于最末端的主机名称，比如 www、ftp 等。比如 www.baidu.com。

域名示例如图 6-4 所示。

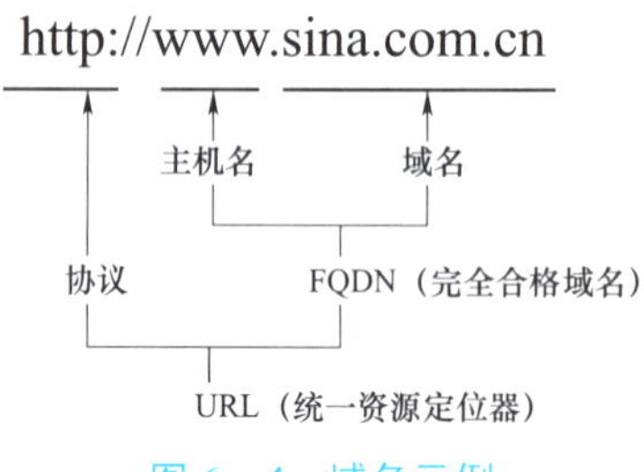

图 6-4 域名示例

3. DNS 域名的解析过程

域名解析的过程实际就是查询和响应的过程，以查询 www.xzcx.com 为例来介绍域名解析的过程，如图 6-5 所示。

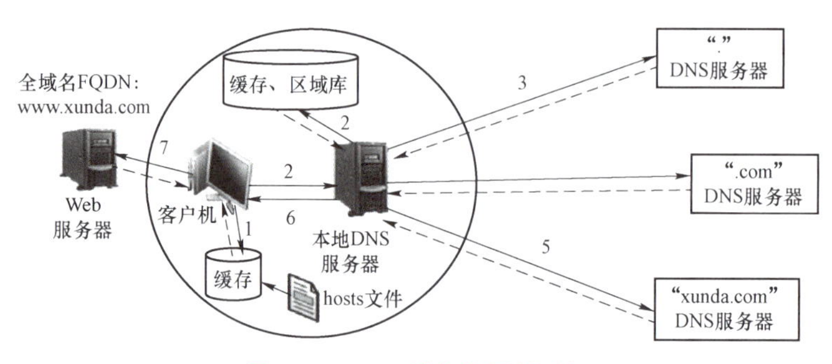

图 6-5 DNS 域名的解析过程

4. DNS 服务器的种类

（1）主 DNS 服务器

主 DNS 服务器中存储了其所辖区域内主机的域名资源的正本，而且以后这些区域内的

数据变更时，也是直接写到这台服务器的区域文件中，该文件是可读可写的。

（2）辅助 DNS 服务器

定期从另一台 DNS 服务器复制区域文件，这一复制动作被称为区域传送（Zone Transfer）。区域传送成功后，会将区域文件设置为“只读”，也就是说，在辅助 DNS 服务器中不能修改区域文件

（3）唯缓存 DNS 服务器

它本身没有本地区域文件，但仍然可以接受 DNS 客户端的域名解析请求，并将请求转发到指定的其他 DNS 服务器解析。

三、DNS 资源记录类型

1. A 记录

A 记录也称为主机记录，是使用最广泛的 DNS 记录，A 记录的基本作用就是说明一个域名对应的 IP 是多少，它是域名和 IP 地址的对应关系，表现形式为 www.contoso.com 192.168.1.1，这就是一个 A 记录。A 记录除了进行域名 IP 对应以外，还有一个高级用法，即可以作为低成本的负载均衡的解决方案，比如，www.contoso.com 可以创建多个 A 记录，对应多台物理服务器的 IP 地址，可以实现基本的流量均衡。

2. NS 记录

NS 记录和 SOA 记录是任何一个 DNS 区域都不可或缺的两条记录。NS 记录也叫名称服务器记录，用于说明这个区域有哪些 DNS 服务器负责解析；SOA 记录说明负责解析的 DNS 服务器中哪一个是主服务器。

3. SOA 记录

NS 记录说明了有多台服务器在进行解析，但哪一个才是主服务器，NS 并没有说明，这个就要看 SOA 记录了。SOA 名叫起始授权机构记录，SOA 记录说明了在众多 NS 记录里哪一台才是主要的服务器。

4. MX 记录

全称是邮件交换记录，在使用邮件服务器的时候，MX 记录是不可或缺的，比如 A 用户向 B 用户发送一封邮件，那么他需要向 DNS 查询 B 的 MX 记录，DNS 在定位到了 B 的 MX 记录后反馈给 A 用户，然后 A 用户把邮件投递到 B 用户的 MX 记录服务器里。

5. Cname 记录

又叫别名记录，可以这么理解：我们小的时候都会有一个小名，长大了都是学名，那么，正规来说，学名是符合公安系统的，那个小名只是我们的一个代名词而已，这也存在一个好处，就是不会暴露自己。比如一个网站 a.com 在发布的时候，可以建立一个别名记录，把 B.com 发布出去，这样不容易被外在用户所察觉，达到隐藏自己的目的。

6. PTR 记录

PTR 记录也被称为指针记录，PTR 记录是 A 记录的逆向记录，作用是把 IP 地址解析为域名。由于 DNS 的反向区域负责从 IP 到域名的解析，因此，如果要创建 PTR 记录，必须在反向区域中创建。

7. SRV 记录

SRV 记录是服务器资源记录的缩写。SRV 记录是 DNS 记录中的新鲜面孔，在 RFC2052 中才对 SRV 记录进行了定义，因此很多老版本的 DNS 服务器并不支持 SRV 记录。那么 SRV 记录有什么用呢？SRV 记录的作用是说明一个服务器能够提供什么样的服务。SRV 记录在微软的 Active Directory 中有着重要地位，在 NT4 时代，域和 DNS 并没有太多关系。但从 Win2000 开始，域就离不开 DNS 的帮助了。这是因为域内的计算机要依赖 DNS 的 SRV 记录来定位域控制器。

```
ldap._tcp.contoso.com 600 IN SRV 0 100 389 NS.contoso.com
```

ladp：是一个服务，该标识说明把这台服务器当作响应 LDAP 请求的服务器。

tcp：本服务使用的协议，可以是 tcp，也可以是用户数据包协议 udp。

contoso.com：此记录所指的域名。

600：此记录默认生存时间（秒）。

IN：标准 DNS Internet 类。

SRV：将这条记录标识为 SRV 记录。

0：优先级，如果相同的服务有多条 SRV 记录，用户会尝试先连接优先级最低的记录。

100：负载平衡机制，如果有多条 SRV 并且优先级也相同，那么用户会先尝试连接权重高的记录。

389：此服务使用的端口。

NS.contoso.com：提供此服务的主机。

【任务实施】——学一学

任务 1　安装和添加 DNS 服务器

执行“开始”→“管理工具”→“服务器管理器”→“仪表板”选项中的“添加角色和功能”，如图 6-6 所示。

图 6-6　仪表板

在添加向导里的“开始之前”对话框中，单击“下一步”按钮，如图 6－7 所示。

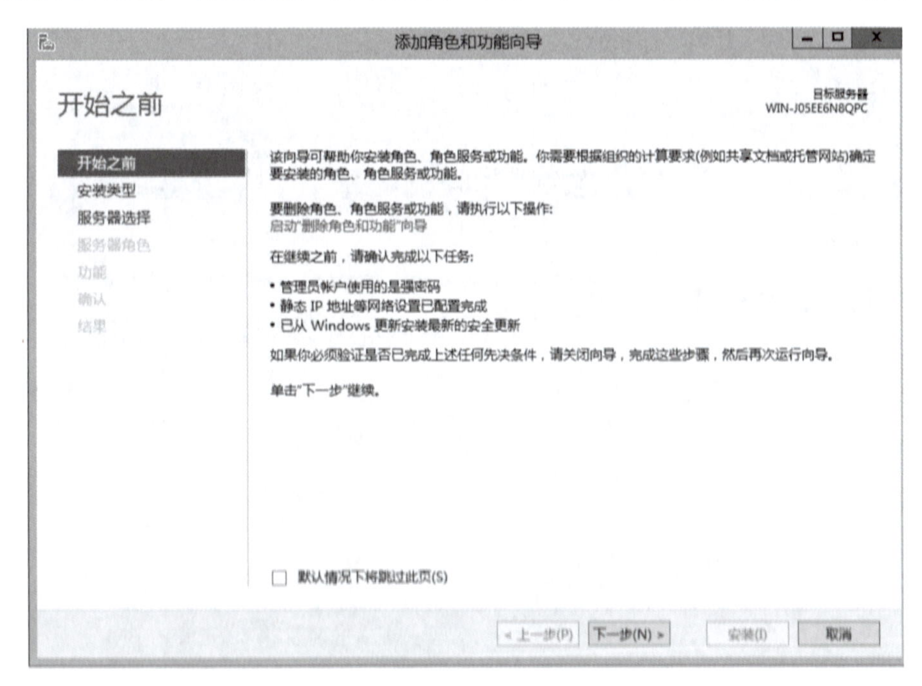

图 6－7　开始之前

在添加向导里的“选择服务器角色”对话框中，勾选要安装的“DNS 服务器”。单击“下一步”按钮，如图 6－8 所示。

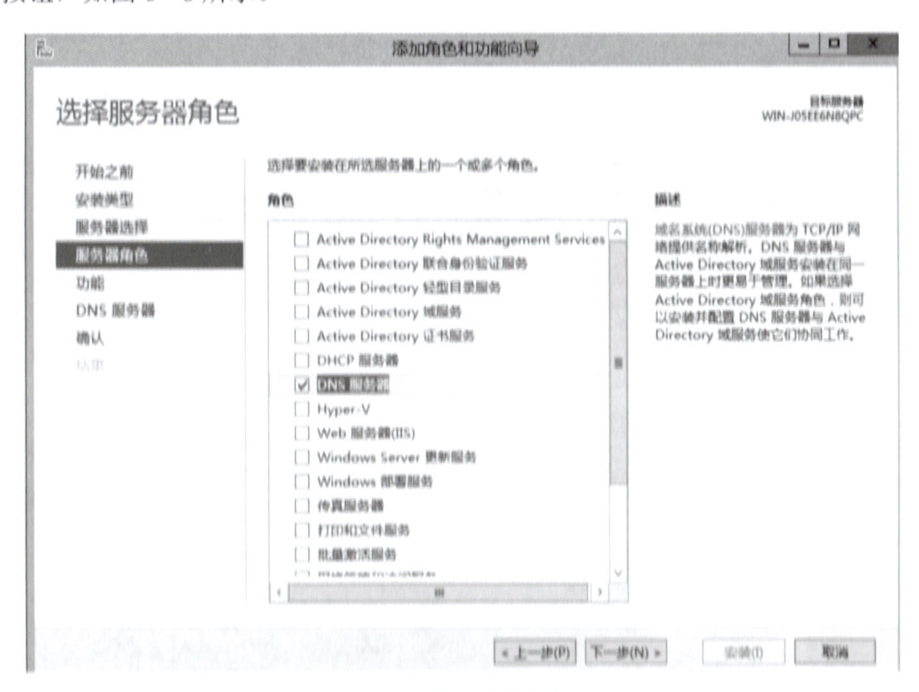

图 6－8　选择服务器角色

在添加角色向导的“DNS 服务器”对话框中，单击“下一步”按钮，如图 6－9 所示。

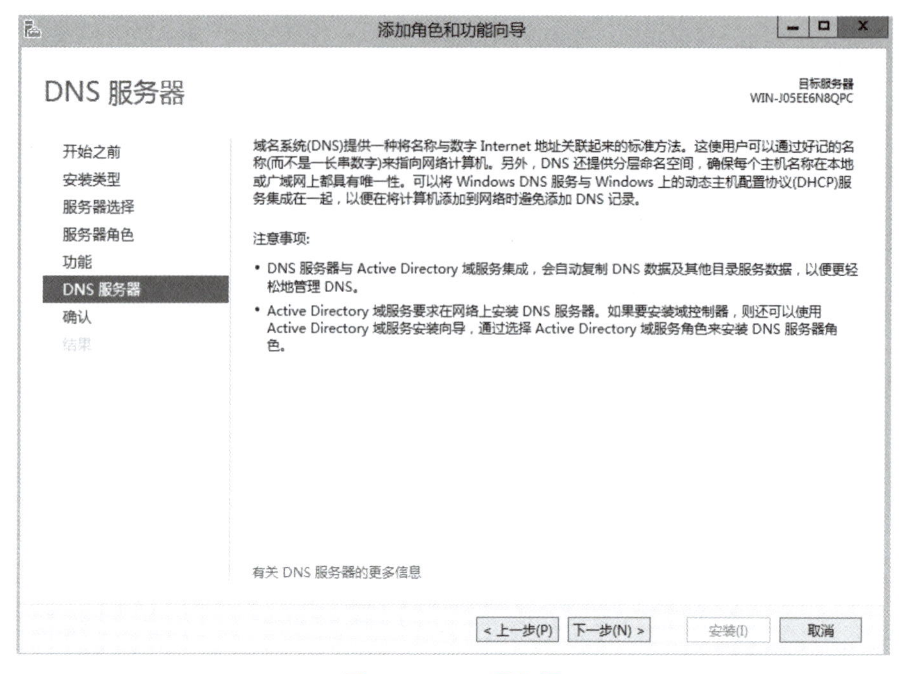

图 6－9　DNS 服务器

在“确认安装选择内容”对话框中，确认后单击“安装”按钮，如图 6－10 所示。（注：在安装服务角色前，要把相应服务的 ISO 放入光驱。）

图 6－10　确认安装所选内容

DNS 服务安装完成后，在向导的安装"结果"对话框中，单击"关闭"按钮，如图 6－11 所示。

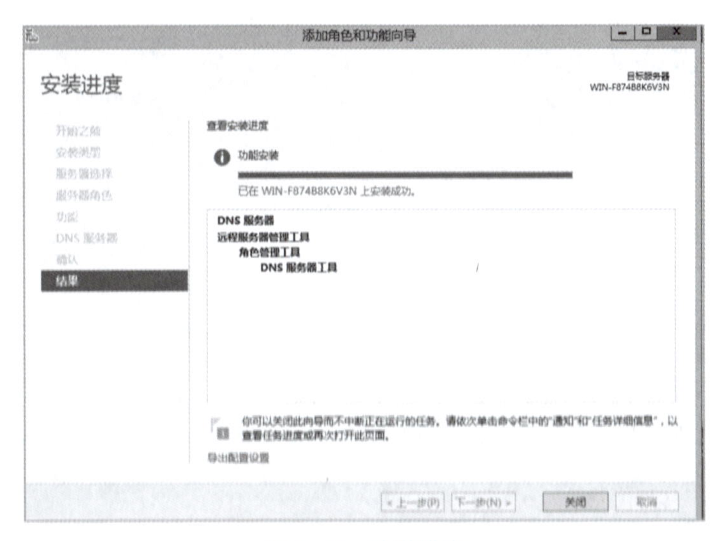

图 6－11　安装进度

DNS 服务器安装完成后，可以通过"服务器管理器"→"工具"→"DNS"打开"DNS 管理器"，如图 6－12 所示。

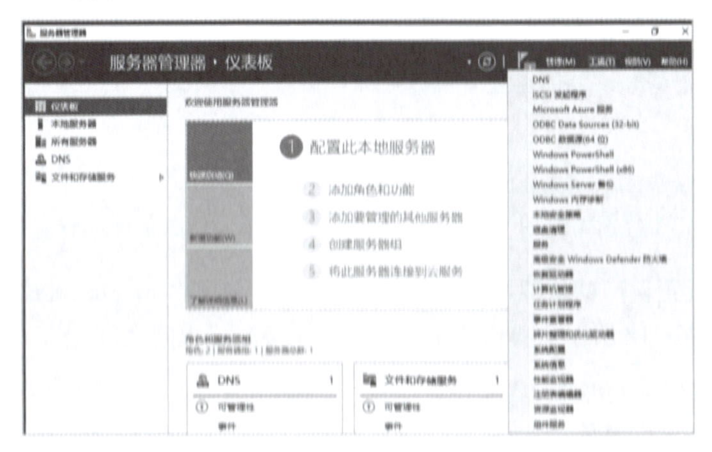

图 6－12　DNS 成功安装后检测 DNS

任务 2　部署第一台 DNS 服务器

安装完成 DNS 后，需要根据图 6－1 所示的网络拓扑结构创建正向查找区域（xzcx.com）和反向查找区域（192.168.10），分别负责正向域名到 IP 地址的解析和反向 IP 地址到域名的解析。

1. 创建正向查找区域

打开 DNS 管理器，右击"正向查找区域"，选择"新建区域"，如图 6－13 所示。在"欢迎使用新建区域向导"界面里，单击"下一步"按钮，如图 6－14 所示。

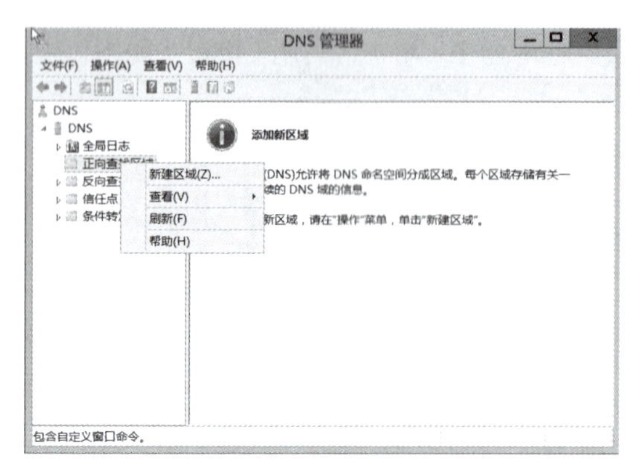

图 6-13　DNS 管理器

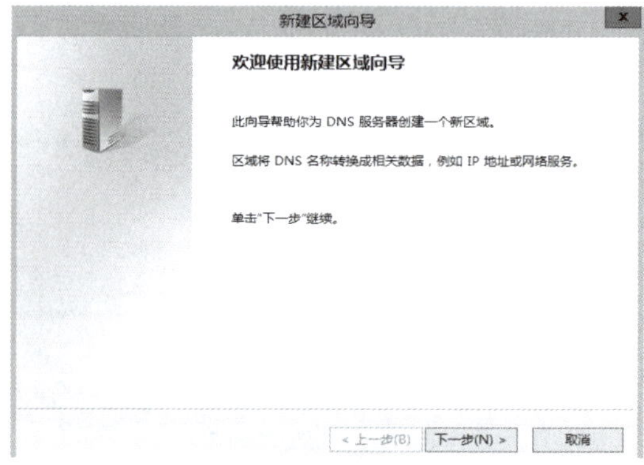

图 6-14　欢迎使用新建区域向导

在新建区域向导的“区域类型”选择“主要区域”，单击“下一步”按钮，如图 6-15 所示。在“区域名称”对话框中输入区域名称“xzcx.com”，如图 6-16 所示，单击“下一步”按钮。

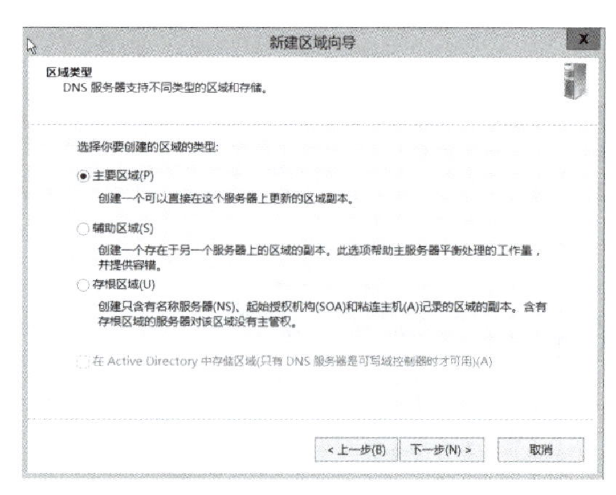

图 6-15　区域类型

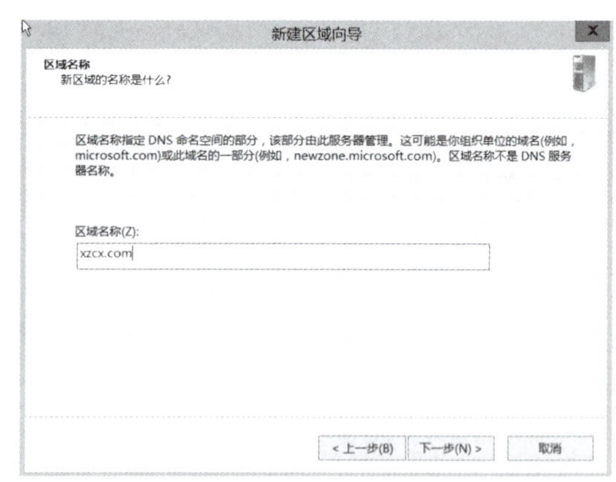

图 6-16　区域名称

区域文件的设置保持默认即可，如图 6-17 所示。单击“下一步”按钮，选中“不允许动态更新”，如图 6-18 所示。单击“下一步”按钮，完成正向区域 xzcx.com 的创建。

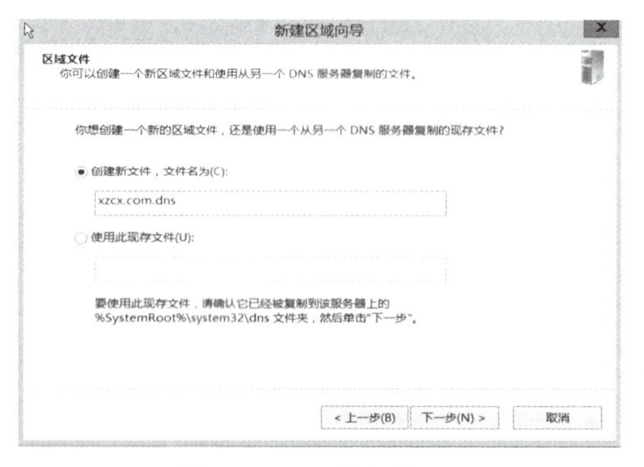

图 6-17　区域文件

图 6-18　动态更新

完成后如图 6-19 所示。

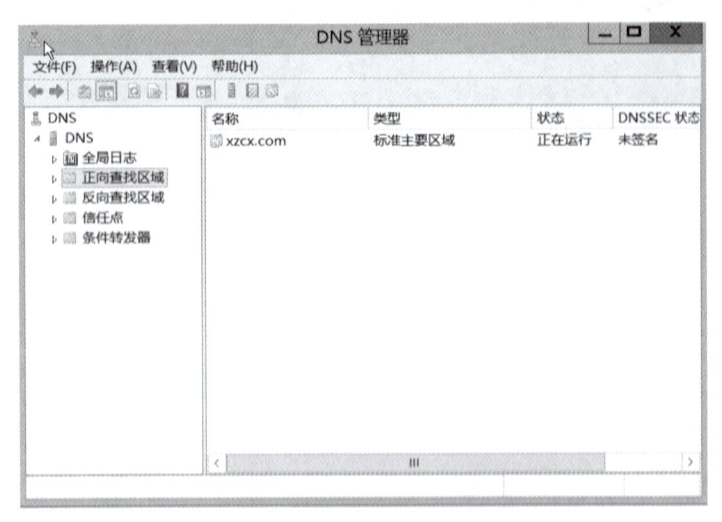

图 6-19　完成后效果

2. 创建反向查找区域

反向查找区域用于通过 IP 地址来查询 DNS 名称。创建的具体过程如下：打开 DNS 管理器，右击“反向查找区域”，选择“新建区域”，如图 6-20 所示。区域类型选择“主要区域”，单击“下一步”按钮，如图 6-21 所示。

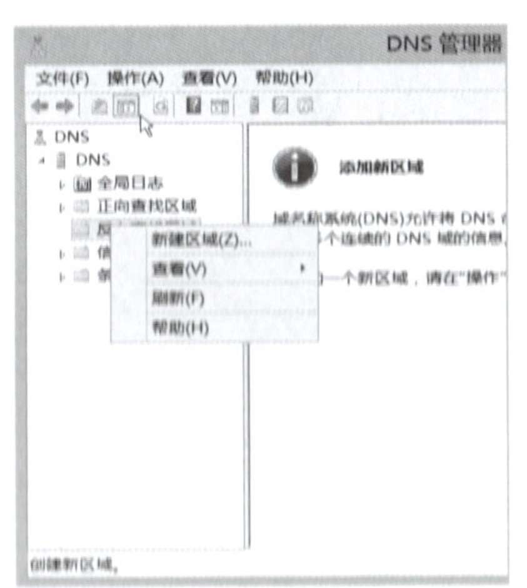

图 6-20　新建反向查找区域

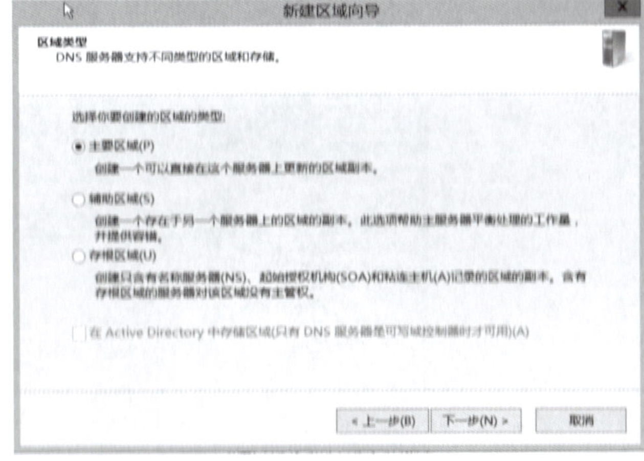

图 6-21　选择区域类型

反向查找区域名称选择“IPv4 反向查找区域”。单击“下一步”按钮，在“反向查找区域名称”对话框中输入区域名称“192.168.10”，如图 6-22 所示。单击“下一步”按钮。

区域文件的设置保持默认即可，如图 6-23 所示。单击“下一步”按钮，选中“不允许动态更新”，如图 6-24 所示。单击“下一步”按钮，完成反向区域的创建。

创建后的结果如图 6-25 所示。

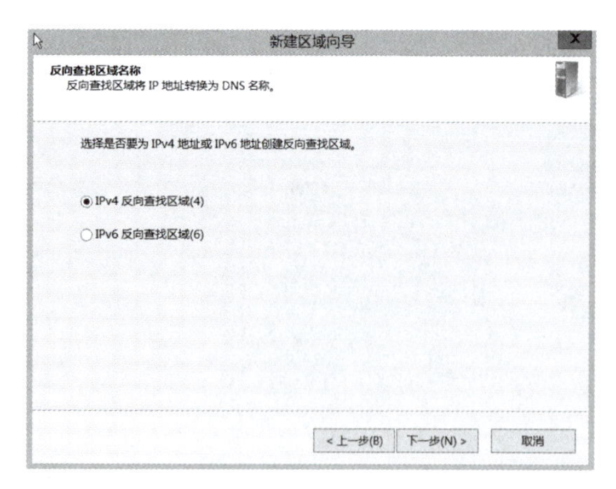

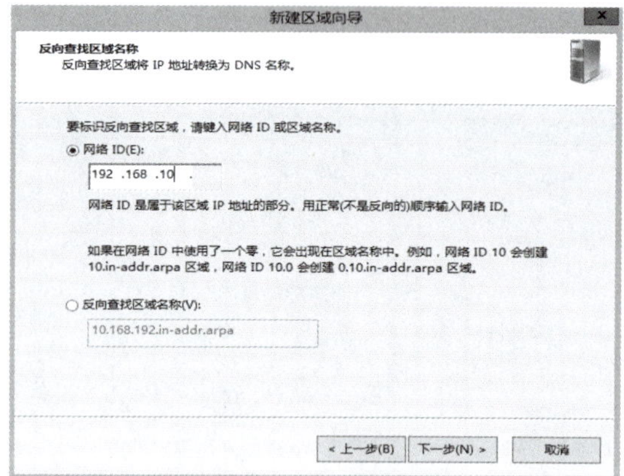

图 6－22　反向查找区域名称

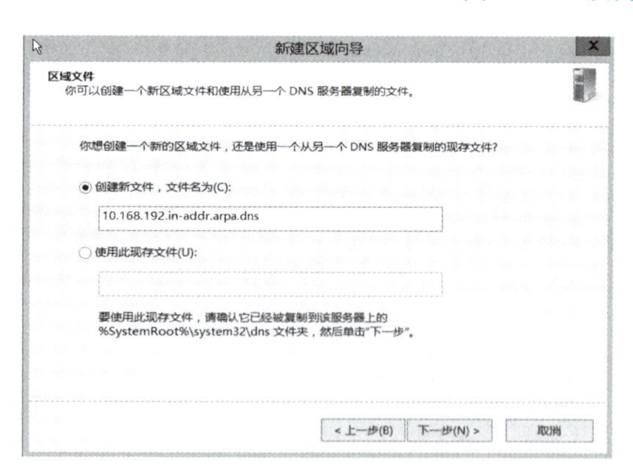

图 6－23　区域文件

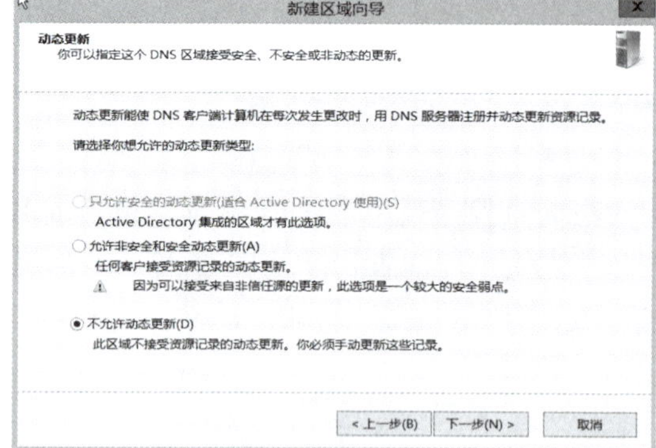

图 6－24　动态更新

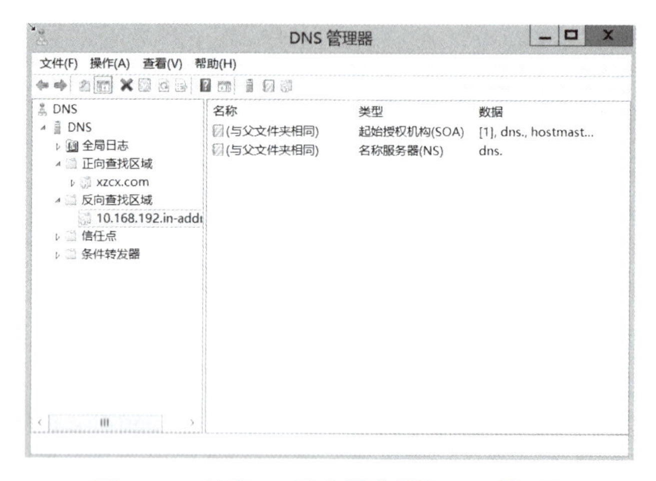

图 6－25　创建正、反向区域后的 DNS 管理器

3. 创建资源记录

正向区域和反向区域创建完成后，需要创建相应的资源记录。

① 创建主机记录。

② 创建别名记录。

③ 创建邮件交换器记录。

④ 创建指针记录。

比如本项目拓扑结构 6－1 中，域名为“xzcx.com”，DNS 服务器的主机名为 dns，IP 地址为 192.168.10.1；Web 服务器的主机名为 web，别名为 www，IP 地址为 192.168.10.11；FTP 服务器的主机名为 ftp，IP 地址为 192.168.10.12；客户机的主机名为 client，IP 地址为 192.168.10.13。接下来将添加这些主机、别名及指针。

（1）添加主机

打开“DNS 管理器”窗口，在左窗格中展开“正向查找区域”节点，右击区域名称（xzcx.com），选择“新建主机（A 或 AAAA）”，如图 6－26 所示。

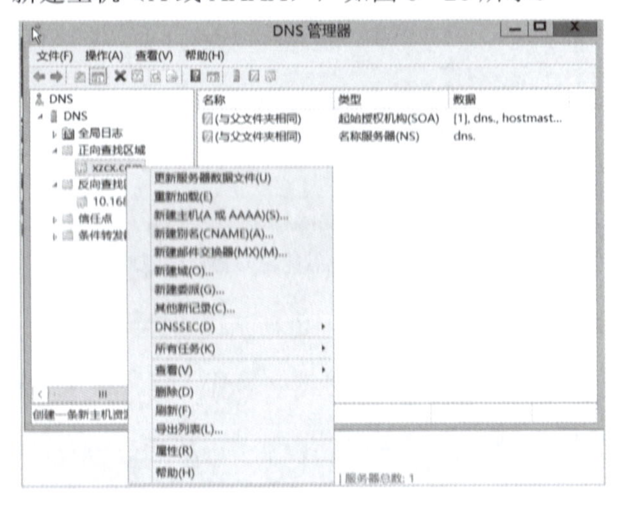

图 6－26　新建主机

在打开的“新建主机”对话框中输入主机的名称（web）、IP 地址（192.168.10.11），勾选“创建相关的指针（PTR）记录”（这样可以在新建主机记录的同时，在反向查找区域中自动创建相应的 PTR 记录），如图 6－27 所示。

单击“添加主机”按钮，弹出“成功创建了主机记录 web.xzcx.com”，如图 6－28 所示。

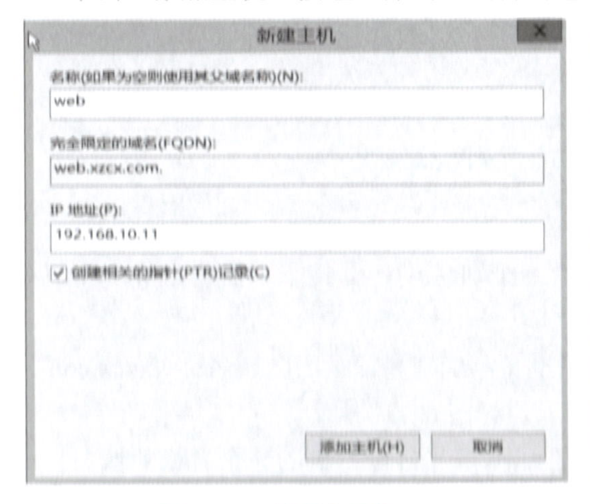

图 6－27　设置主机名

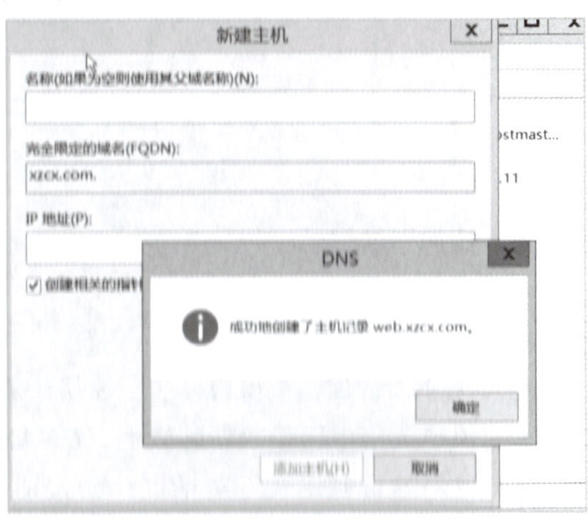

图 6－28　成功创建主机

重复以上步骤可以创建主机 dns（IP：192.168.10.1）、ftp（IP：192.168.10.12）、client（IP：192.168.10.13）。添加完成后的正向查找区域效果如图 6-29 所示。

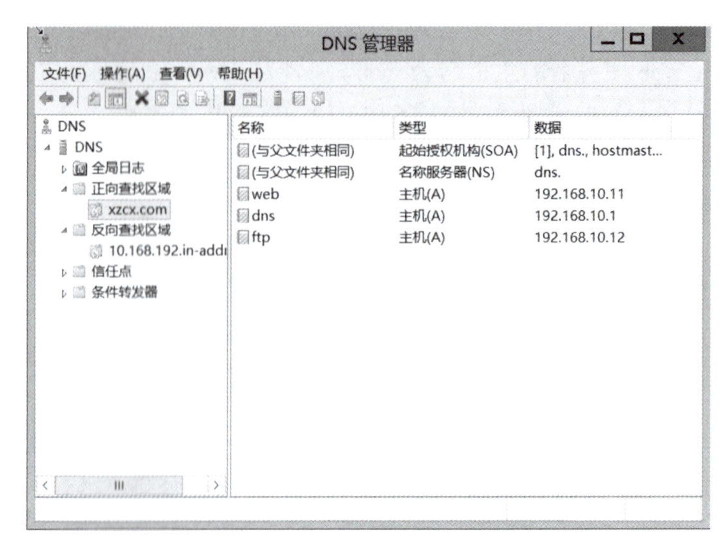

图 6-29　添加完成后的正向查找区域效果

添加完成后的反向查找区域效果如图 6-30 所示。

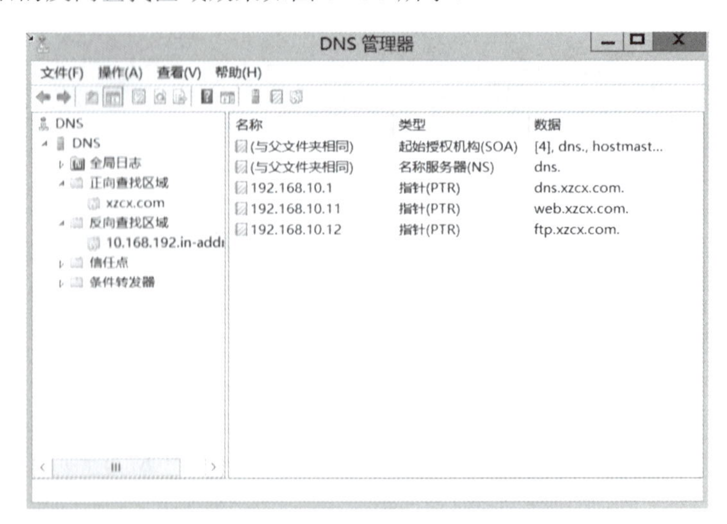

图 6-30　添加完成后的反向查找区域效果

（2）添加别名记录

Web 服务器除了 web 这个主机名以外，还有一个别名 www，接下来需要为 web 主机添加别名记录。

进入“DNS 管理器”窗口，在左窗格中右击准备添加别名记录的区域名称（xzcx.com），在弹出的快捷菜单中选择“新建别名（CNAME）”，如图 6-31 所示。

打开“新建资源记录”对话框，输入别名“www”，“目标主机的完全合格的域名”可以通过单击“浏览”按钮来选择 web 主机，单击“确定”按钮，如图 6-32 所示。

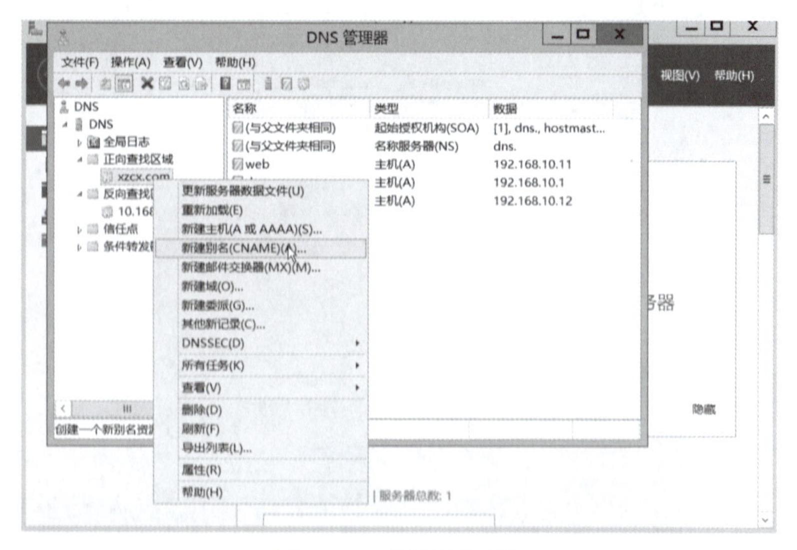

图 6－31　选择新建别名

显示了在区域 xzcx.com 中为 web 创建了 www 别名，系统解析别名 web.xzcx.com 时，先解析到 web.xzcx.com，再由 web.xzcx.com 解析到 192.168.10.11，如图 6－33 所示。

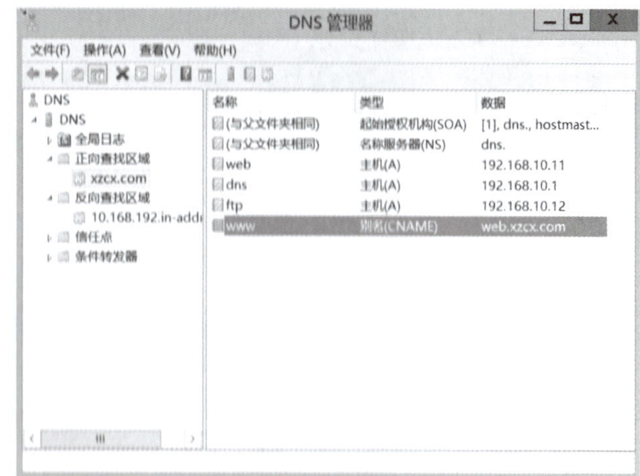

图 6－32　新建资源记录－别名　　　　图 6－33　创建别名后的效果

（3）添加指针

打开“DNS 管理器”窗口，在左窗格中展开“反向查找区域”节点，右击区域名称（10.168.192.in－addr.arpa），选择“新建指针（PTR）”，如图 6－34 所示。打开“新建资源记录”对话框，如图 6－35 所示。

在“新建资源记录”对话框中单击“浏览”按钮，选择正向查找区域 xzcx.com 下的 web 主机，单击“确定”按钮，如图 6－36 所示，完成 web 主机的反向记录（指针）的添加。按照同样的方法，添加 dns 和 ftp 主机的反向记录（指针）的添加，完成后如图 6－37 所示。

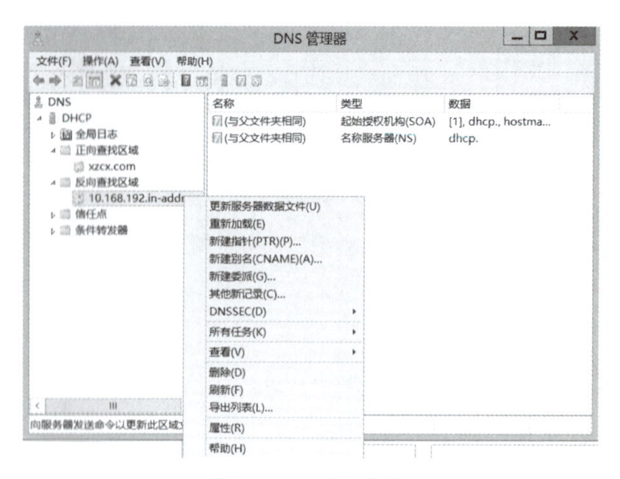

图 6－34　新建指针

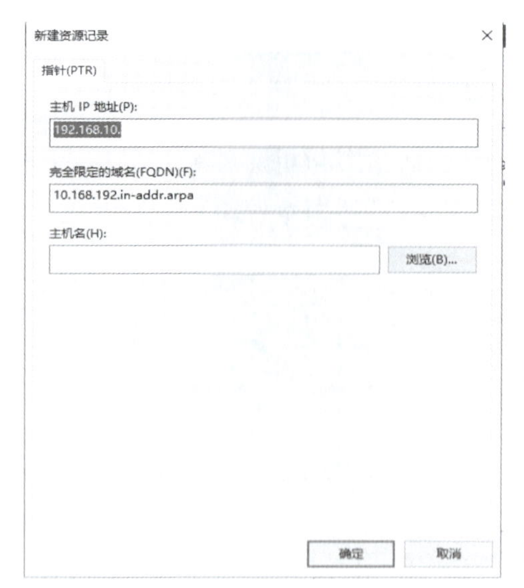

图 6－35　打开“新建资源记录”对话框

图 6－36　添加 Web 主机的反向记录

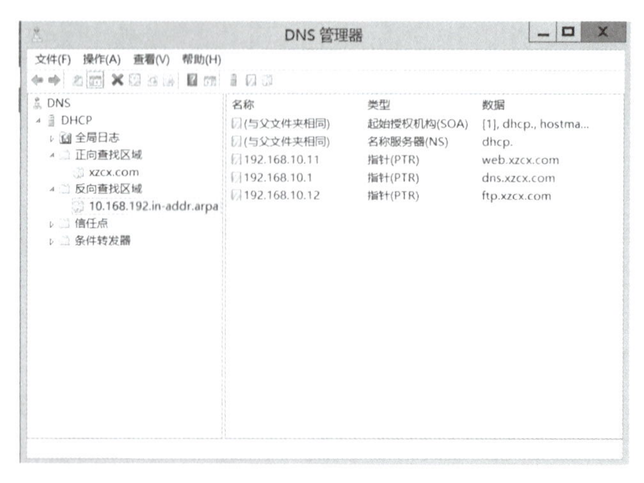

图 6－37　完成指针添加

任务 3　测试 DNS 服务配置

配置 DNS 客户端。按照拓扑结构设置客户机 Client 的 IP 地址等信息，如图 6－38 所示。

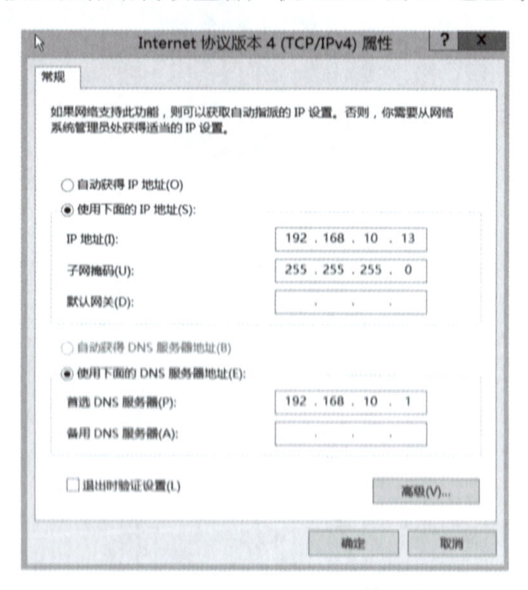

图 6－38　设置客户端 IP 等信息

在客户机上按 Win＋R 组合键，打开“运行”窗口，输入“cmd”，打开 DOS 窗口，执行以下测试：

① 进入 nslookup 环境。

```
C:\>nslookup
Default Server:dns.xzcx.com
Address:192.168.10.1
```

② 测试主机记录。

测试 dns 主机：

```
>dns.xzcx.com
Server:dns.xzcx.com
Address:192.168.10.1
Name:dns.xzcx.com
Address:192.168.10.1
>
```

测试 Web 主机：

```
>Web.xzcx.com
Server:dns.xzcx.com
Address:192.168.10.1
Name:Web.xzcx.com
```

```
Address:192.168.10.11
>
```

测试 ftp 主机：

```
>ftp.xzcx.com
Server:dns.xzcx.com
Address:192.168.10.1
Name:ftp.xzcx.com
Address:192.168.10.12
>
```

测试 client 主机：

```
>client.xzcx.com
Server:dns.xzcx.com
Address:192.168.10.1
Name:client.xzcx.com
Address:192.168.10.13
>
```

③ 测试正向解析的别名记录。

```
>www.xzcx.com
Server:dns.xzcx.com
Address:192.168.10.1
Name:Web.xzcx.com
Address:192.168.10.11
Aliases:www.xzcx.com
>
```

④ 测试指针记录。

```
>set type=PTR
>192.168.10.1
Server:dns.xzcx.com
Address:192.168.10.1
1.10.168.192.in-addr.arpa    name=dns.xzcx.com
>192.168.10.11
Server:dns.xzcx.com
Address:192.168.10.1
11.10.168.192.in   addr.arpa    name=Web.xzcx.com
>
```

说明：set type 表示设置查找的类型。set type=MX，表示查找邮件服务器记录；set type=cname，表示查找别名记录；set type=A，表示查找主机记录；set type=PTR，表示查找指针记录；set type=NS，表示查找区域。

⑤ 退出 nslookup 环境。

```
>exit
```

知识小贴士：DNS 检测工具命令

① nslookup 命令是常用域名查询工具，就是查 dns 信息用的命令。

一般格式：

nslookup 可选选项查询的域名 |–指定 dns 主机 IP

② dig 命令主要用于从 DNS 域名服务器查询主机地址信息。

一般格式：

dig dns 主机 IP

③ ping 命令：检测两台主机之间的连通性。可以通过 ping 域名检测两台主机是否连通来判断域名解析是否正常。

任务 4 部署辅助 DNS 服务器（第二台 DNS 服务器）

主 DNS 服务器包含所有相关资源记录，并且可以处理域的 DNS 查询，但是标准（并且许多注册商需要）至少具有一个辅助 DNS 服务器。辅 DNS 服务器是辅助 DNS 服务器，它获得一份来自主 DNS 服务器的数据库备份。这些辅助服务器的好处是它们在主 DNS 服务器关闭时提供冗余，并且它们还有助于将请求的负载分配到域，以便主服务器不会过载，这可能导致拒绝服务。它们可以使用循环 DNS 来实现这一点，循环 DNS 是一种负载平衡技术，旨在为群集中的每个服务器发送大致相等的流量。

为了保证 DNS 服务器能 24 小时不间断地为企业提供域名解析，在原有网络环境下增加主机名为 dns2 的辅助 DNS 服务器，其 IP 地址为 192.168.10.2，首选 DNS 服务器是 192.168.10.1，拓扑结构如图 6－39 所示。

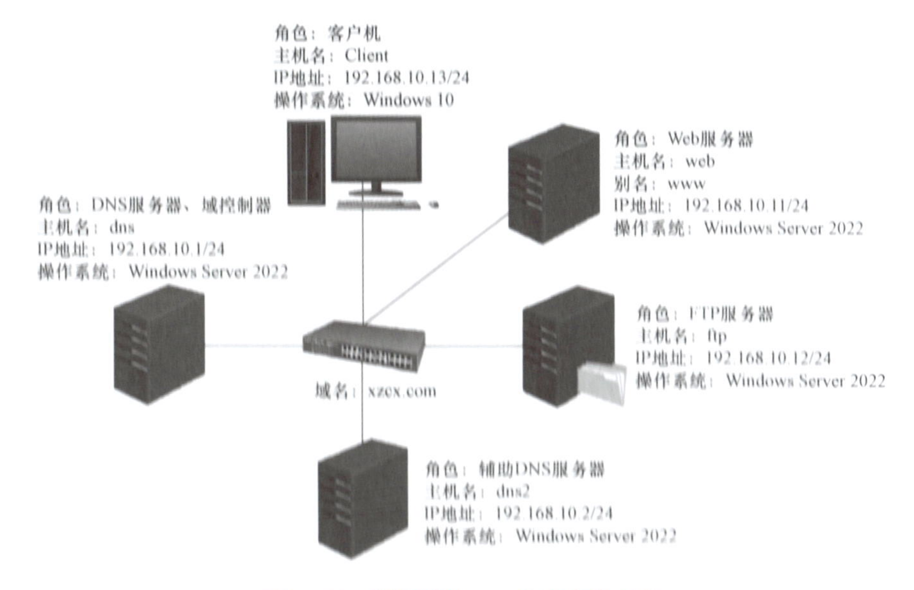

图 6－39 配置辅助 DNS 网络拓扑结构

第 1 步：设置 dns2 的 IP 地址等信息。

按照拓扑结构在 dns2 服务器上配好 IP 为 192.168.10.2，首选 DNS 服务器为：192.168.10.1，如图 6－40 所示。保证 dns2 能与 dns 服务器 ping 通。

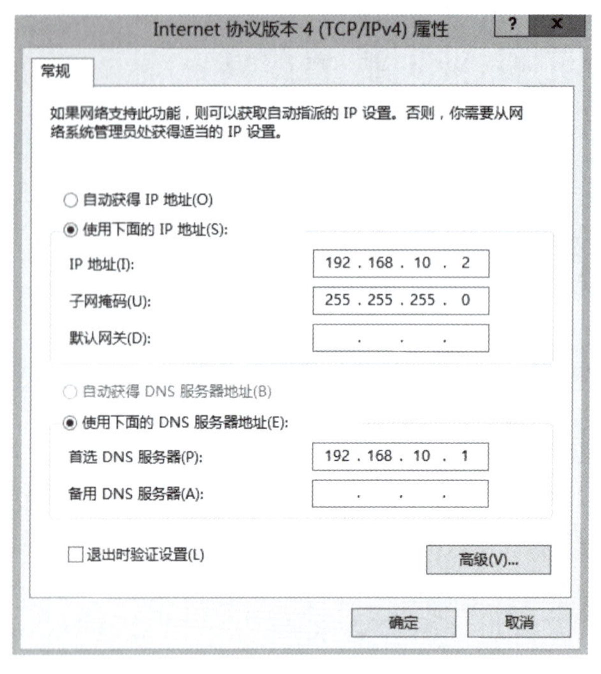

图 6－40　设置 dns2 的 IP 地址

第 2 步：安装 DNS 服务。

在 dns2 服务器上安装 DNS。安装完成后，单击 dns2 的“服务器管理器”→“工具”，可以看到 DNS 已经安装成功，如图 6－41 所示。

图 6－41　安装 DNS 服务

第 3 步：创建辅助区域。

在 dns2 上打开 DNS 管理器，右击“正向查找区域”，选择“新建区域”，如图 6－42 所示。在新建区域向导的“区域类型”对话框中选择“辅助区域”，单击“下一步”按钮，如图 6－43 所示（即 dns2 服务器成为区域传送的辅助服务器）。

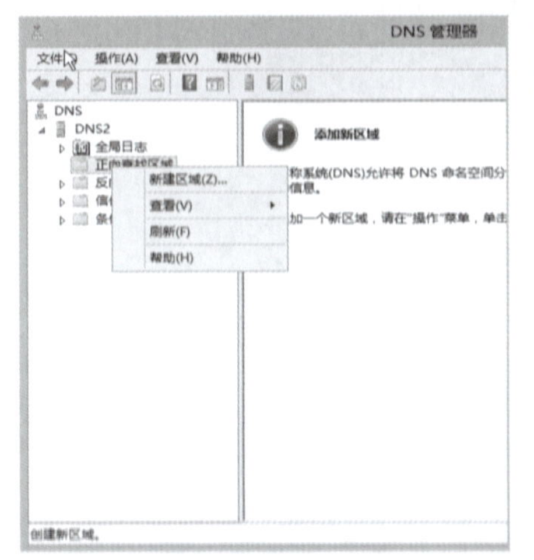

图 6－42　DNS 管理器

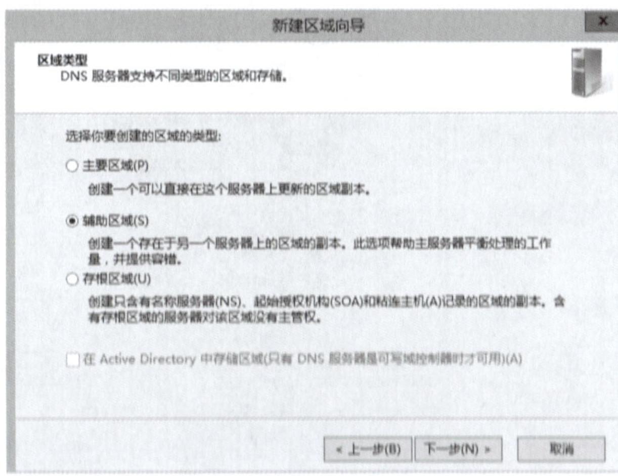

图 6－43　新建区域向导—区域类型

在新建区域向导的“区域名称”输入名称“xzcx.com”（注意：此处的域名一定要和主 DNS 区域的域名完全一样）。单击“下一步”按钮，如图 6－44 所示。

在新建区域向导的“主 DNS 服务器”对话框中，IP 地址为“源区域的 IP 地址”，即 192.168.10.1，如图 6－45 所示。

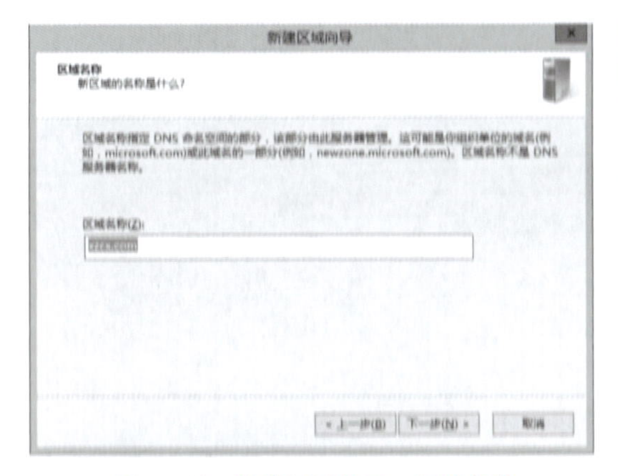

图 6－44　新建区域向导—区域名称

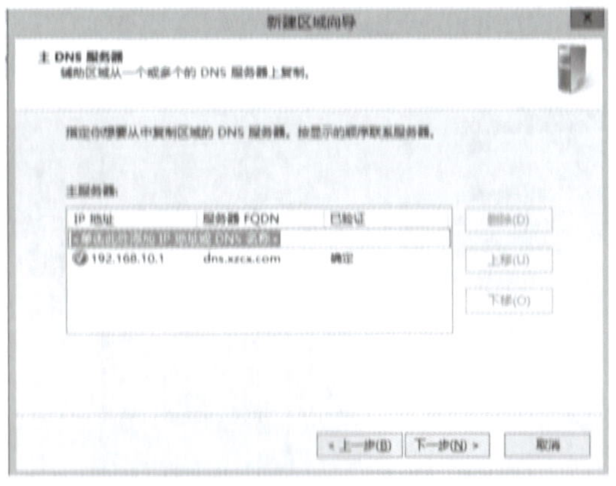

图 6－45　新建区域向导—主 DNS 服务器

在新建区域向导的“正在完成新建区域向导”对话框中，确认 DNS 的设置，单击“完成”按钮，完成辅助区域创建。

第 4 步：设置允许区域传输。

在 dns 服务器上打开 DNS 管理器，右击需要区域传送的域名“xzcx.com”，选择“属性”，如图 6－46 所示，打开“xzcx.com 属性”对话框。

图 6-46　单击“属性”对话框

在“xzcx.com 属性”对话框中，在“区域传送”选项卡中，勾选“允许区域传送”，选中“只允许到下列服务器”，如图 6-47 所示。单击“编辑”按钮，进入“允许区域传送”对话框。

在“允许区域传送”对话框中，在“辅助服务器的 IP 地址”里添加辅助服务器的 IP，即 dns2 服务器的 192.168.10.2，如图 6-48 所示。单击“确定”按钮。

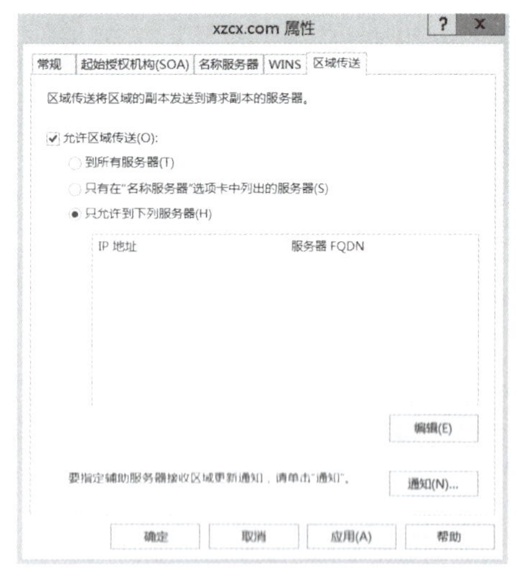

图 6-47　xzcx.com 属性

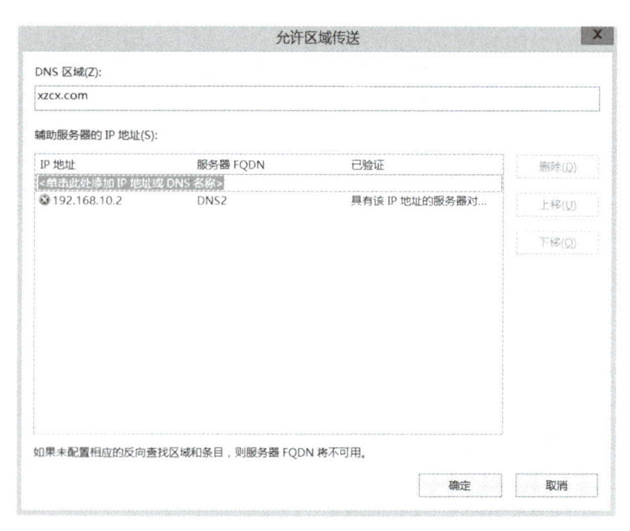

图 6-48　允许区域传送

在 xzcx.com 属性里，显示辅助服务器的 IP 地址 192.168.10.2 已解析成功，并显示服务器的完全合格域名。然后单击“确定”按钮，完成允许区域传送设置，如图 6-49 所示。

图 6-49　xzcx.com 属性设置完成

第 5 步：复制区域数据。

打开 dns2 的 DNS 管理界面的 xzcx.com 域。鼠标右击，选择"刷新"，此时可以看到 dns2 的 xzcx.com 区域下复制了和 dns 服务器 DNS 管理界面的 xzcx.com 域完全一样的内容，如图 6-50 所示。

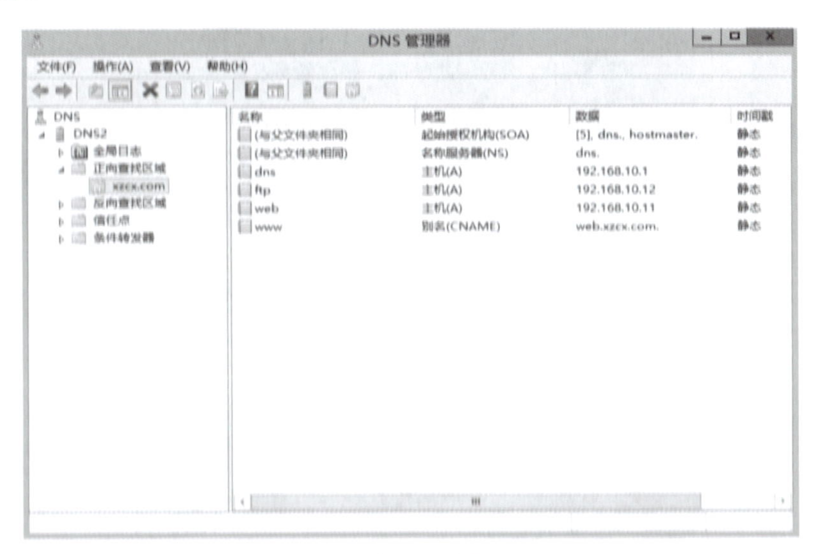

图 6-50　复制区域数据验证

区域传送的辅助区域和主要区域的相同 DNS 域名内容完全一样（是通过从主服务器上将区域文件的信息复制到辅助服务器上来实现的），此区域传送实验成功。

【技能拓展】——拓一拓

江苏省徐州市某职业学校组建了学校的校园网，为了使校园网中的计算机简单、快捷地访问本地网络及 Internet 上的资源，需要在校园网中架设 DNS 服务器，用来提供域名转换成 IP 地址的功能。本拓展针对 DNS 委派及辅助 DNS 进行实操练习。

1. 委派 DNS 服务器

原有辅助 DNS 实验的网络环境下增加主机名为 dns3 的委派 DNS 服务器，其 IP 地址为 192.168.10.3，首选 DNS 服务器是 192.168.10.1，该计算机是子域控制器，同时也是 DNS 服务器，该计算机是独立服务器，拓扑结构如图 6-51 所示。

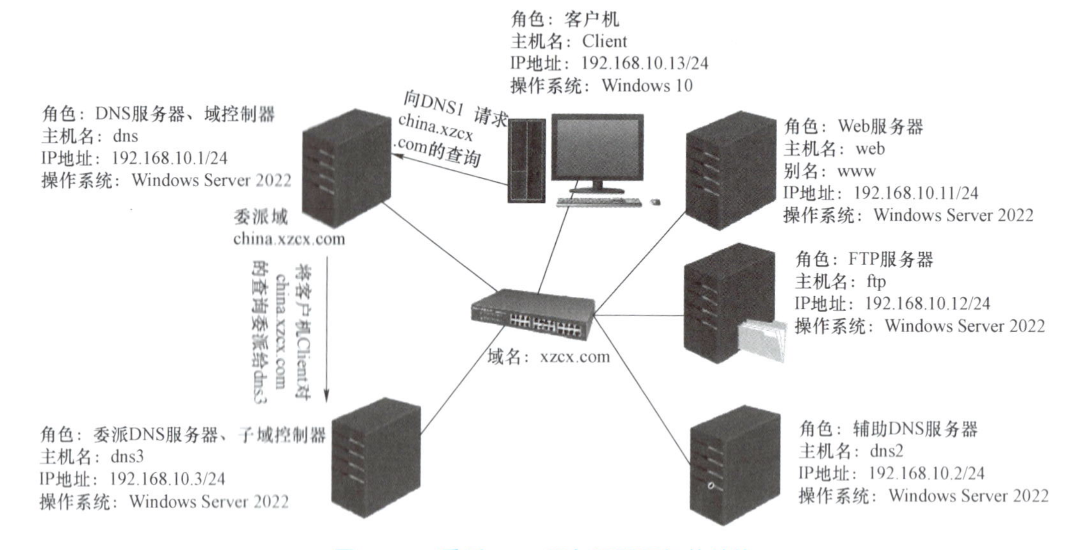

图 6-51 委派 DNS 服务器配置拓扑结构

2. 部署辅助 DNS 服务器

辅助区域用来存储此区域内的副本记录，这些记录是只读的，不能修改。利用图 6-52 来练习建立辅助区域，拓扑结构如图 6-52 所示。

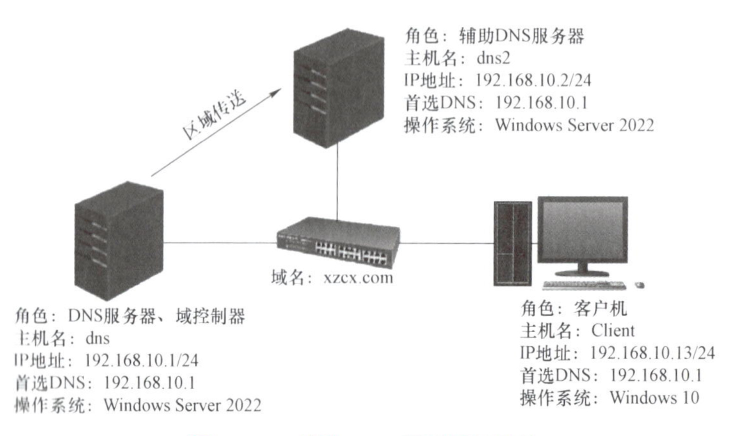

图 6-52 辅助 DNS 配置拓扑结构

【训练准备】——想一想

为了又快又好地完成任务，需要弄清楚以下几个问题：

认真阅读公司服务器拓扑结构，理解工作任务内容，明确工作任务的目标，同时拟订任务实施计划。

引导问题 1：委派 DNS 服务器实验拓扑结构中，公司一共有几台 DNS 服务器？它们的关系是怎样的？

引导问题 2：一个公司为什么至少需要两台 DNS 服务器？辅助 DNS 服务器的数据来源于哪儿？

引导问题 3：在存在主 DNS 和辅助 DNS 服务器情况下，客户端的 TCP/IP 参数信息应该如何设置？

【训练过程】——做一做

1. 委派 DNS 服务器

步骤：

① 使用具有管理员权限的用户账户登录受委派服务器 dns3。

② 在受委派服务器上安装 DNS 服务器。

③ 在受委派服务器 dns3 上创建正向主要区域 china.xzcx.com（正向主要区域的名称必须与受委派区域的名称相同）。

④ 在受委派服务器 dns3 上创建反向主要区域 10.168.192.addr.arpa。

⑤ 创建区域完成后，新建资源记录，比如建立主机 Client.china.xzcx.com，对应 IP 地址是 192.168.10.10，dns3.china.xzcx.com 对应 IP 地址 192.168.10.3（必须新建）。MS2 是新建的测试记录。

下面是配置委派服务器：

① 使用具有管理员权限的用户账户登录委派服务器 dns1。打开 DNS 管理控制台，在区域“xzcx.com”下创建 dns3 的主机记录，该主机记录是被委派 DNS 服务器的主机记录（dns3.xzcx.com 对应 192.168.10.3）。

② 用鼠标右键单击域“xzcx.com”选项，在弹出的快捷菜单中选择“新建委派”命令，打开“新建委派向导”页面，单击“下一步”按钮。

③ 打开“新建委派向导－受委派域名”对话框，在此对话框中指定要委派给受委派服务器进行管理的域名 china，单击“下一步”按钮。

④ 打开“新建委派向导－名称服务器”对话框，在此对话框中指定受委派服务器，单击“添加”按钮，将打开“新建名称服务器记录”对话框，在“服务器完全合格的域名（FQDN）”文本框中输入被委派计算机的主机记录的完全合格域名“dns3.china.xzcx.com”，在“IP 地址”

文本框中输入被委派 DNS 服务器的 IP 地址“192.168.10.3”后按 Enter 键。然后单击“确定”按钮。（注意，由于目前无法解析到 dns3.china.xzcx.com 的 IP 地址，因此输入主机名后不要单击“解析”按钮。）

⑤ 将返回“新建委派向导 – 名称服务器”对话框，从中可以看到受委派服务器。

测试委派：

使用具有管理员权限的用户账户登录客户端 Client。首选 DNS 服务器设为 192.168.10.1。

使用 nslookup，测试 Client.china.xzcx.com。如果成功，说明 192.168.10.1 服务器到 192.168.10.3 服务器的委派成功。

2. 部署辅助 DNS 服务器

新建辅助区域（dns2）：

① 在 dns2 上单击“服务器管理器”→“添加角色和功能”命令，选中“DNS 服务器”选项，按向导在 dns2 上完成安装 DNS 服务器。

② 在 dns2 上依次单击“服务器管理器”的“工具”→“DNS”命令，右击“正向查找区域”选项，在弹出的快捷菜单中单击“新建区域”命令，在弹出的对话框中单击“下一步”按钮，选中“辅助区域”选项。

③ 输入区域名称 xzcx.com。

④ 输入主服务器（dns1）的 IP 地址后按 Enter 键，单击“下一步”按钮，在弹出的对话框中单击“完成”按钮。

⑤ 新建“反向查找区域”的辅助区域。

确认 dns1 是否允许区域传送（dns1）：

① 到 dns1 上单击“开始”菜单，在弹出的快捷菜单中单击“Windows 管理工具”→“DNS”→“xzcx.com”→“属性”图标。

② 勾选“区域传送”选项卡下的“允许区域传送”选项，选中“只允许到下列服务器”选项，单击“编辑”按钮，以便选择 dns2 的 IP 地址。

③ 输入 dns2 的 IP 地址后，按 Enter 键，单击“确定”按钮。

④ 允许“反向查找区域”向 dns2 进行区域传送。

测试辅助 DNS 设置是否成功（dns2）：

⑤ 在 dns2 上打开 DNS 控制台。其中正向查找区域 xzcx.com 和反向查找区域 10.168.192.in.addr.arpa 的记录是自动从其主服务器 dns1 复制过来的（如果不能正常复制，可以重启 dns2）。

⑥ 选中“辅助区域”，单击鼠标右键，在弹出的快捷菜单中选择“从主服务器传输”或“从主服务器传送区域的新副本”来手动执行区域传送。

记录拓展实验中存在的问题：

____

____

____

____

【课程思政】——融一融

民族团结一家亲

2014 年 4 月 27 日下午，习近平到驻喀什的新疆军区某部六连看望官兵。习近平说，民族连真是“民族团结一家亲”。希望相互关心、相互帮助、相互学习，维护民族团结，守好祖国边疆。通过本项目“主－辅”DNS 协同工作，保证服务器稳定运行。引导学生明白互相帮助、班级团结、家庭和睦、民族团结的重要性。

一家人心向民族团结，在爱党爱国中传承良好家风；向各族群众讲述真实的故事、传递党的温暖，“在天山南北播撒民族团结的种子”；还发起成立了“库尔班·吐鲁木感恩祖国家庭公益基金”，累计帮助各族群众和青少年儿童超过 3 600 人……几十年来，库尔班大叔一家人始终坚持“做热爱党、热爱祖国、热爱中华民族大家庭的模范”，以实际行动成就了民族团结一家亲的佳话。

船的力量在帆上，人的力量在心上。将心比心、以心换心，民族团结就有了“心基础”；手足相亲、守望相助，民族团结就有了“行动力”。习近平总书记多次强调，“民族团结是各族人民的生命线”“民族团结是发展进步的基石”。从帕米尔高原到准噶尔盆地，从阿尔泰山下到塔里木河畔，正是在党的民族政策的正确指引下，落实民族区域自治制度，一幅团结和谐、繁荣富裕、文明进步、安居乐业的美丽画卷在新疆大地铺展开。实践证明，只要各族群众像石榴籽一样紧紧抱在一起，就能凝聚起共同守卫祖国边疆、共同创造美好生活的强大力量。

团结就是力量，团结就在身边。促进民族团结，每个人都责任在肩，每个人都大有可为。有一分光，发一分热，像爱护自己的眼睛一样爱护民族团结，像珍视自己的生命一样珍视民族团结，争当文化传播的灯火、语言沟通的桥梁、友谊传递的信鸽，就一定能让民族团结之花在中华大地上常开长盛。

【任务评价】——评一评

1. 各小组派代表展示本项目知识点思维导图。

本项目知识点思维导图

2. 各小组展示汇报实训效果。

实训任务	完成情况	备注
任务 1	□已完成　□完成一部分　□全部未做	
任务 2	□已完成　□完成一部分　□全部未做	
任务 3	□已完成　□完成一部分　□全部未做	
任务 4	□已完成　□完成一部分　□全部未做	

3. 学生自我评估与总结。

（1）你掌握了哪些知识点？

____

____

（2）你在实际操作过程中出现了哪些问题？如何解决？

____

____

（3）谈谈你的学习心得体会。

____

____

4. 评价反馈。

根据各组学生在完成任务中的表现，给予综合评价。

项目实训评价表

评价项目	评价要点	分值	自评	互评	师评
精神状态	课前准备充分，物品放置齐整	10			
	积极发言，声音响亮、清晰	10			
	具有团队合作意识，注重沟通，自主探究学习和相互协作完成任务	10			
完成工作任务	任务 1	15			
	任务 2	15			
	任务 3	15			
	任务 4	15			
自主创新	能自主学习，勇于挑战难题，积极创新探索	10			
总　　分					
小组成员签名					
教 师 签 名					
日　　　期					

【知识巩固】——练一练

一、选择题

1. 如果父域的名字是 ACME.COM，子域的名字是 DAFFY，那么子域的 DNS 全名是（　　）。

A. ACME.COM　　B. DAFFY
C. DAFFY.ACME.COM　　D. DAFFY.COM

2. 在 Windows 2008 下诊断 DNS 故障时，最常用的命令是（　　）。

A. NETSTAT　　B. NSLOOKUP
C. ROUTE　　D. NBTSTAT

3. 在 DNS 的记录类型中，MX 表示（　　）。

A. 起始授权机构　　B. 主机地址
C. 邮件交换器资源记录　　D. 指针

4. 关于 DNS 辅助区域的说法，正确的是（　　）。

A. 辅助区域和主要区域没有本质差别
B. 必须先建立标准主要区域，然后才能建立相应的标准辅助区域
C. 一个标准主要区域只能建立一个相应的标注辅助区域
D. 不可以建立标准辅助区域的标准辅助区域

5. 域名系统的服务方式是（　　）。

A. 客户机/客户机　　B. 服务器/服务器
C. 客户机/服务器　　D. 以上都不是

6. 主机名是 www，那么正确的域名是（　　）。

A. wwww.aa.com　　B. aa.com.www
C. www.aa.com　　D. com.aa.www

7. 正向 DNS 是（　　）。

A. 域名解析成 IP　　B. 主机名解析成 IP
C. IP 解析成 MAC　　D. IP 解析成域名

8. 要清除本地 DNS 缓存，使用的命令是（　　）。

A. ipconfig /displaydns　　B. ipconfig /renew
C. ipconfig /flushdns　　D. ipconfig /release

9. 将 DNS 客户机请求的完全合格域名解析为对应的 IP 地址的过程称为（　　）查询。

A. 递归　　B. 迭代　　C. 正向　　D. 反向

10. 如果用户的计算机在查询本地解析程序缓存没有解析成功时，希望由 DNS 服务器为其进行完全合格域名的解析，那么需要把这些用户的计算机配置为（　　）客户机。

A. WINS　　B. DHCP　　C. 远程访问　　D. DNS

11. 当 DNS 服务器收到 DNS 客户机查询 IP 地址的请求后，如果自己无法解析，那么会把这个请求送给（　　），继续进行查询。

A. Internet 上的根 DNS 服务器　　B. DHCP 服务器

C. 邮件服务器　　D. 打印服务器

12. BENET 公司管理员在一台成员服务器安装了 Windows Server 2022 企业版，并添加了 DNS 角色，在该服务器上不能创建的区域类型是（　　）。

A. 主要区域　　B. 存根区域　　C. 辅助区域　　D. 更新区域

二、判断题

1. 在一个 Windows 网络中，一台计算机的 NetBIOS 名称可以不唯一。（　　）

2. 将 DNS 客户机请求的完全合格的域名解析为对应的 IP 地址的过程称为反向查询。（　　）

3. 辅助 DNS 服务器中的数据和主 DNS 中的数据一样，既可以进行域名解析，也可以对其进行添加和删除操作。（　　）

4. 在中国，域名是通过向网络运营商，如网通、电信等部门申请得到的，个人不能随便建立。（　　）

5. 父域的名字是 ACME.COM，子域的名字是 DAFFY，那么子域的 DNS 全名是 DAFFY.ACME.COM。（　　）

6. 在一台 DNS 服务器上，只能建立一个 DNS 区域。（　　）

7. 一台计算机不可能同时承担着 DHCP 服务器和 DNS 服务器的角色。（　　）

8. DNS 服务器和域控制器不可以在同一台计算机上安装。（　　）

9. 在 DNS 服务中，把域名解析为 IP 地址属于反向解析。（　　）

项目七

部署 IIS（Web 服务）实现网站发布

【学习目标】

1. 知识与能力目标

（1）了解 Web 的基本概念及工作原理。

（2）掌握 IIS 组件的配置和管理方法。

（3）掌握虚拟主机及虚拟目录的配置方法。

（4）掌握客户端测试 Web 网站的操作方法。

2. 素质与思政目标

（1）培养认真细致的工作态度和工作作风。

（2）养成刻苦、勤奋、好问、独立思考和细心检查的学习习惯。

（3）培养家国情怀和建设家乡的责任感与使命感。

【工作情景】

在党的百年生日之际，为了追寻前辈足迹，传承红色基因，徐财高职校举办了红色教育主题网站设计与制作大赛，搜集了非常多的优秀的红色教育主题网站。现在需要将前三名红色教育主题网站发布出去，使全校师生都能浏览和学习。网络拓扑图如图 7－1 所示。

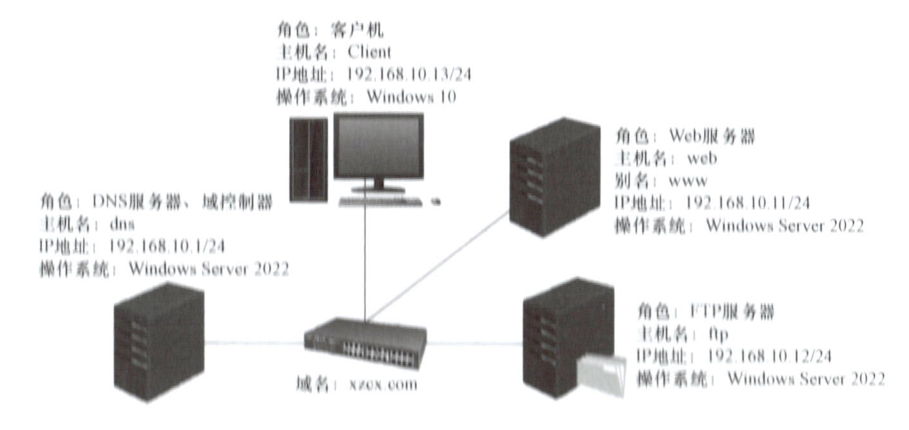

图 7－1　Web 服务器网络拓扑图

本节任务所有实例都部署在一个域环境下，域名为 xzcx.com。其中，Web 服务器主机名为 web，IP 地址为 192.168.10.11。Web 客户机主机名为 Client，是一台安装 Win10 操作系统的客户机，IP 地址为 192.168.10.13。DNS 服务器的 IP 地址为 192.168.10.1。

【知识导图】

本项目知识导图如图 7－2 所示。

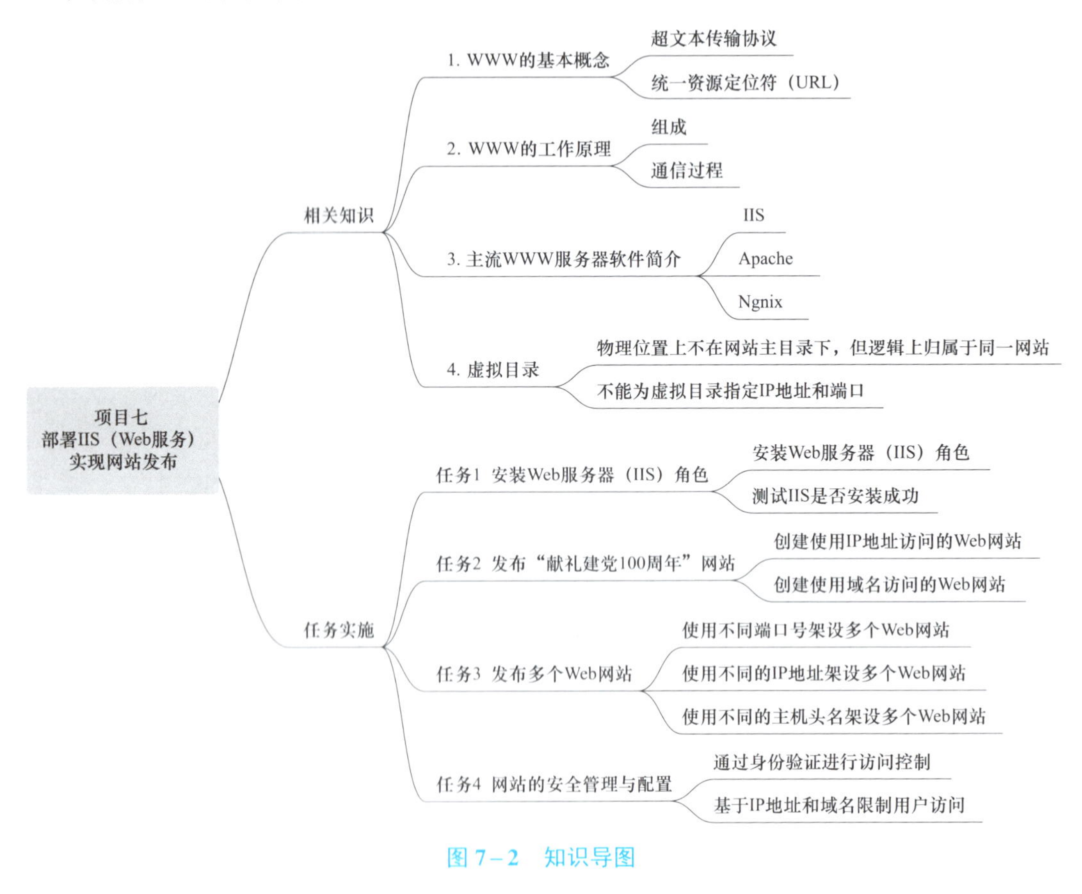

图 7－2 知识导图

【相关知识】——看一看

一、WWW 的基本概念

WWW 是 World Wide Web（环球信息网）的缩写，经常表述为 3W、Web 或 W3，中文名叫“万维网”。WWW 通过“超文本传输协议”（HyperText Tarnsfer Protocol，HTTP）向用户提供多媒体信息。比如：访问学校的网站，通过在浏览器地址栏中输入 http://www.sxjdxy.org 进行访问。我们看到学院网站的信息，这些信息的基本单位是网页，每一个网页可包含文字、图像、动画、声音、视频等多种信息。

如果你设计了一个网站，并想让大家通过网络访问到你的网站，就需要 WWW 服务器。

在 WWW 服务器上可以建立 Web 站点，网页就存放在 Web 站点中，客户机通过访问服务器上的站点，就可以访问到你设计的网站。

那么如何准确定位到你的网站呢？这时候就需要“统一资源定位符”。统一资源定位符，又叫 URL（Uniform Resource Locator），是专为标识 Internet 网上资源位置而设置的一种编址方式，我们平时所说的网页地址指的即是 URL。统一资源定位符是对可以从互联网上得到的资源的位置和访问方法的一种简洁的表示，是互联网上标准资源的地址。互联网上每个文件都有唯一的 URL，它包含的信息指出文件的位置以及浏览器应该怎么处理它。

有两种网址构成方式：

① URL＝传输协议＋服务＋域名＋（目录）文件名。

② URL＝传输协议＋IP 地址。

超文本传输协议（Hypertext Transfer Protocol，HTTP）是一个简单的请求-响应协议，它通常运行在 TCP 之上。它指定了客户端可能发送给服务器什么样的消息以及得到什么样的响应。

HTTPS（Hypertext Transfer Protocol Secure），是以安全为目标的 HTTP 通道，在 HTTP 的基础上通过传输加密和身份认证保证了传输过程的安全性。HTTPS 在 HTTP 的基础上加入 SSL，HTTPS 的安全基础是 SSL，因此加密的详细内容就需要 SSL。HTTPS 存在不同于 HTTP 的默认端口及一个加密/身份验证层（在 HTTP 与 TCP 之间）。这个系统提供了身份验证与加密通信方法。它被广泛用于万维网上安全敏感的通信，例如交易支付等方面。

二、WWW 的工作原理

WWW 服务系统由 Web 服务器、客户端浏览器和通信协议三个部分组成，如图 7－3 所示。

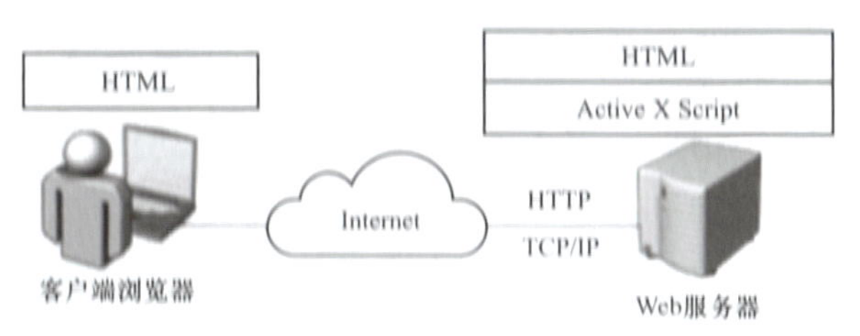

图 7－3　WWW 工作原理图

客户端与服务器的通信过程：

① 客户端（浏览器）和 Web 服务器建立 TCP 连接，连接建立以后，客户机通过在浏览器地址栏中输入 URL 来向 Web 服务器发出访问请求（该请求中包含了客户端的 IP 地址、浏览器的类型和请求的 URL 等一系列信息）。

② Web 服务器收到请求后，寻找所请求的 Web 页面（若是动态网页，则执行程序代码生成静态网页），然后将静态网页内容返回到客户端。如果出现错误，那么返回错误代码。

③ 客户端的浏览器接收到所请求的 Web 页面，并将其显示出来。

三、主流 WWW 服务器软件简介

1. IIS

IIS（Internet Information Services，Internet 信息服务）是 Microsoft 公司开发的功能完善的信息发布软件。可提供 Web.FTP、NNTP 和 SMTP 服务，分别用于网页浏览、文件传输、新闻服务和邮件发送等方面。

IIS 6.0 集成在 Windows Server 2003 系统中，IIS 7.0 集成在 Windows Server 2022 系统中，IIS 8.0 集成在 Windows Server 2022 系统中。

2. Apache

Apache 取自“a patchy server”的读音，意思是充满补丁的服务器，因为它是自由软件，所以不断有人来为它开发新的功能、新的特性及修改原来的缺陷。

3. Nginx

Nginx 是一个高性能的 HTTP 和反向代理 Web 服务器，同时也提供了 IMAP/POP3/SMTP 服务。其由俄罗斯程序设计师伊戈尔·赛索耶夫开发。

四、虚拟目录

Web 网站中的网页及相关文件可以全部存储在网站的主目录下，也可以在主目录下建立多个子文件夹，然后按照网站不同栏目或不同网页文件类型，分别存放到各个子文件中，主目录及主目录下的子文件夹都称为“实际目录”。然而，随着网站内容的不断丰富，主目录所在的磁盘分区的空间可能会不足，此时可以将一部分网页文件存放到本地计算机其他分区的文件夹或者其他计算机的共享文件夹中。这种物理位置上不在网站主目录下，但逻辑上归属于同一网站的文件夹称为“虚拟目录”。

虚拟目录由于是宿主网站的子站点，所以虚拟目录和宿主网站共用了 IP 地址和端口，因此不能为虚拟目录指定 IP 地址和端口。

【任务实施】——学一学

任务 1 安装 Web 服务器（IIS）角色

1. 安装 Web 服务器（IIS）角色

在安装 Web 服务器角色之前，按照图 7－1 所示网络拓扑结构准备好环境，配置 Web 服务器地址为 192.168.10.11、DNS 服务器 IP 地址为 192.168.10.1、客户机 IP 地址为 192.168.10.13。所有主机的首选 DNS 均指向 DNS 服务器及 192.168.10.1。执行“开始”→“管理工具”→“服务器管理器”→“仪表板”选项的“添加角色和功能”，如图 7－4 所示。

在添加向导里的“开始之前”对话框中，单击“下一步”按钮，如图 7－5 所示。

在添加向导里的“选择服务器角色”对话框中，勾选要安装的“Web 服务器（IIS）”。

在弹出的询问“添加 Web 服务器（IIS）所需功能”界面，单击“添加功能”按钮，如图 7-6 所示。

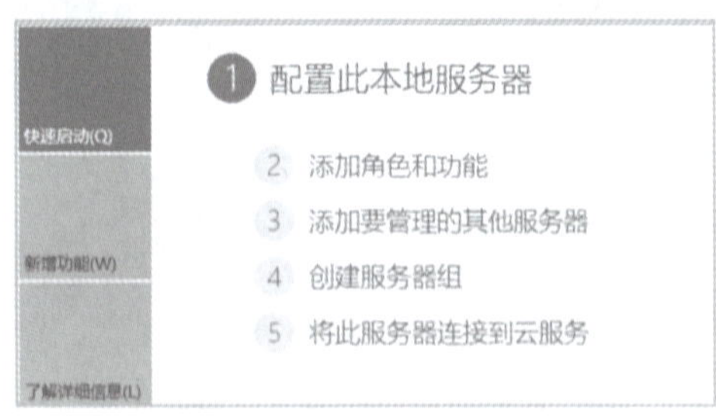

图 7-4　添加角色和功能

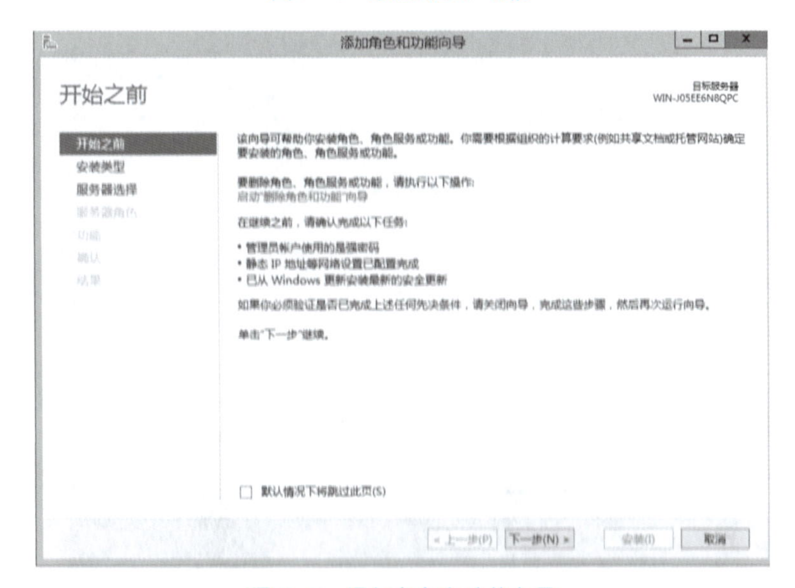

图 7-5　添加角色和功能向导

图 7-6　“选择服务器角色”对话框

在“选择角色服务”对话框中，勾选如图 7-7 所示选项。

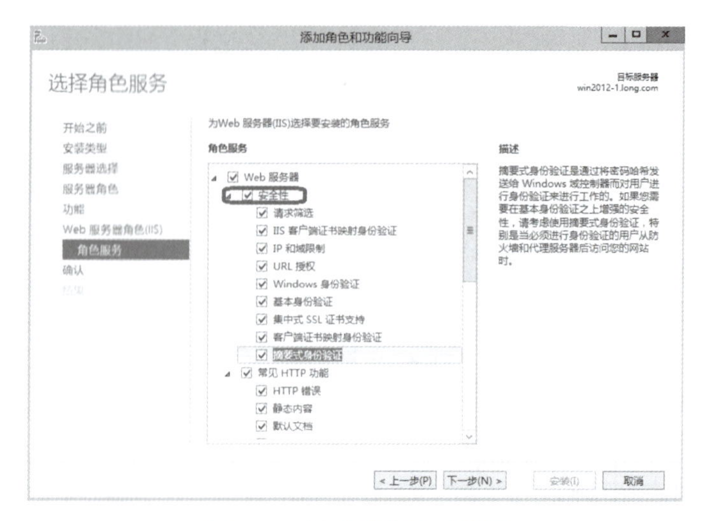

图 7-7 “角色服务”对话框

2. 测试 IIS 是否安装成功

打开 IE 浏览器，在地址栏输入 http://192.168.10.11 或者 http://127.0.0.1 或者 http://localhost，如果 IIS 安装成功，则会在 IE 浏览器中显示如图 7-8 所示的网页。如果没有显示出该网页，检查 IIS 是否出现问题或重新启动 IIS 服务，也可以删除 IIS 重新安装。

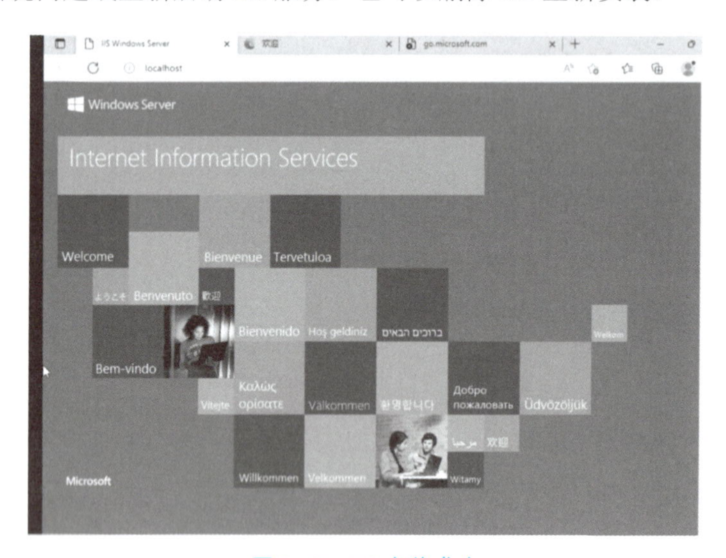

图 7-8 IIS 安装成功

任务 2 发布“献礼建党 100 周年”网站

IIS 已经成功安装，接下需要发布“献礼建党 100 周年网站”网站主页截图，如图 7-9 所示，可以分别使用 IP 发布网站和使用域名发布网站。具体操作步骤如下。

图 7－9　"献礼建党 100 周年"网站主页

1. 创建使用 IP 地址访问的 Web 网站

首先将网站素材文件复制到 C 盘的 Web 目录下，如图 7－10 所示。

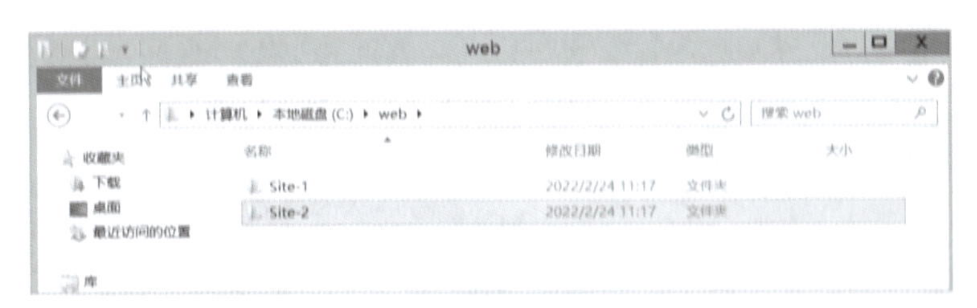

图 7－10　复制网站素材文件

执行"开始"→"管理工具"→"服务器管理器"→"仪表板"选项的"工具"，选择"Internet 信息服务（IIS）管理器"，如图 7－11 所示。

图 7－11　选择"Internet 信息服务（IIS）管理器"

在“Internet 信息服务（IIS）管理器”对话框中，右击“网站”，选择“添加网站”，如图 7－12 所示，打开“添加网站”对话框。

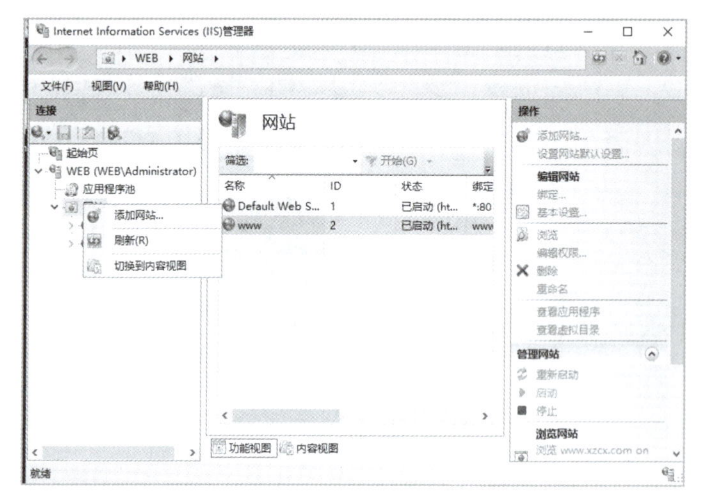

图 7－12 打开添加网站

在“添加网站”对话框中，输入网站名“www”，物理路径选择“C:\web\Site－1”，协议“http”，IP 地址可以选择“未分配”，也可以选择本机 IP 地址。如图 7－13 所示，单击“确定”按钮，即完成网站 www 的创建，完成后如图 7－14 所示。

图 7－13 添加网站

最后进行测试，打开 IE 浏览器，在地址栏输入 IP 地址 http://192.168.10.11，即可访问到献礼建党 100 周年的网站内容，如图 7－15 所示。

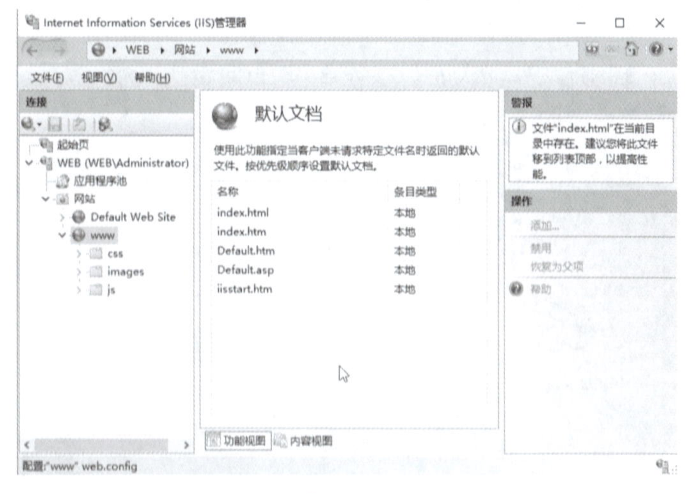

图 7－14　成功添加 www 网站

图 7－15　测试网站访问

2. 创建使用域名访问的 Web 网站

创建使用域名 www.xzcx.com 访问的 Web 网站，具体步骤如下。

在 DNS 服务器上打开 DNS 管理器，如图 7－16 所示。

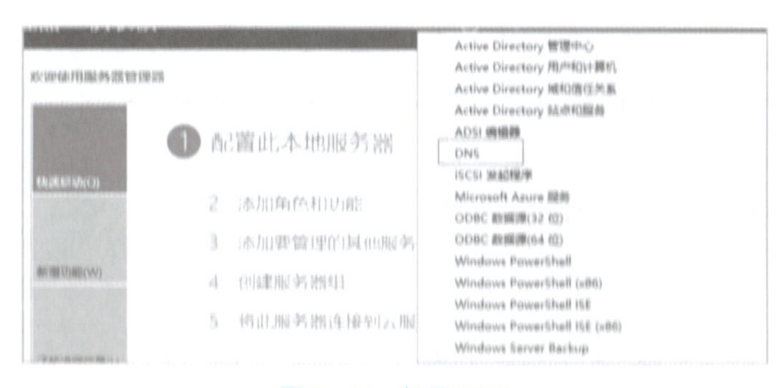

图 7－16　打开 DNS

第 1 步：新建主机 web。

在“DNS 管理器”控制台中，依次展开服务器和“正向查找区域”节点，在区域“xzcx.com”下新建主机 web，完成后如图 7－17 所示。

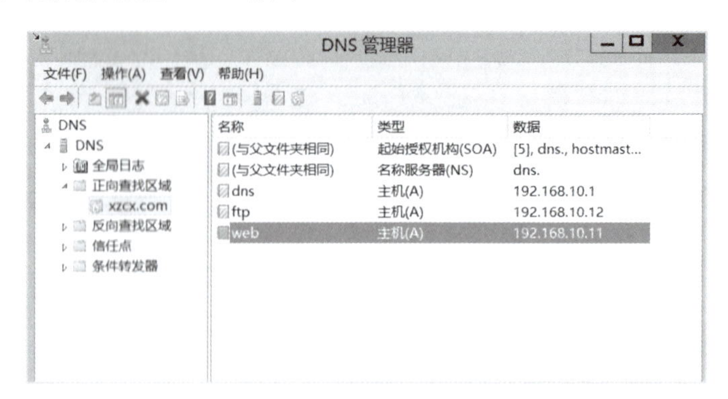

图 7－17　新建 web 主机

第 2 步：创建别名记录 www。

右键单击区域“xzcx.com”，在弹出的菜单中选择“新建别名”，如图 7－18 所示。出现“新建资源记录”对话框。

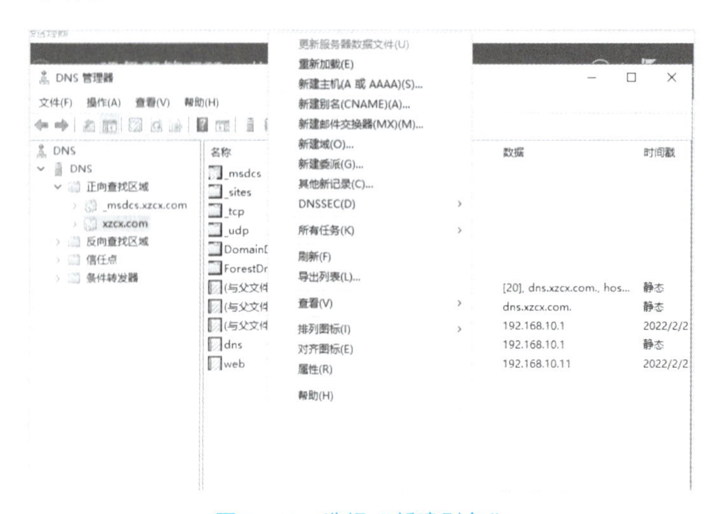

图 7－18　选择“新建别名”

在“别名”文本框中输入“www”，在“目标主机的完全合格的域名（FQDN）”文本框中输入“web.xzcx.com”，如图 7－19 所示。单击“确定”按钮，别名创建完成。

第 3 步：绑定域名。

为网站绑定域名 www.xzcx.com，实现使用域名访问网站。

打开“Internet 信息服务（IIS）管理器”，在 web1 上右击，选择“编辑绑定”，打开“网站绑定”对话框，如图 7－20 所示。

单击“添加”按钮，打开“添加网站绑定”对话框，在主机名（H）输入“web1.xzcx.com”，单击“确定”按钮，如图 7－21 所示。

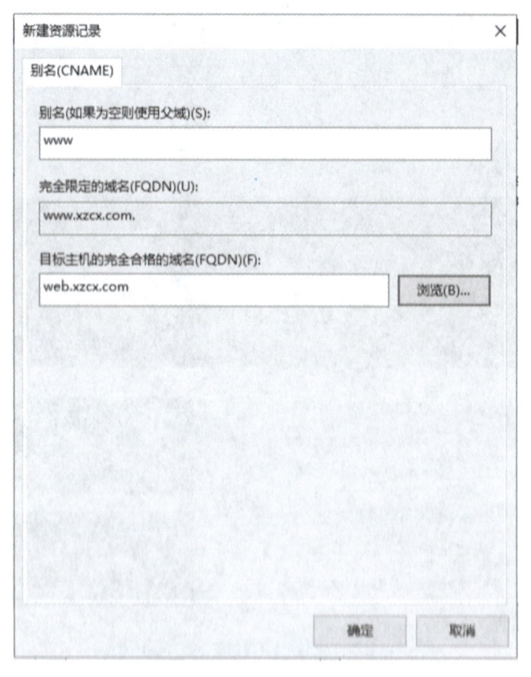

图 7－19　新建资源记录—别名

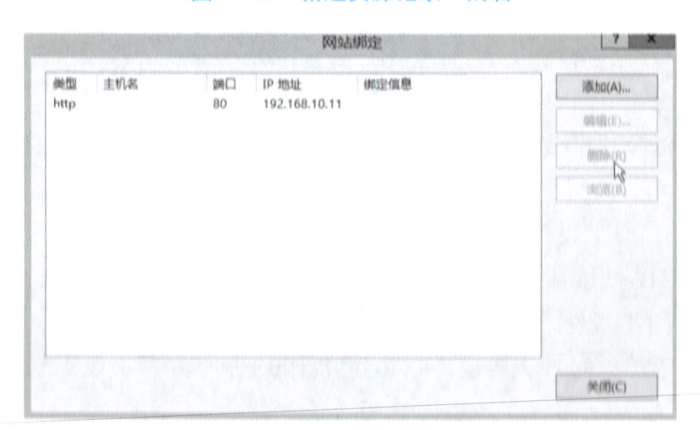

图 7－20　打开“网站绑定”对话框

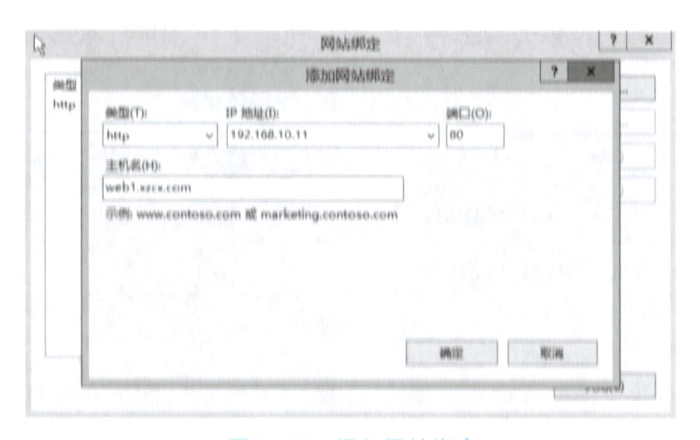

图 7－21　添加网站绑定

第 4 步：测试访问。用户在客户端计算机 Client1 上打开浏览器，输入 http://www.xzcx.com 就可以访问刚才建立的网站，如图 7-22 所示。

图 7-22 测试使用域名访问网站

任务 3 发布多个 Web 网站

为了提高硬件资源利用效率，可以在同一台服务器上创建多个独立的 Web 网站（站点）。架设多个 Web 网站可以通过三种方法实现，分别为：

① 使用不同端口号架设多个 Web 网站。

② 使用不同的 IP 地址架设多个 Web 网站。

③ 使用不同的主机头名架设多个 Web 网站。

接下来将采用三种不同方法架设“献礼建党 100 周年”“网上重走长征路”等红色教育网站。

1. 使用不同端口号架设多个 Web 网站

使用不同的端口号架设多个 Web 网站，端口使用及 IP 地址信息见表 7-1。

表 7-1 端口使用及 IP 地址信息

网站名称	IP 地址	端口号	网站内容
web1	192.168.10.11	80	献礼建党 100 周年
web2	192.168.10.11	81	网上重走长征路

具体操作步骤如下：

第 1 步：在 C 盘建立两个文件夹 web1、web2，将“献礼建党 100 周年”“网上重走长征路”两个网站分别复制这两个文件夹下面。

第 2 步：添加网站 web1 和 web2。打开“Internet 信息服务（IIS）管理器”，在“Internet Information Services（IIS）管理器”对话框中，右击“网站”，选择“添加网站”，如图 7－23 所示，打开“添加网站”对话框。

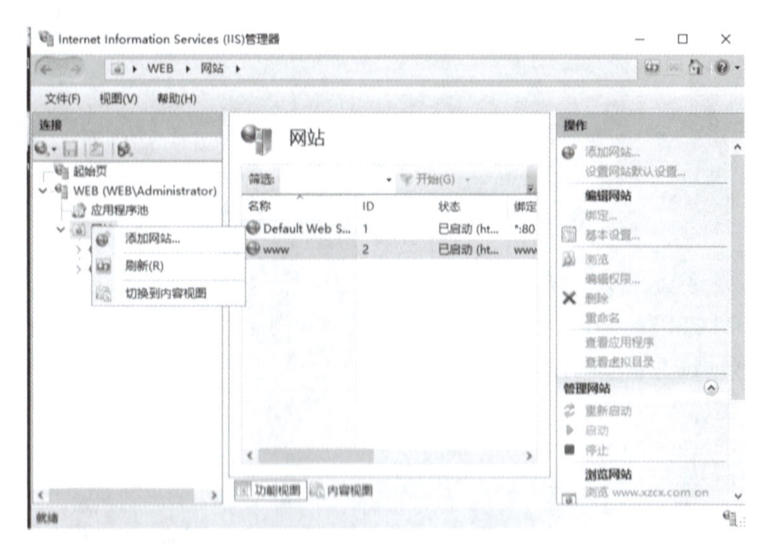

图 7－23　打开添加网站

在“添加网站”对话框中，输入网站名“web1”，物理路径选择“C:\web\Site－1”，协议“http”，IP 地址可以选择“192.168.10.11”，端口号“80”，如图 7－24 所示，单击“确定”按钮，即完成网站 web1 的创建。

按照同样的方法，添加网站 web2，在“添加网站”对话框中，输入网站名“web2”，物理路径选择“C:\web\Site－2”，协议选择“http”，IP 地址可以选择“192.168.10.11”，端口号选择“81”，如图 7－25 所示，单击“确定”按钮。完成 web1 和 web2 网站添加后，如图 7－26 所示。

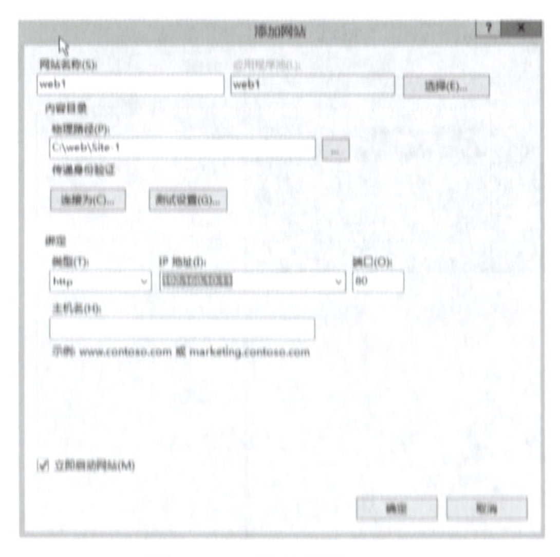

图 7－24　添加网站 web1

图 7－25　添加网站 web2

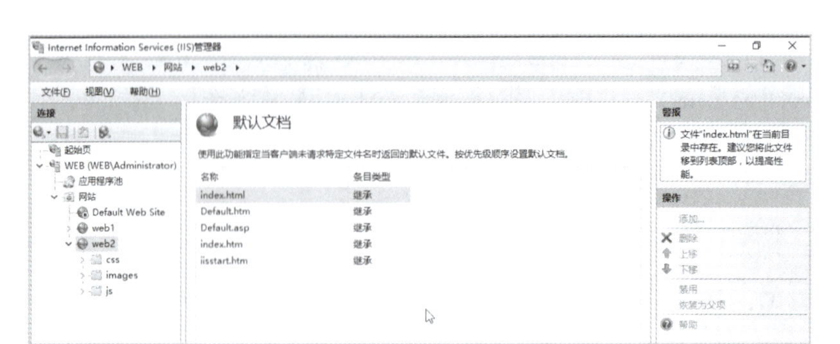

图 7–26　完成网站 web1 和 web2 添加

第 3 步：测试访问。最后进行测试，打开 IE 浏览器，在地址栏输入 IP 地址“http://192.168.10.11:80”，即可访问到“献礼建党 100 周年”的网站内容，如图 7–27 所示。在地址栏输入 IP 地址“http://192.168.10.11:81”，即可访问到“网上重走长征路”的网站内容，如图 7–28 所示。

图 7–27　web1 网站“献礼建党 100 周年”测试

图 7–28　web2 网站“网上重走长征路”测试

2. 使用不同的 IP 地址架设多个 Web 网站

使用不同的 IP 地址架设多个 Web 网站，端口使用及 IP 地址信息见表 7-2。

表 7-2　端口使用及 IP 地址信息

网站名称	IP 地址	端口号	网站内容
web1	192.168.10.11	80	献礼建党 100 周年
web2	192.168.10.21	80	网上重走长征路

具体操作步骤如下：

第 1 步：删除刚才创建的 web2 网站。

第 2 步：添加多个 IP 地址。为 Web 服务器添加第二个 IP 地址 192.168.10.21。

打开“Internet 协议版本 4（TCP/IPv4）属性”对话框，如图 7-29 所示。单击“高级”按钮，打开“高级 TCP/IP 设置”对话框对话框，单击“添加”按钮，在弹出的“TCP/IP 地址”对话框中输入 IP 地址“192.168.10.21”，子网掩码“255.255.255.0”。单击“添加”→“确定”→“确定”按钮，完成 IP 地址添加，如图 7-30 所示。

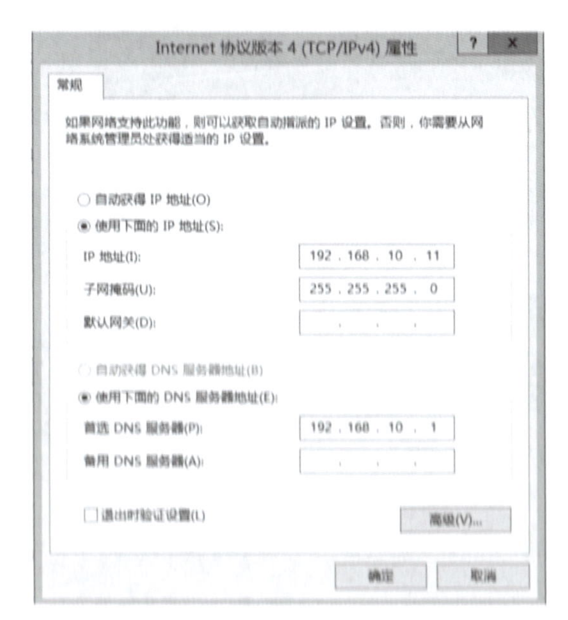

图 7-29　Internet 协议版本 4（TCP/IPv4）属性

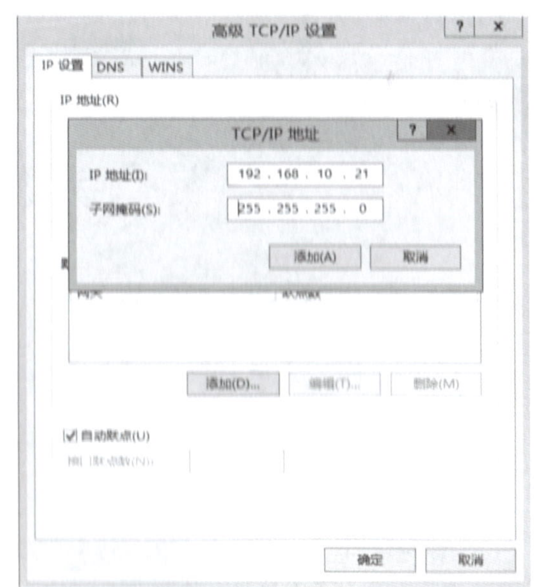

图 7-30　添加多个 IP 地址

完成后，按 Win+R 组合键，输入“cmd”，打开 DOS 窗口，输入“ipconfig”，可以查看到这张网卡绑定了两个 IP 地址，如图 7-31 所示。

第 3 步：重新添加 web2 网站。在“Internet 信息服务（IIS）管理器”对话框中，右键单击“网站”，选择“添加网站”，打开“添加网站”对话框。在“添加网站”对话框中，输入网站名“web2”，物理路径选择“C:\web\Site-2”，协议选择“http”，IP 地址可以选择“192.168.10.21”，端口号选择“80”，单击“确定”按钮，如图 7-32 所示。

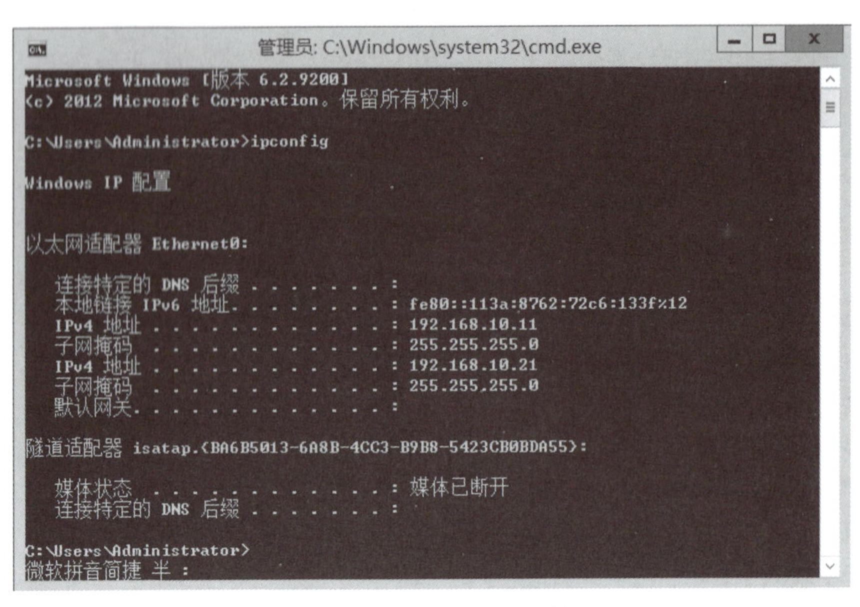

图 7-31　添加多个 IP 后的效果

图 7-32　重新添加网站-web2

第 4 步：测试访问。最后进行测试，打开 IE 浏览器，在地址栏输入 IP 地址“http://192.168.10.11”，即可访问到“献礼建党 100 周年”的网站内容，如图 7-33 所示。

在地址栏输入 IP 地址“http://192.168.10.21”，即可访问到“网上重走长征路”的网站内容，如图 7-34 所示。

图 7－33　web1 网站“献礼建党 100 周年”测试

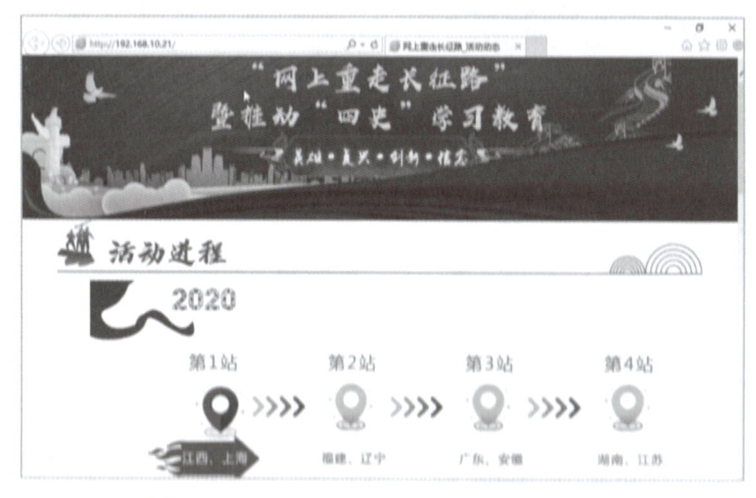

图 7－34　web2 网站“网上重走长征路”测试

3. 使用不同的主机头名架设多个 Web 网站

使用不同的主机头名架设多个 Web 网站，端口使用及 IP 地址信息见表 7－3。

表 7－3　端口使用及 IP 地址信息

网站名称	IP 地址	端口号	主机名	网站内容
web1	192.168.10.11	80	web1.xzcx.com	献礼建党 100 周年
web2	192.168.10.11	80	web2.xzcx.com	网上重走长征路

具体操作步骤如下：

第 1 步：删除刚才创建的 web2 网站。

第 2 步：设置 DNS，实现 web1.xzcx.com 和 web2.xzcx.com 域名解析。在 DNS 服务器

上打开“DNS 管理器”，在“xzcx.com”区域下新建主机 web1 和 web2。主机添加完成后，如图 7－35 所示。

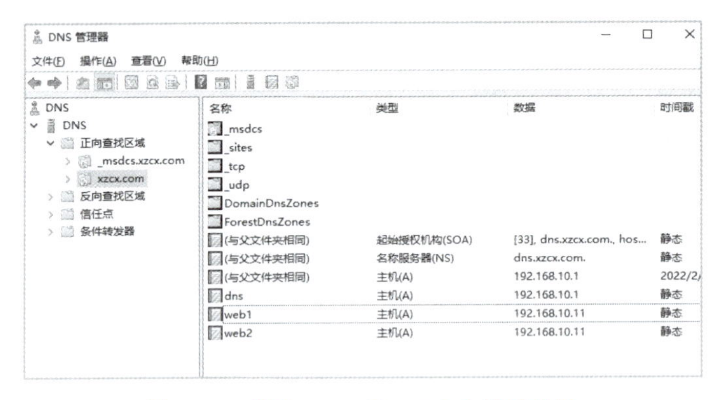

图 7－35　添加 web1 和 web2 主机后效果

第 3 步：为 web1 绑定主机名。打开“Internet 信息服务（IIS）管理器”对话框，在 web1 上右击，选择“编辑绑定”，打开“网站绑定”对话框，如图 7－36 所示。

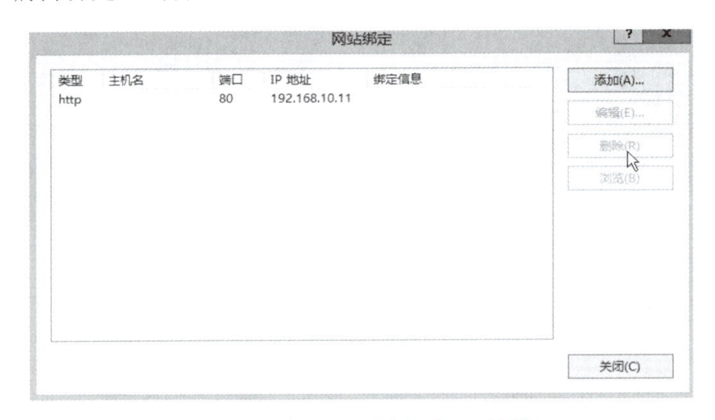

图 7－36　打开“网站绑定”对话框

单击“添加”按钮，打开“添加网站绑定”对话框，主机名（H）为“web1.xzcx.com”，如图 7－37 所示，单击“确定”按钮。

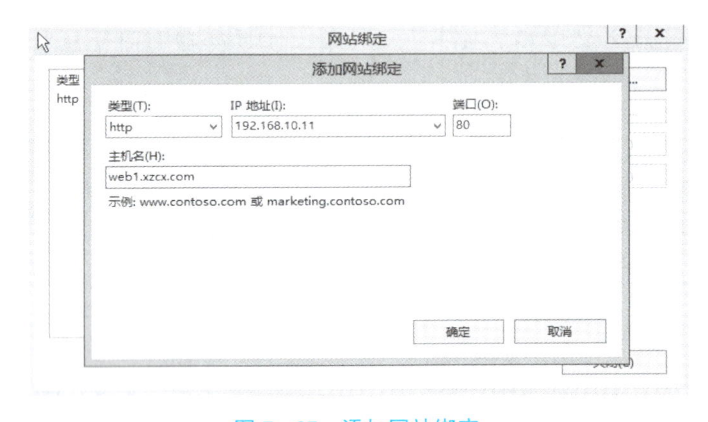

图 7－37　添加网站绑定

第 4 步：重新添加 web2。

在“Internet 信息服务（IIS）管理器”对话框中，右击“网站”，选择“添加网站”，打开“添加网站”对话框。在“添加网站”对话框中，输入网站名“web2”，物理路径选择“C:\web\Site－2”，协议选择“http”，IP 地址可以选择“192.168.10.21”，端口号选择“80”，主机名为“web2.xzcx.com”，单击“确定”按钮，结果如图 7－38 所示。

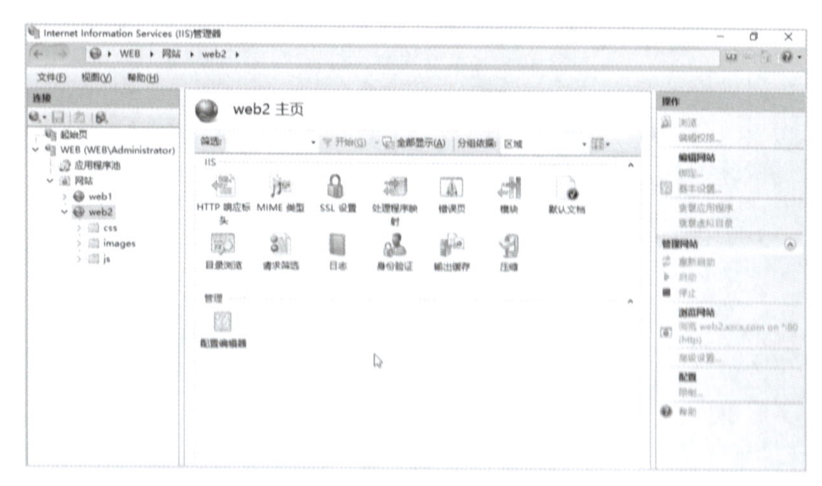

图 7－38　完成 web2 网站添加

第 5 步：测试访问。最后进行测试，打开 IE 浏览器，在地址栏中输入 IP 地址“http://web1.xzcx.com”，即可访问到“献礼建党 100 周年”的网站内容，如图 7－39 所示。

图 7－39　使用域名访问 web1 网站

在地址栏中输入 IP 地址“http://web2.xzcx.com”，即可访问“网上重走长征路”的网站内容，如图 7－40 所示。

图 7-40　使用域名访问 web2 网站

任务 4　网站的安全管理与配置

1. 通过身份验证进行访问控制

系统默认只启用了匿名身份验证，即访问网站的内容时不需要用户名和密码。但有时为了安全，要求访问者输入账号和密码，经过验证后才可访问，其配置步骤如下：

第 1 步：添加角色服务。

进入"服务器管理器"窗口，单击"添加角色和功能"，打开"开始之前"对话框，继续单击"下一步"按钮，直至出现"选择服务器角色"窗口，在"角色服务"列表框中，依次展开"Web 服务器角色（IIS）"→"Web 服务器"→"安全性"，勾选所需的验证方法（如"IP 和域限制""Windows 身份验证""基本身份验证""摘要式身份验证"等角色服务项目），如图 7-41 所示。连续单击"下一步"按钮，直至出现"确认安装所选内容"对话框，单击"安装"按钮，安装完成后单击"关闭"按钮，如图 7-42 所示。

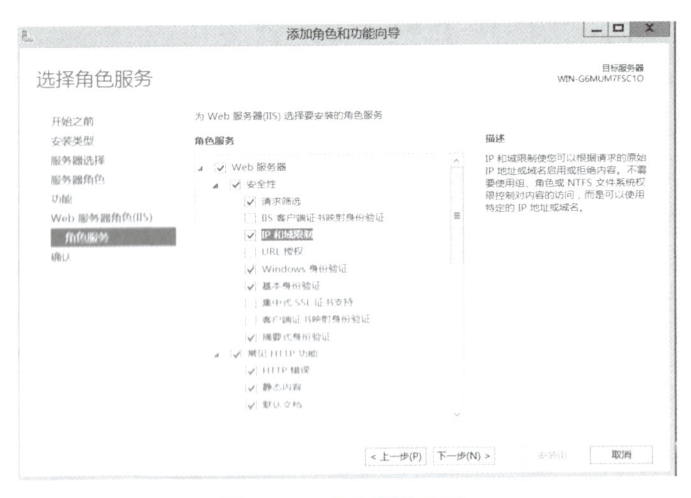

图 7-41　角色服务安装

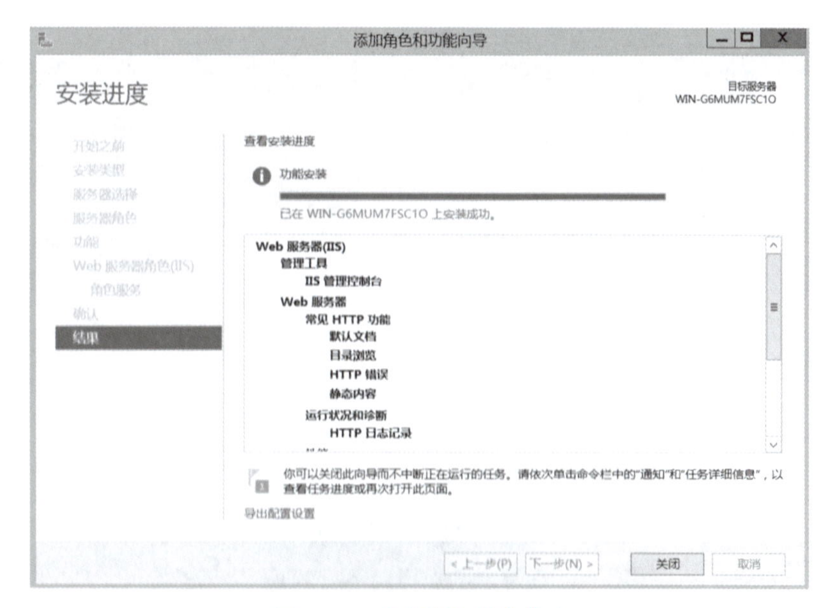

图 7-42　角色服务安装成功

第 2 步：启用 Windows 身份验证。

进入 IIS 管理器，在左侧窗格单击需要配置身份验证的网站（如 web1），在中间窗格中通过移动垂直滚动条找到并双击“身份验证”图标，如图 7-43 所示。

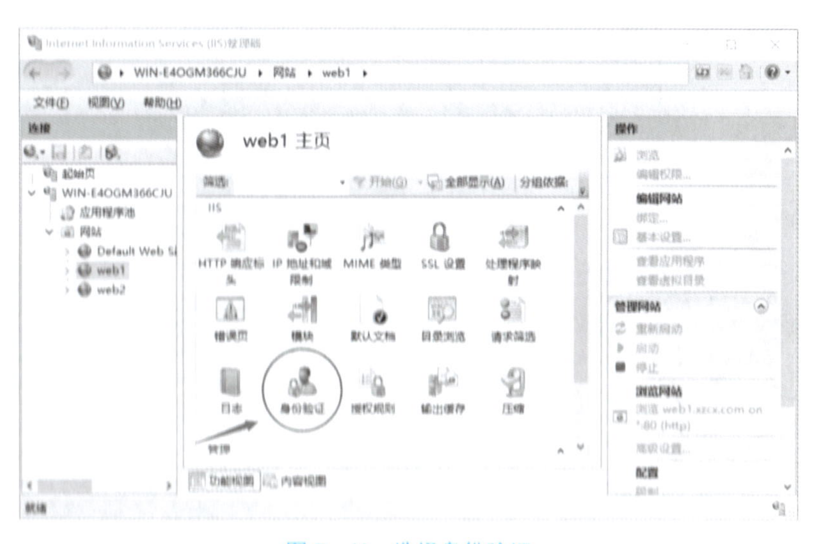

图 7-43　选择身份验证

在切换出新窗口的页面中单击“Windows 身份验证”，在右侧窗格中单击“启用”，在中间窗格中单击“匿名身份验证”，在右窗格中单击“禁用”，完成后如图 7-44 所示。

第 3 步：测试。

在客户机浏览器地址栏中输入网站域名“web1.xzcx.com”，在弹出的“Windows 安全”对话框中输入网络管理员分配的用户名及密码，如图 7-45 所示（该账户是 Web 服务器而非客户机中的），单击“确定”按钮，待验证通过后方可显示网页内容，如图 7-46 所示。

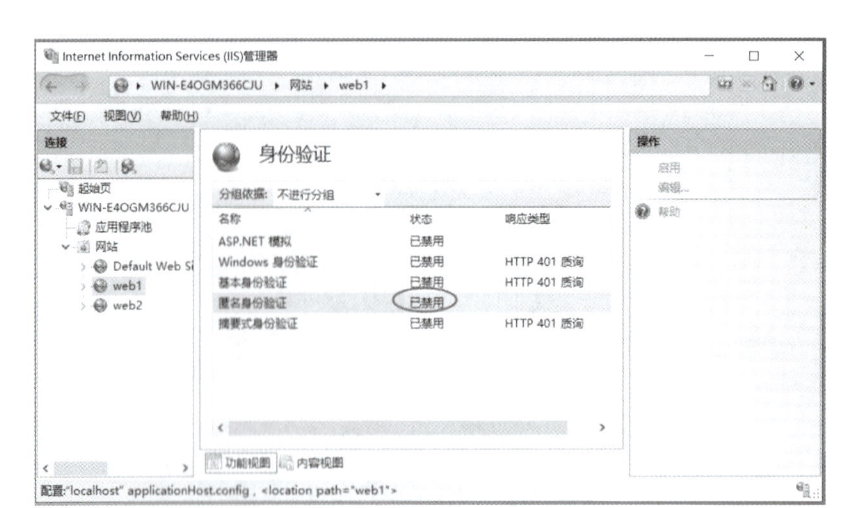

图 7－44　启用 Windows 身份验证

图 7－45　Windows 身份验证测试

图 7－46　使用 Windows 身份验证成功访问 web1 网站

温馨提示：

Web 网站身份验证方式有以下几种类型：

（1）基本身份验证：该方式虽然要求访问者输入用户名和密码，但客户发送给网站的用户名和密码并没有被加密，因此容易被一些恶意破坏者拦截并捕获这些信息，造成身份泄露，所以安全性很低。若要使用，应搭配其他确保数据传输安全的措施（如 SSL 连接）。

（2）匿名身份验证：匿名身份验证允许用户访问 Web 或 FTP 站点的公共区域，而无须提示他们输入用户名或密码。默认情况下，IIS 7.0 中引入并取代 IIS 6.0 IUSR_computername 账户的 IUSR 账户用于允许匿名访问。应用程序是一组文件，这些文件通过协议（如 HTTP）提供内容或提供服务。在 IIS 中创建应用程序时，应用程序的路径将成为站点 URL 的一部分。

（3）Windows 身份验证：方式比基本身份验证安全，因为发送的用户名和密码事先进行了哈希加密。本方法使用 NTLM 和 Kerberos v5 协议进行身份验证。

（4）摘要式身份验证：本方式使用域控制器对请求访问网站的用户进行身份验证，并且用户名和密码经过了 MD5 加密处理。本方式只能在域网络环境中使用，并要使用域用户。

（5）Form 身份验证：需要 ASP.NET 提供支持。

（6）ASP.NET 模拟：如果要在 ASP.NET 应用程序的非默认安全上下文中运行 ASP.NET 应用程序，则使用 ASP.NET 模拟。

2. 基于 IP 地址和域名限制用户访问

在 IIS 中可以通过 IP 地址域名设置来控制拒绝或允许特定范围内的 IP 对网站的访问权限。在实际中，发布的站点都需要做一些访问限制，比如公司内部系统只允许某些人可以访问，那么就可以通过 IIS 的 IP 地址和域限制来实现。

进入 IIS 管理器，在左侧窗格中单击需要配置身份验证的网站（如 web1），在中间窗格中通过移动垂直滚动条找到并双击“IP 地址和域限制”图标，如图 7-47 所示。

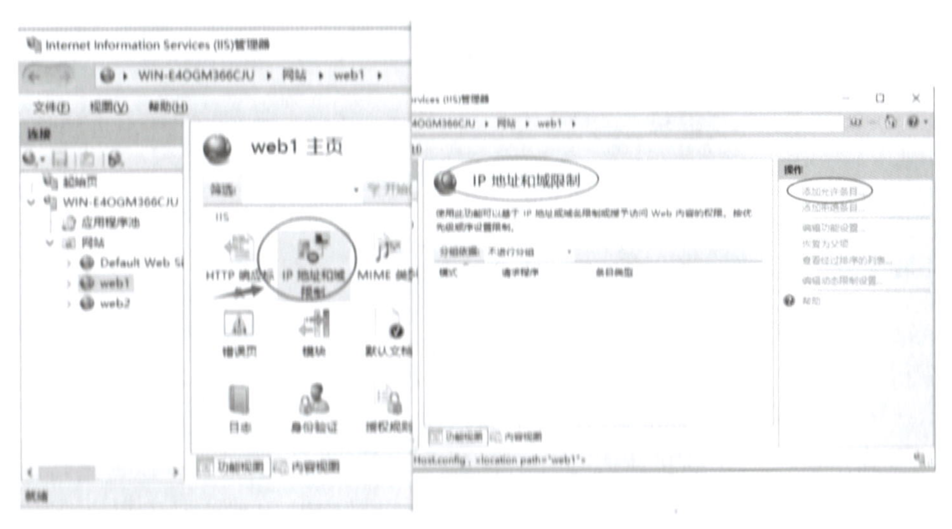

图 7-47　选择“IP 地址和域限制”

选择右侧的操作，单击“添加允许条目”，在弹出的“添加允许限制规则”对话框中可以输入一个特定的 IP 地址，也可以设置一个 IP 地址范围，如图 7-48 所示，然后单击“确定”按钮。

同样，也可以添加拒绝限制规则，如图 7-49 所示。

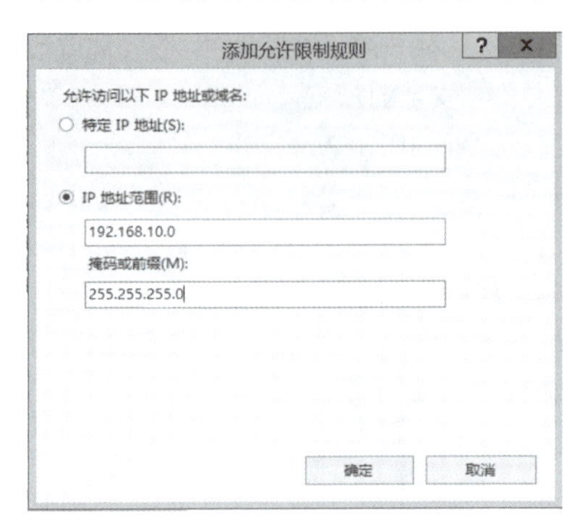

图 7-48　添加允许限制规则

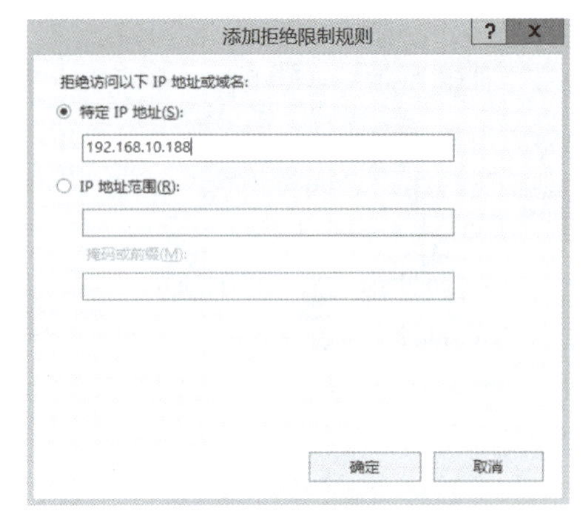

图 7-49　添加拒绝限制规则

单击操作中的“编辑功能设置”，可以选择未指定的客户端的访问权限，如图 7-50 所示。

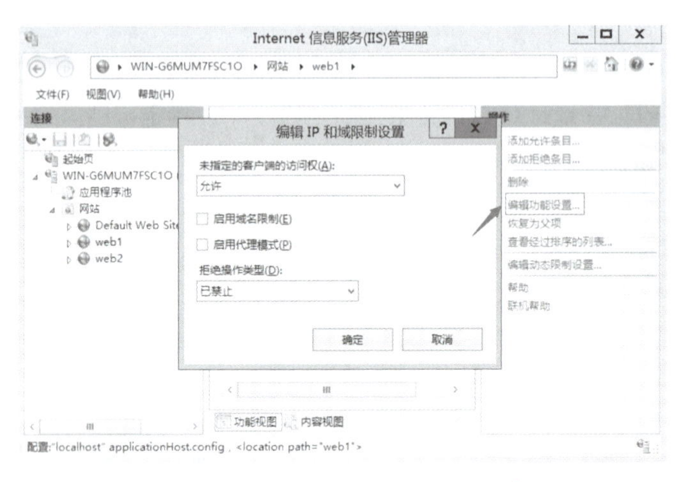

图 7-50　设置未指定的客户端的访问权限

【技能拓展】——拓一拓

江苏徐州古称彭城，有着 4 000 多年的悠久历史，如图 7-51 所示。徐州历来就是钟灵毓秀、藏龙卧虎之地。中华养生鼻祖彭祖，汉代开国皇帝刘邦，人杰鬼雄项羽，一代文豪苏东坡……都在徐州留下了他们的痕迹。徐财高职校开展了以“徐州我那美丽的家乡”为主题内容的网站制作竞赛活动，同学们提交了各色各样、精美绝伦的主题网站，经评比选拔出来三个精美网站，现在需要搭建一个 Web 服务器发布这些网站，让全校师生都能浏览和访问。请你根据所学知识发布这三个网站：网站 1、网站 2、网站 3。拓扑结构如图 7-52 所示。

图 7－51　徐州

角色：Web服务器、DNS服务器
主机名：dns
IP地址：192.168.10.1/24
操作系统：Windows Server 2022

角色：Web客户机
主机名：Client 1
IP地址：192.168.10.11/24
操作系统：Windows 10

角色：Web客户机
主机名：Client 2
IP地址：192.168.10.12/24
操作系统：Windows 10

图 7－52　网络拓扑结构

【训练准备】——想一想

为了又快又好地完成任务，需要弄清楚以下几个问题：

认真阅读公司服务器拓扑结构，理解工作任务内容，明确工作任务的目标，同时拟订任务实施计划。

引导问题 1：在一台服务器上发布多个 Web 网站有哪几种方法？分别是如何实现的？

____

引导问题 2：你打算采用哪一种方法来发布这三个网站？请填写 IP 地址、TCP 端口号、主机名规划表。

____

网站名称	IP 地址	端口号	主机名	主页文件名	网站内容
网站 1					参赛作品 1
网站 2					参赛作品 2
网站 3					参赛作品 3

引导问题 3：为了保证网站安排，若对于发布的学生作品，网站只允许校内用户通过用户名和密码访问，禁止校外访问，应该如何配置？

____

【训练过程】——做一做

① 按照拓扑结构准备环境，并配置好 IP 地址等信息，保证计算机之间互通。

② 安装 Web 服务。

③ 创建网站站点文件夹，并复制网站源文件到服务器站点文件夹目录。

④ 选择一种方法发布多个网站。

⑤ 测试网站。

记录拓展实验中存在的问题：

____

____

____

____

【课程思政】——融一融

国产服务器将广泛用于 5G 移动云建设

“新基建”的落地，“计算”是重要引擎。近日，中国移动 2020 年 PC 服务器集采项目中标候选人公示，鲲鹏服务器与华为 x86 服务器全面入围。

本次鲲鹏服务器全面覆盖计算型、均衡型和存储型等服务器类型，将广泛用于中国移动 IT 云及移动云的建设，为中国移动“5G+”计划落地提供多样性算力支撑。

中国移动持续加大 IT 系统整合，构建面向未来的 ICT 基础设施架构，从 2019 年就开始采用基于鲲鹏处理器的服务器，在分布式存储、CRM、计费、大数据、CDN、OSS 等业务场景进行测试验证及商用部署，构建网络云端到端 4G/5G 核心网环境。

据了解，鲲鹏处理器具有高性能、高吞吐、高集成、高效能等特点，其开放性可支撑中国移动进一步提升在多样性算力方面的自主创新能力。

世界需要更加澎湃的多样性算力，2019 年华为发布了“一云两翼双引擎”的产业布局，通过“硬件开放、软件开源、使能合作伙伴”来推动计算产业更好地发展。

目前，以“鲲鹏＋昇腾”为双核心的新计算产业生态快速发展，全国已成立 16 个鲲鹏生态创新中心，600 多家独立软件开发商推出了超过 1 500 款通过鲲鹏技术认证的产品与解决方案，在政务、金融、电信、互联网领域实现了广泛应用。

【任务评价】——评一评

1. 各小组派代表展示本项目知识点思维导图。

本项目知识点思维导图

2. 各小组展示汇报实训效果。

实训任务	完成情况	备注
任务 1	□已完成　□完成一部分　□全部未做	
任务 2	□已完成　□完成一部分　□全部未做	
任务 3	□已完成　□完成一部分　□全部未做	
任务 4	□已完成　□完成一部分　□全部未做	

3. 学生自我评估与总结。

（1）你掌握了哪些知识点？

____

____

（2）你在实际操作过程中出现了哪些问题？如何解决？

____

____

（3）谈谈你的学习心得体会。

____

____

4. 评价反馈。

根据各组学生在完成任务中的表现，给予综合评价。

项目实训评价表

评价项目	评价要点	分值	自评	互评	师评
精神状态	课前准备充分，物品放置齐整	10			
	积极发言，声音响亮、清晰	10			
	具有团队合作意识，注重沟通，自主探究学习和相互协作完成任务	10			
完成工作任务	任务 1	15			
	任务 2	15			
	任务 3	15			
	任务 4	15			
自主创新	能自主学习，勇于挑战难题，积极创新探索	10			
总　　分					
小组成员签名					
教　师　签　名					
日　　　期					

【知识巩固】——练一练

一、选择题

1. 创建虚拟目录的作用是（　　）。

A. 一个模拟目录的假文件夹

B. 以一个假的目录来避免病毒

C. 以一个固定的别名指向实际路径，当主目录变动时，相对用户而言是不变的

D. 以上都不是

2. 在计算机名为 huayu 的 Windows Server 2022 服务器上利用 IIS 搭建好 FTP 服务器后，建立用户为 jacky，密码为 123，直接用 IE 来访的方式是（　　）。

A. http://jacky:123@huayu　　B. ftp://123:jacky@huayu

C. ftp://jacky:123@huayu　　D. http://123:jacky@huayu

3. http 默认端口号是（　　）。

A. 80　　B. 8080　　C. 808　　D. 8081

4. Windows Server 2022 中 IIS（互联网）服务的版本是（　　）。

A. IIS 8.5　　B. IIS 10.0　　C. IIS 7.0　　D. IIS 8.0

5. Web 使用（　　）协议进行信息传送。

A. HTTP　　B. HTML　　C. FTP　　D. TELNET

6. 小王公司使用 IIS 7.0 搭建网站服务器时，支持的虚拟主机类型不包括（　　）。

A. 基于不同主机头的虚拟主机

B. 基于不同 IP 地址的虚拟主机

C. 基于不同 MAC 地址的虚拟主机

D. 基于不同 TCP 端口的虚拟主机

7. 在下面的服务中，（　　）不属于 Internet 标准的应用服务。

A. WWW 服务　　B. Email 服务　　C. FTP 服务　　D. NetBIOS 服务

8. IIS 中已有默认 Web 服务器，现要再建一个新的 Web 服务器，并且要在同一个 IP 地址下使用，需要设置 Web 站点属性的选项是（　　）。

A. IP 地址　　B. 主机名头　　C. 主目录位置　　D. 默认文档

9. 在 IIS 7.0 服务器中，支持多种方式的 Web 虚拟主机，但其中不包括（　　）。

A. 使用不同的 IP 地址　　B. 使用不同的网页根目录

C. 使用相同的 IP 地址、不同的端口号　　D. 使用相同的 IP 地址、不同的主机名

10. 在 Windows Server 2022 服务器中，管理员使用 IIS 搭建了默认的网站，并将默认网站监听的 TCP 端口改为 81，则需要通过（　　）才能访问到默认站点。(选择一项)

A. http://默认网站 IP　　B. http://默认网站 IP:81

C. http://默认网站 IP.81　　D. http://默认网站 IP,81

11. 在 Windows Server 2022 服务器中，管理员使用 IIS 搭建了默认的网站，则默认网站监听的 TCP 端口是（　　）。

A. 21　　B. 80　　C. 445　　D. 3389

12. 在 IIS 10.0 服务器中，通过使用（　　）机制，允许将整个网站的文件分散存放在不同的路径，比如位于不同分区、不同计算机。

A. 虚拟目录　　B. 虚拟主机　　C. 映射网络驱动器　　D. 目录镜像

13. 使用 IIS 搭建 Web 服务或 FTP 服务，都应将文件存储在（　　）分区。

A. FAT16　　B. FAT32　　C. NTFS　　D. UNIX

14. 在一个单网卡的 Web 服务器上发布多个网站，以下叙述不正确的是（　　）。

A. 单网卡上设置多个 IP 地址，每个网站指定一个 IP 地址

B. 使用多个端口号，每个网站指定不同的端口号

C. 在 DNS 上注册不同的主机名，在 IIS 中把网站与主机名绑定

D. 创建不同的网站，每个网站设置不同名称的默认文档

15. 合理使用 IIS 7.0 中的虚拟目录功能可以提高工作效率。下面对虚拟目录的描述，错误的是（　　）。

A. 使用虚拟目录可以将数据分散保存到不同的磁盘或者计算机上，便于开发与维护

B. 当数据移动到其他物理位置时，不会影响到 Web 站点的逻辑结构

C. WWW 服务和 FTP 服务都支持虚拟目录功能

D. 虚拟目录和物理目录是紧密关联的。在 IIS 上删除虚拟目录后，物理目录也会随之被删除

16. 管理员在 Windows Server 2022 中利用 IIS 搭建了 Web 服务器，默认站点使用 IP 地址 192.168.168.12，端口 8000，该站点下有一个虚拟目录 products，要访问该虚拟目录中的内容，应该输入的地址为（　　）。

A. http://192.168.168.12:8000/products　　B. http://192168.168.12:products/8000

C. http://192.168.168.12/products:8000　　D. http://192.168.1.68.12/8000:products

17. IIS 8.0 Web 服务器默认启用的身份验证方式是（　　）。

A. 匿名身份验证　　B. 基本身份验证

C. Windows 身份验证　　D. 摘要式身份验证

二、判断题

1. IIS 10.0 的虚拟主机技术是将一个计算机群合并成一个服务器工作的。（　　）

2. Web 服务器默认使用 TCP 协议的端口是 21。（　　）

3. IIS 允许同一台计算机上同时架设多个 Web 站点。（　　）

三、技能训练题

假如你是某学校的网络管理员，学校的域名为 www.weimi.com，学校计划为每位教师开通个人主页服务，为教师与学生之间建立沟通的平台。学校为每位教师开通个人主页服务后，能实现以下功能：

1. 网页文件上传完成后，立即自动发布，URL 为 http://www.weimi.com/~用户名。

2. 在 Web 服务器中建立一个名为 private 的虚拟目录，对应的物理路径是/data/private，并配置 Web 服务器对该虚拟目录启用用户认证，只允许 kingma 用户访问。

3. 在 Web 服务器中建立一个名为 test 的虚拟目录，其对应的物理路径是/dir1/test，并配置Web服务器仅允许来自网络sample.com域和192.168.1.0/24网段的客户机访问该虚拟目录。

4. 使用 192.168.1.2 和 192.168.1.3 两个 IP 地址，创建基于 IP 地址的虚拟主机。其中，IP 地址为 192.168.1.2 的虚拟主机对应的主目录为/var/www/ex2，IP 地址为 192.168.1.3 的虚拟主机对应的主目录为/var/www/ex3。

5. 创建基于 www.xsx.com 和 www.weimi.com 两个域名的虚拟主机，域名为 www.xsx.com 的虚拟主机对应的主目录为/var/www/xsx，域名为 www.weimi.com 的虚拟主机对应的主目录为/var/www/king。

项目八

部署 FTP 服务实现文件传输

【学习目标】

1. 知识与能力目标

（1）会安装文件传输（FTP）服务组件。

（2）能利用 IIS 配置与管理 FTP 服务器。

（3）能利用 IIS 建立多个 FTP 站点。

（4）能配置 FTP 客户端，并对 FTP 服务器进行测试。

（5）能解决 FTP 配置中出现的问题。

2. 素质与思政目标

（1）能与组员精诚合作，能正确面对他人的成功或失败。

（2）排除常规故障，弘扬精益求精的大国工匠精神。

（3）培养学生的爱国精神和爱党意识。

【工作情景】

在项目七 Web 服务器部署中，徐财高职校为了更好地传承红色基因，赓续红色力量，铸牢红色信仰，打造“网上红色教育基地”，发布了“献礼建党 100 周年”“网上重走长征路”“传承西迁精神”等多个红色教育网站，让学生学习和感悟长征精神、西迁精神。网站发布后需要维护网站，如网站内容更新、网站模块的增加/删除、网页文件的上传等，那么采取怎样的措施实现红色教育网站站群的维护呢？管理员经过分析认为，要满足以上要求，需要配置 FTP 服务。不能采用共享服务，因为共享服务只能在局域网使用，也不能使用邮件服务器，因为邮件服务器的附件是有限制的。要配置 FTP 服务，首先应根据网络拓扑和网络规模合理规划服务器，并选择合适的服务器程序。本项目将根据图 8－1 所示的环境来部署 FTP 服务器。

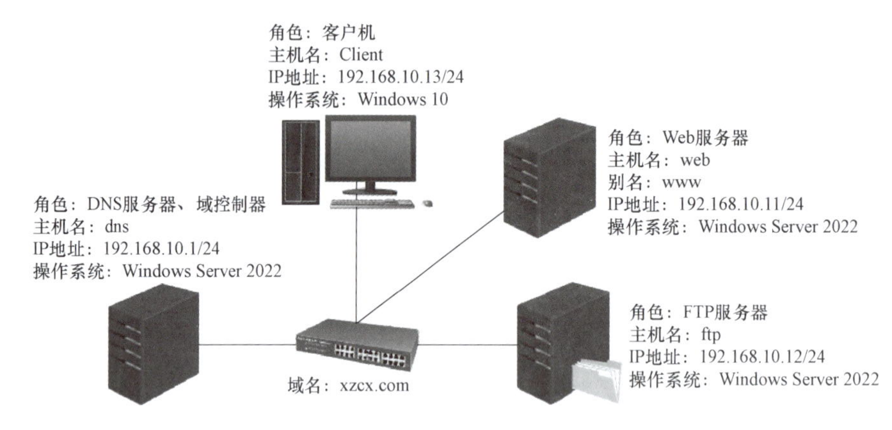

图 8－1　FTP 服务器部署网络拓扑结构

【知识导图】

本项目知识导图如图 8－2 所示。

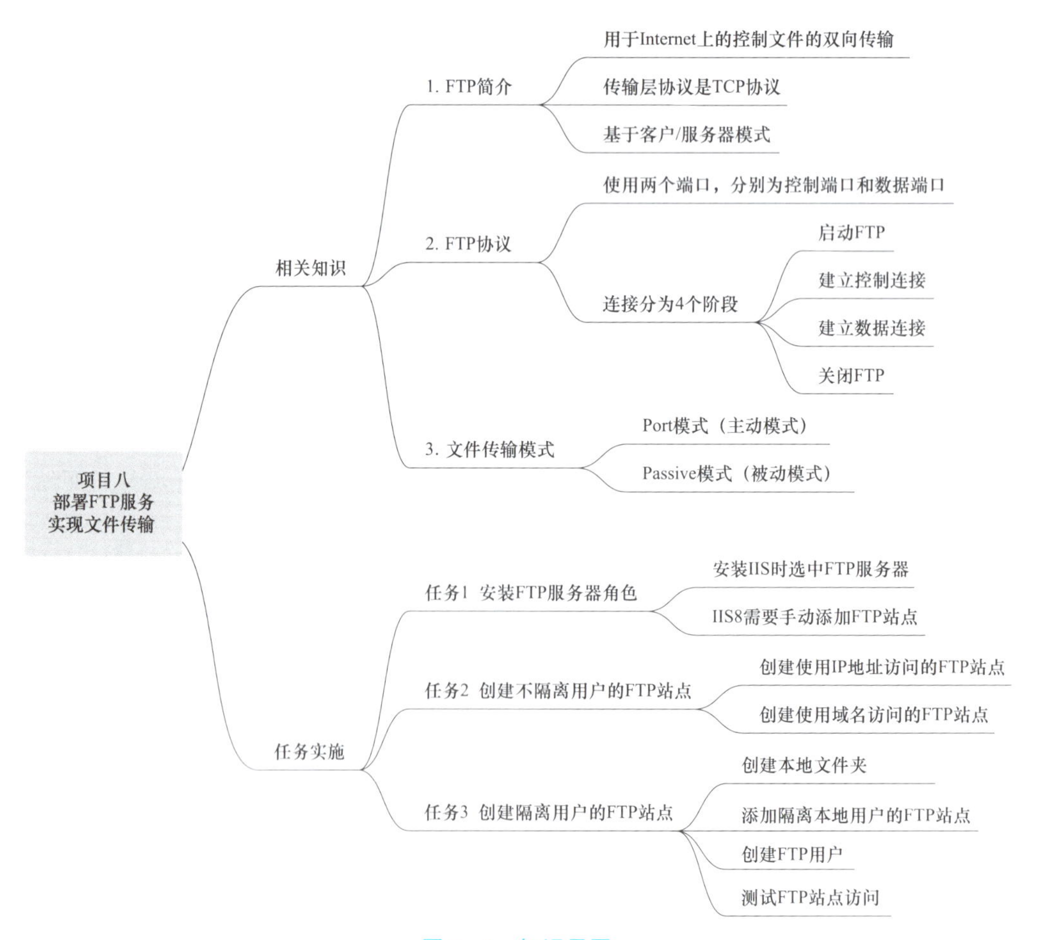

图 8－2　知识导图

【相关知识】——看一看

一、FTP 简介

文件传输协议（File Transfer Protocol，FTP）用于 Internet 上的控制文件的双向传输，是一个应用程序。其工作在 TCP/IP 协议簇的应用层，传输层协议是 TCP 协议，目的在于提高文件传输的共享性和可靠性，是基于客户/服务器模式工作的。

二、FTP 协议

相比其他协议，如，FTP 协议要复杂一些。HTTP 协议与一般的 C/S 模型只会建立一个端口连接，这个连接同时处理服务器和客户端的连接命令与数据传输。而 FTP 会建立两个连接，将命令与数据分开传输，正是因为这样，提高了传输效率。

FTP 使用两个端口，分别为控制端口（命令端口）和数据端口。控制端口号一般为 21，数据端口一般为 20。控制端口用来传输命令，数据端口用来传输数据。每一个 FTP 命令发送后，FTP 服务器就会返回一个字符串，其中包含一个响应码和一些说明信息，响应码主要用于判断命令是否被成功执行了。

那么，基于 FTP 协议的客户端和服务器端是如何进行“沟通”的呢？我们来一探究竟吧。

将 FTP 客户端和服务器端之间的“沟通”分为 4 个阶段：

第一个阶段：启动 FTP。

客户通过 FTP 客户端软件发起 FTP 交互式命令，告诉服务器，服务器上的 FTP 服务会接收到这个命令，并解析发来的命令，然后发出回复信息，客户端对服务器说：“我想和你聊会天，可以吗？”

第二个阶段：建立控制连接。

客户端 TCP 层会根据服务器的 IP 地址，向服务器提供 FTP 服务的 21 端口发出主动建立连接的请求，服务器接收到请求后，经过三次握手，客户端与服务器端就建立了一个 TCP 连接。就好比在 A 地和 B 地之间传输货物，首先应该建立一条运送货物的通道。这个 TCP 连接称为控制连接，用户发出的 FTP 命令和服务器的回应都是依靠该连接来传送的，在用户退出前一直存在。

第三个阶段：建立数据连接，并进行文件传输。

到目前为止，客户端和服务器端已经建立了聊天的通道，聊天过程中，对方觉得很投机，想互赠礼物（将客户端和服务器端进行文件的传输比喻为互赠礼物），这个时候就需要一条通道来进行礼物的传输（将数据连接比喻为数据连接），那么是如何赠送礼物的呢？

① 客户端通过控制连接发送一个上传文件的命令，会自己分配一个临时的 TCP 端口号。

② 客户端通过控制连接向服务器发送一个命令，告诉服务器自己的 IP 地址和临时端口号，然后发送一条上传文件的命令（就好比客户端要赠送礼物给服务器时，不只发送一个送礼物的命令，在这之前，还要发送一条自我介绍的命令，即 IP 地址和端口号，来告诉服务器和它聊天的是哪一个客户）。

③ 服务器接收到客户端的 IP 地址和临时端口号后，以这个 IP 地址和端口号为目标，

使用服务器上的 20 端口（数据端口）向客户端发出主动建立连接的请求。

④ 客户端收到请求后，通过三次握手后，就与服务器之间建立了另外一条 TCP 数据连接（好比礼物传输的通道）。

⑤ 客户端在自己的文件系统中选择要上传（赠送礼物）的文件。

⑥ 客户端将文件写入文件传输的进程中（即网络流中）。

⑦ 文件传输完成后，由服务器主动关闭该数据的连接。

第四个阶段：关闭 FTP。

当用户退出 FTP 时，客户端发送退出命令，之后控制连接被关闭，FTP 服务结束。

三、文件传输模式

控制连接用于传输控制命令，是随客户端一同存在的，而数据连接只是短暂存在的，每次要发生数据时才建立数据连接，数据传输完就断开数据连接。FTP 的控制连接总是由客户端向服务器发起的，而数据连接的建立有两种途径：一种是客户端连接到服务器端，另一种是服务器端连接到客户端，分别对应两种工作模式：被动模式和主动模式。主动和被动是对于 FTP 服务器而言的。

1. Port 模式（主动模式）

Port 模式（主动模式）如图 8－3 所示。首先建立控制连接通道，客户端向 FTP 服务器的 21 端口发起连接，经过 3 次握手建立控制连接通道。控制连接建立后，双方就可以交换信息，在需要传输数据时，在主动模式下，客户端通过控制连接通道发送一个 PORT 命令并告知服务器数据连接通道的 B 端口，然后服务器向客户端的 B 端口发出连接请求，数据连接通道建立，就可以进行数据的传输，传输完毕后，数据连接就会关闭。

2. Passive 模式（被动模式）

Passive 模式（被动模式）如图 8－4 所示。首先客户端向服务器端 21 端口发起连接，经过三次握手建立控制连接通道。

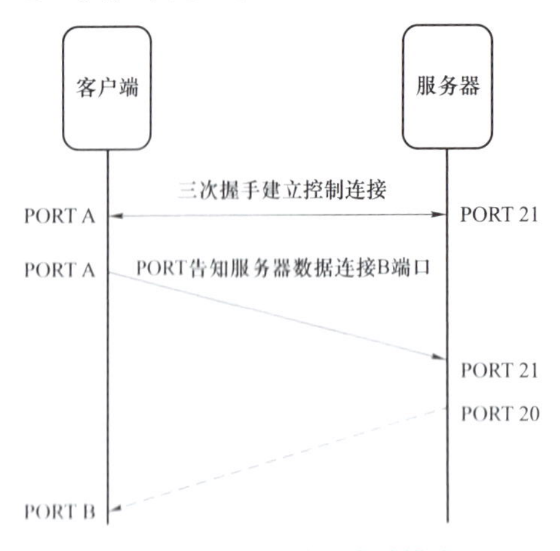

图 8－3 Port 模式（主动模式）

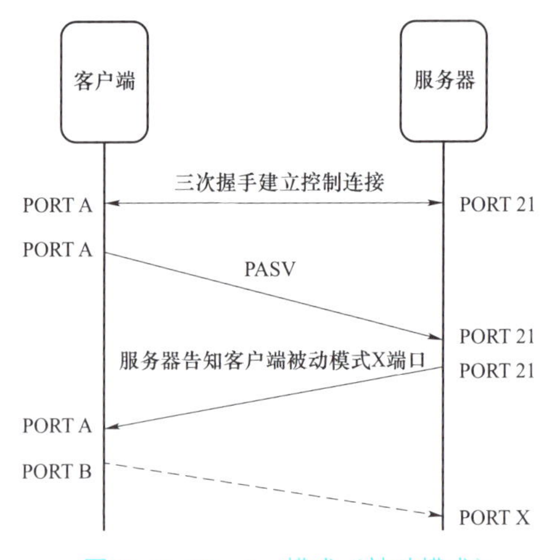

图 8－4 Passive 模式（被动模式）

被动模式需要进行数据传输时，客户端向服务器发送一个 PASV 表示进行被动传输，数据通道的建立是由客户端向服务器发起的，此时客户端需要知道连接到服务器的是哪一个端口，服务器向客户端发送被动模式的 X 端口，之后客户端向服务器的 X 端口发起连接建立，建立数据通道。

【任务实施】——学一学

任务 1　安装 FTP 服务器角色

在安装 FTP 之前，先按照图 8－1 所示拓扑结构准备好环境，需要两台 Windows Server 2022 服务器（一台 DNS 服务器、一台 FTP 服务器）和一台 Win10 客户机，配置 DNS 服务器的 IP 地址为 192.168.10.1、FTP 服务器的 IP 地址为 192.168.10.12、客户机 Client 的 IP 地址为 192.168.10.13，首选 DNS 均指向 DNS 服务器。FTP 服务是包含在“Web 服务器（IIS）”角色下的一个角色服务。因此，只要在添加“Web 服务器（IIS）”角色时，同时选中“FTP 服务器”下的“FTP 服务”和“FTP 扩展”角色服务，即可完成 FTP 服务的安装。具体操作如下：

执行“开始”→“管理工具”→“服务器管理器”→“仪表板”选项的“添加角色和功能”，如图 8－5 所示。

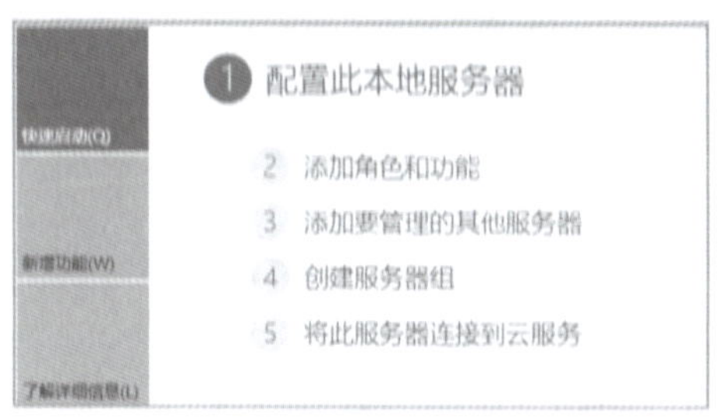

图 8－5　添加角色和功能

在添加向导里的“开始之前”对话框中，单击“下一步”按钮，在添加向导里的“选择服务器角色”对话框中，勾选要安装的“Web 服务器（IIS）”。在弹出的询问“添加 Web 服务器（IIS）所需的功能”界面，单击“添加功能”按钮，如图 8－6 所示。

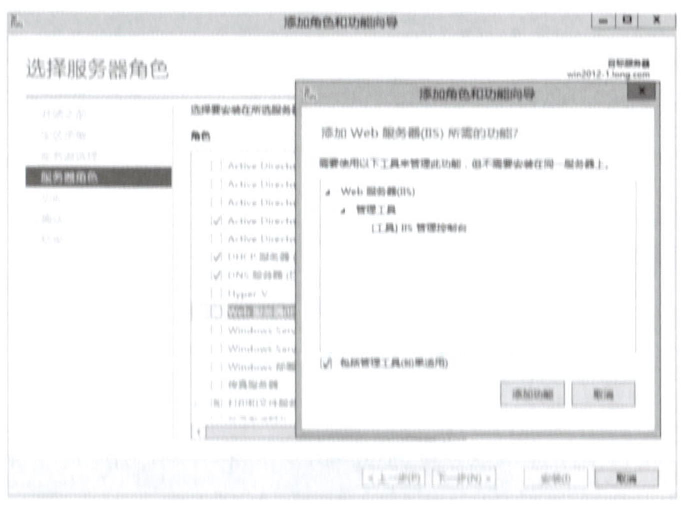

图 8－6　“选择服务器角色”对话框

在“选择角色服务”对话框中，勾选“FTP 服务器”，如图 8-7 所示。然后单击“下一步”→“下一步”→“安装”按钮，安装完成后如图 8-8 所示。

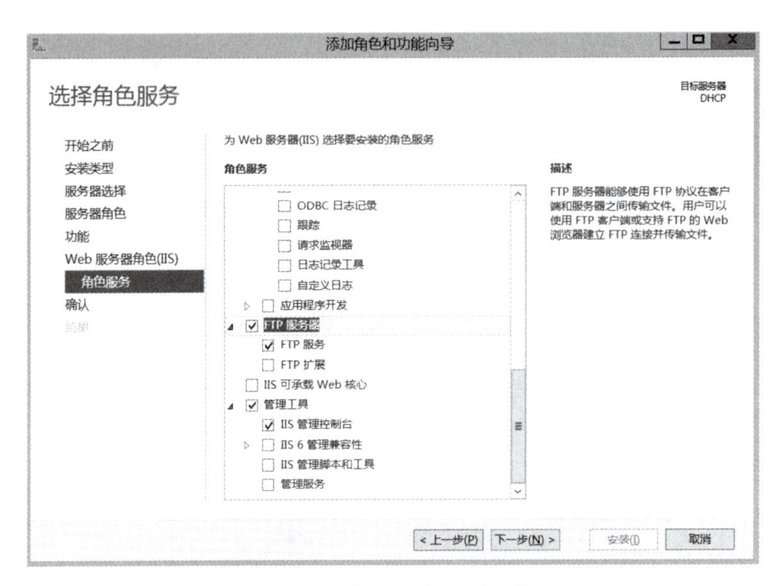

图 8-7 “角色服务”对话框

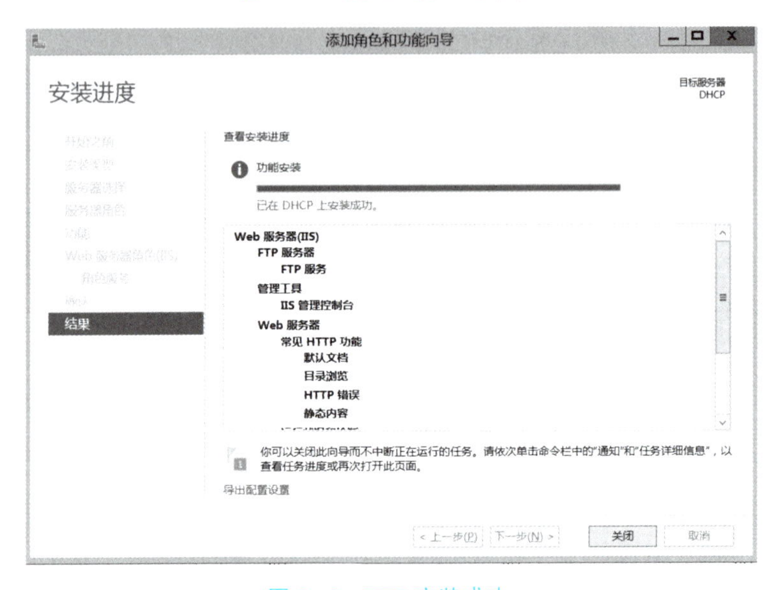

图 8-8 FTP 安装成功

任务 2 创建不隔离用户的 FTP 站点

在 IIS 10.0 中，FTP 用户隔离分为“不隔离用户”和“隔离用户”两种模式。

（1）不隔离用户模式

不隔离用户模式允许 FTP 用户访问其他用户名目录，根据默认访问目录（即启动用户会话的目录）不同，又分为“FTP 根目录”和“用户名目录”两种模式，默认为前者。

（2）隔离用户模式

隔离用户模式为了防止用户访问 FTP 站点上的其他用户名目录，又分为“用户名目录（禁用全局虚拟目录）”“用户名物理目录（启用全局虚拟目录）”和“在 Active Directory 中配置的 FTP 主目录”三种模式。前两种模式用于工作组架构的网络中，要求在 FTP 站点根目录下创建一个名为 LocalUser 的子目录，并在该目录下建立各个用户名目录以及公共目录 Public；而后者仅应用于域模式架构的网络中。接下来创建一个不隔离用户的 FT 站点。要求如下：

在 FTP 服务器上创建一个新网站“ftp”，使用户在客户端计算机上能通过 IP 地址和域名进行访问。

1. 创建使用 IP 地址访问的 FTP 站点

创建使用 IP 地址访问的 FTP 站点的具体步骤如下。

第 1 步：准备 FTP 主目录。

在 C 盘上创建文件夹“C:\ftp”作为 FTP 主目录，并在其文件夹中存放一个文件“ftile1.txt”，供用户在客户端计算机上下载和上传测试，完成后如图 8－9 所示。

图 8－9　创建文件及文件夹

第 2 步：创建 FTP 站点。

执行“服务器管理器”→“工具”→“Internet 信息服务（IIS）管理器”，鼠标右键单击“网站”，选择“添加 FTP 站点”，如图 8－10 所示。

在弹出的“添加 FTP 站点”对话框中，在“站点信息”面板中输入 FTP 站点名称“TestFTP”，物理路径选择“C:\ftp”，如图 8－11 所示。在“绑定和 SSL 设置”面板中输入 IP 地址“192.168.10.13”，端口号为“21”，SSL 选择“无 SSL”，如图 8－12 所示，单击“下一步”按钮。

图 8－10　选择“添加 FTP 站点”

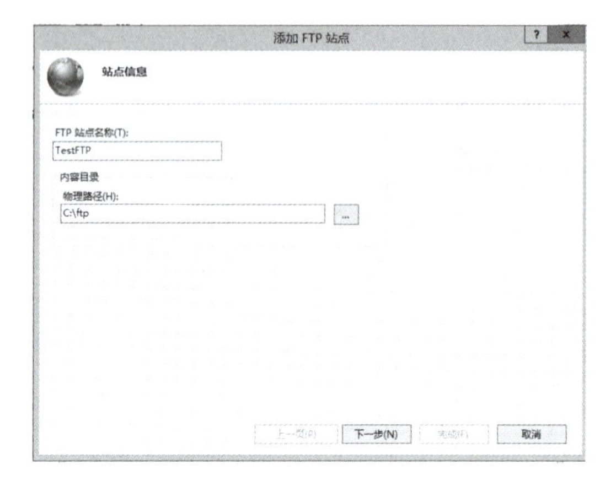

图 8－11　站点信息

图 8－12　绑定和 SSL 设置

在“身份验证和授权信息”面板中，身份验证选择“匿名”和“基本”，授权选择“所有用户”，权限选择“读取”和“写入”，单击“完成”按钮，如图 8－13 所示。

第 3 步：测试 FTP 站点。

用户在客户端计算机 Client 上，打开浏览器或资源管理器，输入 ftp://192.168.10.12 就可以访问刚才建立的 FTP 站点，测试结果如图 8－14 所示。匿名用户可以读取和写入文件。

2. 创建使用域名访问的 FTP 站点

创建使用 IP 地址访问的 FTP 站点的具体步骤如下。

在 DNS 服务器上添加 xzcx.com 正向查找区域，并添加主机 ftp，IP 地址为 192.168.10.12。

第 1 步：DNS 配置。

打开 DNS 管理器，添加主机 ftp，对应 IP 地址为 192.168.10.12，完成后如图 8－15 所示。

图 8-13　身份验证和授权信息

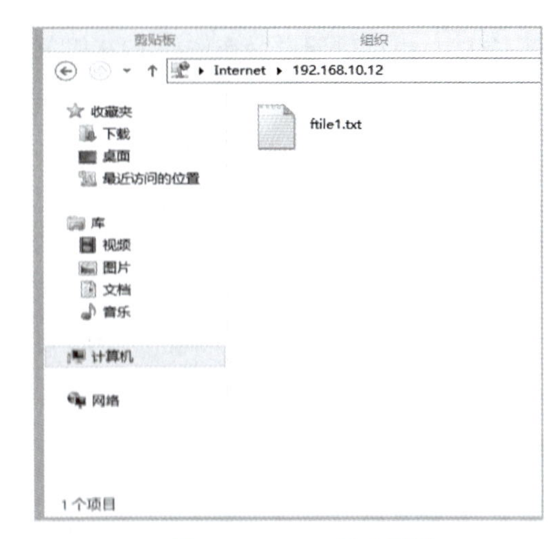

图 8-14　FTP 站点测试

图 8-15　DNS 配置

第 2 步：测试 FTP 站点。

用户在客户端计算机 Client 上，打开浏览器或资源管理器，输入 ftp://ftp.xzcx.com 就可以访问刚才建立的 FTP 站点，测试结果如图 8-16 所示。

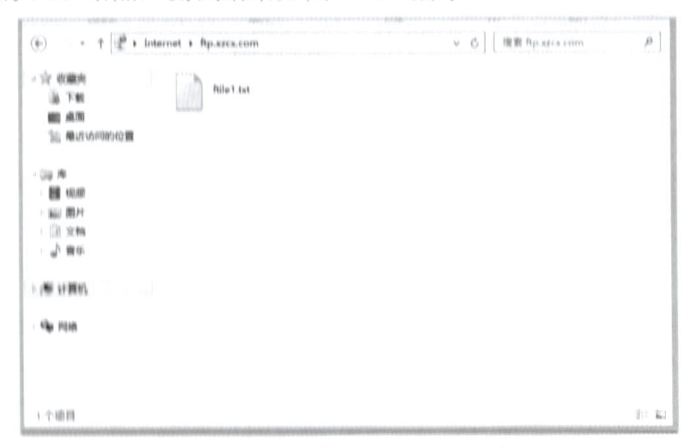

图 8-16　使用域名访问的 FTP 站点测试

此外，也可以通过命令访问 FTP 服务，常用的 FTP 命令见表 8-1。

表 8-1　常用的 FTP 命令

命令格式	说明
bye	退出 ftp 会话过程
cd remote-dir	进入远程主机目录
cdup	进入远程主机目录的父目录
close	中断与远程服务器的 ftp 会话（与 open 命令对应）
delete remote-file	删除指定远程主机中的文件
dir[remote-dir][local-file]	显示远程主机中的文件目录，并将结果存入本地文件 local-file
get remote-file[local-file]	将远程主机的文件 remote-file 传至本地硬盘的 local-file，即下载
help[cmd]	显示 ftp 内部命令 cmd 的帮助信息，如 help get
lcd[dir]	将本地工作目录切换至 dir
ls[remote-dir][local-file]	列出远程主机中的文件目录，并将结果存入本地文件 local-file
put local-file[remote-file]	将本地文件 local-file 传送至远程主机（上传）
pwd	显示远程主机的当前工作目录
quit	退出 ftp 会话，同 bye
rmdir dir-name	删除远程主机中的目录

任务 3　创建隔离用户的 FTP 站点

用户隔离是 FTP 服务的一项重要功能。通过隔离用户，可以让用户拥有其专属的目录，此时用户登录 FTP 站点后，会被导向此专属目录，并且可以被限制在专属目录内，无法切换到其他用户的专属目录。

操作本任务实验前，先停止或删除任务 2 中创建的 FTP 站点。

1. 创建本地文件夹

在 C 盘创建“FTPROOT”文件，按照隔离用户 FTP 的要求建好相应的子目录。为了方便测试效果，在用户目录中分别建立 wwwuser.txt 和 webuser.txt 文档，在 public 目录创建 public.txt 文档。文件及文件夹目录如图 8-17 所示。

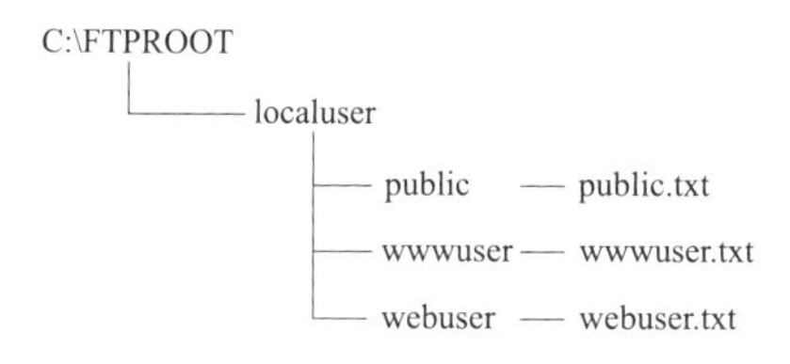

图 8-17　文件及文件夹目录

2. 添加隔离本地用户的 FTP 站点

第 1 步：添加 FTP 站点。

执行“服务器管理器”→“工具”→“Internet 信息服务（IIS）管理器”，鼠标右键单击“网站”，选择“添加 FTP 站点”，如图 8－18 所示。

图 8－18　选择“添加 FTP 站点”

在弹出的“添加 FTP 站点”对话框中，在“站点信息”面板中输入 FTP 站点名称“TestFTP”，物理路径选择“C:\ftproot”，如图 8－19 所示。在“绑定和 SSL 设置”面板中输入 IP 地址“192.168.10.12”，端口号为“21”，SSL 选择“无 SSL”，如图 8－20 所示，单击“下一步”按钮。

图 8－19　站点信息

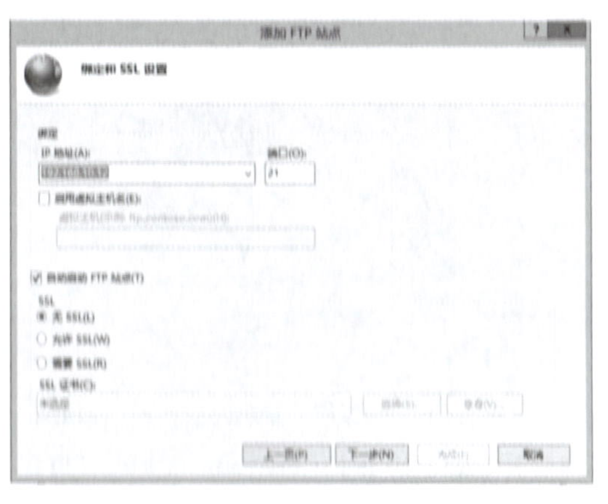

图 8－20　绑定和 SSL 设置

在“身份验证和授权信息”面板中，身份验证选择“匿名”和“基本”，授权选择“所有用户”，权限选择“读取”和“写入”，单击“完成”按钮，如图 8－21 所示。

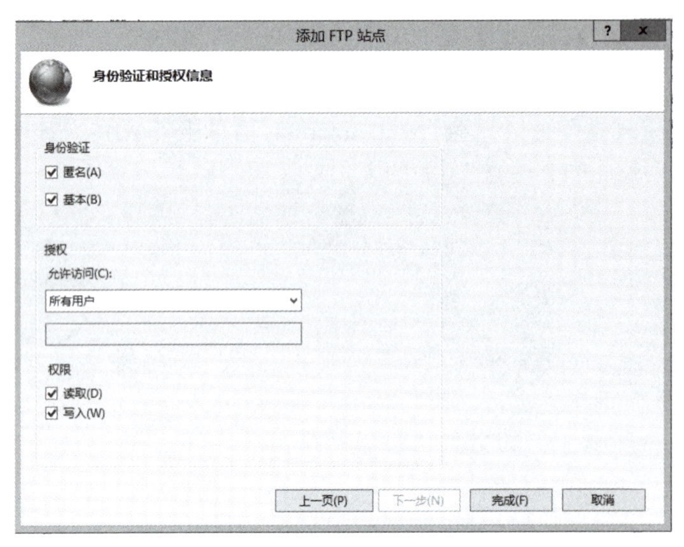

图 8－21　身份验证和授权信息

第 2 步：设置 FTP 用户隔离。

在“testFTP 主页”中选择“FTP 用户隔离”，如图 8－22 所示。打开“FTP 用户隔离”面板，勾选“隔离用户，将用户局限于以下目录：用户名目录（禁用全局虚拟目录）”，然后单击右侧的“应用”按钮，如图 8－23 所示。

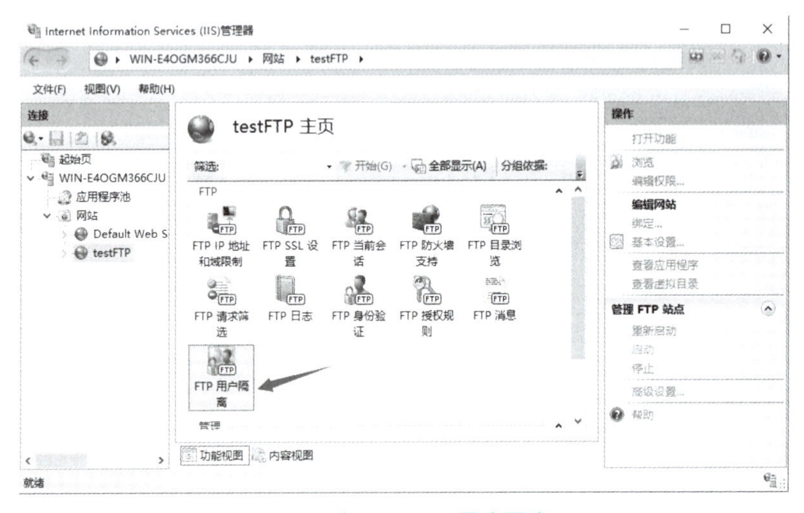

图 8－22　打开“FTP 用户隔离”

3. 创建 FTP 用户

创建两个 FTP 用户：wwwuser 和 webuser（密码：bbbb1111！）。使用命令 net user wwwuser bbbb1111！/add 和 net user webuser bbbb1111！/add 创建两个用户，如图 8－24 所示。

4. 测试 FTP 站点访问

在客户端计算机 Client 上，打开浏览器或资源管理器，输入 ftp://192.168.10.12 或者域名 ftp://ftp.xzcx.com，就可以访问刚才建立的 FTP 站点。

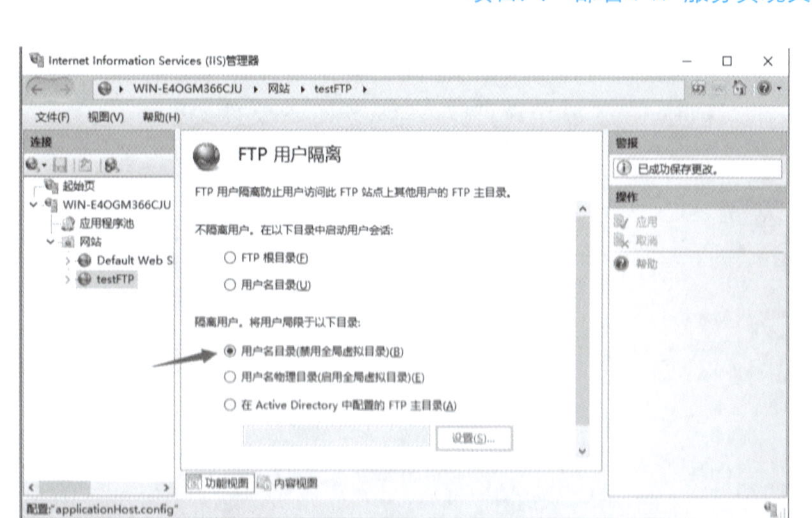

图 8－23　用户隔离设置

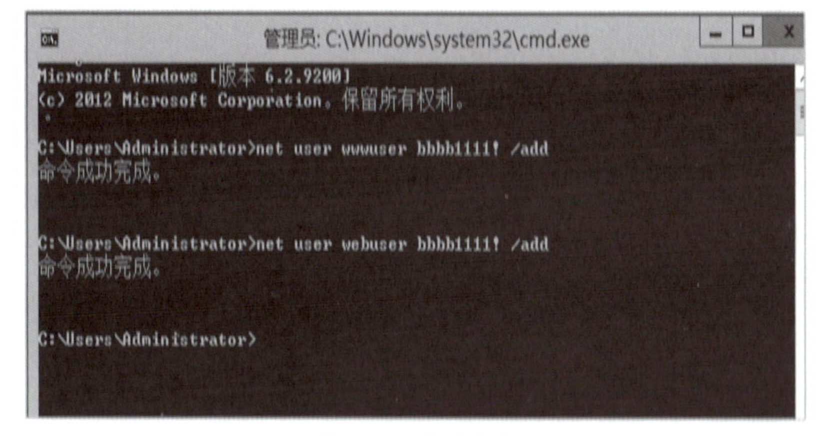

图 8－24　创建用户

首先，测试匿名用户访问。在客户机匿名登录，可以看到 public.txt 文件，如图 8－25 所示，说明匿名用户只能进入 public 文件夹。

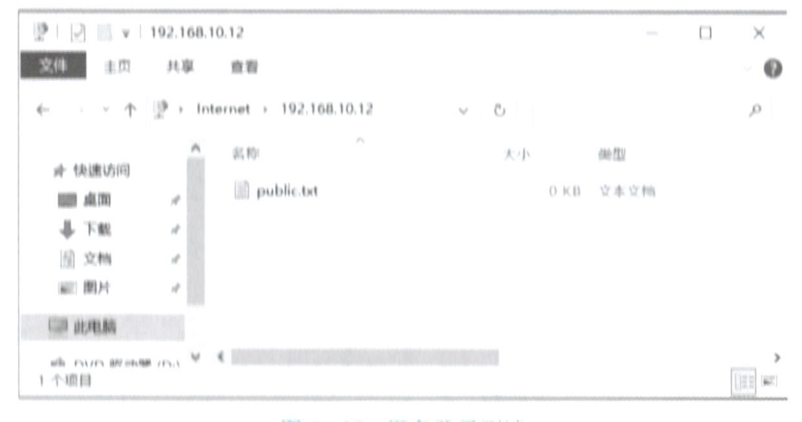

图 8－25　匿名登录测试

然后，切换用户登录，使用 wwwuser 用户登录 FTP，可以看到 wwwuser.txt 文档，如图 8－26 所示，说明 wwwuser 用户只能访问 wwwuser 文件夹。

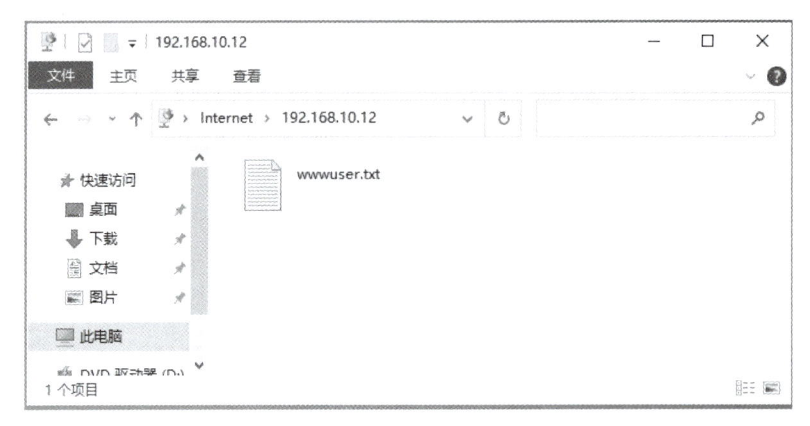

图 8－26　wwwuser 用户登录测试

最后，切换用户登录，使用 webuser 用户登录 FTP，可以看到 webuser.txt 文档，如图 8－27 所示，说明 webuser 用户只能访问 webuser 文件夹。

图 8－27　webuser 用户登录测试

温馨提示：

FTP 本地用户隔离文件目录注意事项：

① localhost 文件夹是本地用户专属的文件夹。

② 需要在 localhost 文件夹下为每一个需要登录 FTP 站点的本地用户新建一个专属子文件夹，文件名称需要与用户名称相同。public 是匿名用户登录时导向的文件夹。

【技能拓展】——拓一拓

虽然蓝精灵公司是一家中小型企业，规模并不是很庞大，但公司机构分布区域较广。为了方便各级、各地员工对企业内部知识及文件的共享，总公司拟建一个 FTP 服务器，供员

工上传和下载个人经验、知识及相互交流使用。站点要求如下：

① 公司所有员工及 Internet 上的所有用户都可以访问和下载公共共享文件夹的所有资料。

② 仅允许公司员工上传文件夹到自己独立的文件夹，以便随取随用，并且员工之间可以分享和交流个人经验、资料等。

蓝精灵公司的网络拓扑结构如图 8－28 所示，你是公司网络管理员，请根据要求完成相关配置。

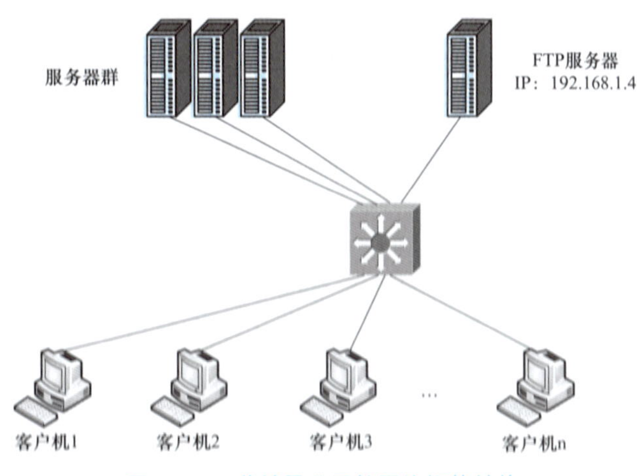

图 8－28　蓝精灵公司的网络拓扑结构

【训练准备】——想一想

为了又快又好地完成任务，需要弄清楚以下几个问题：

认真阅读公司服务器拓扑结构，理解工作任务内容，明确工作任务的目标，同时拟订任务实施计划。

引导问题 1：公司所有员工及 Internet 上的所有用户都可以访问和下载公共共享文件夹的所有资料，应该设置公共共享文件夹允许哪些用户访问？访问权限如何？

____

引导问题 2：仅允许公司员工上传文件夹到自己独立的文件夹，以便随取随用，并且员工之间可以分享和交流个人经验、资料等。因此需要为公司每个员工建立独立的 FTP 账户，应该采用“不隔离用户”模式还是“隔离用户模式”？访问权限需要如何设置？

____

引导问题 3：请规划 FTP 站点方案，填写表 8－2 中站点名称、站点域名、IP 地址等信息。

表 8－2　填写表格

站点名称	站点域名	IP 地址	端口	站点根目录
			21（默认）	

【训练过程】——做一做

操作步骤指导：

第 1 步：按照拓扑结构准备环境，并配置好 IP 地址等信息，保证计算机之间互通。

第 2 步：安装与启动 FTP 服务。

第 3 步：创建 FTP 站点。

虽然可以直接修改默认 FTP 站点的某些属性，将其用作公司的 FTP 站点，但从安全等角度出发，服务器管理员一般会停用这个系统默认的 FTP 站点，然后根据公司的实际业务需求来创建符合设计方案的 FTP 站点。在“Internet Information Services（IIS）管理器”窗口中，右击“网站”文件夹，选择“添加 FTP 站点”命令，即可打开“添加 FTP 站点”向导对话框。具体操作步骤参考任务 2。

第 4 步：创建 FTP 用户。

按照柠檬摄影工作室 FTP 站点的需求分析与方案设计，还需要为公司每个员工建立独立的 FTP 账户，员工使用自己的合法账户和密码登录到站点时，对自己的目录具有写入和删除的权限，但对站点主目录及其他用户的目录都只具有读取权限。

第 5 步：创建 FTP 用户名目录并设置访问权限。

① 在 FTP 站点根目录 E:\ftproot 下新建 Public、chf 和 wjm 共 3 个目录。

② 打开 IIS 控制台，进入某个用户名目录（如 chf）的“FTP 授权规则”功能视图，如图 8－29 所示。

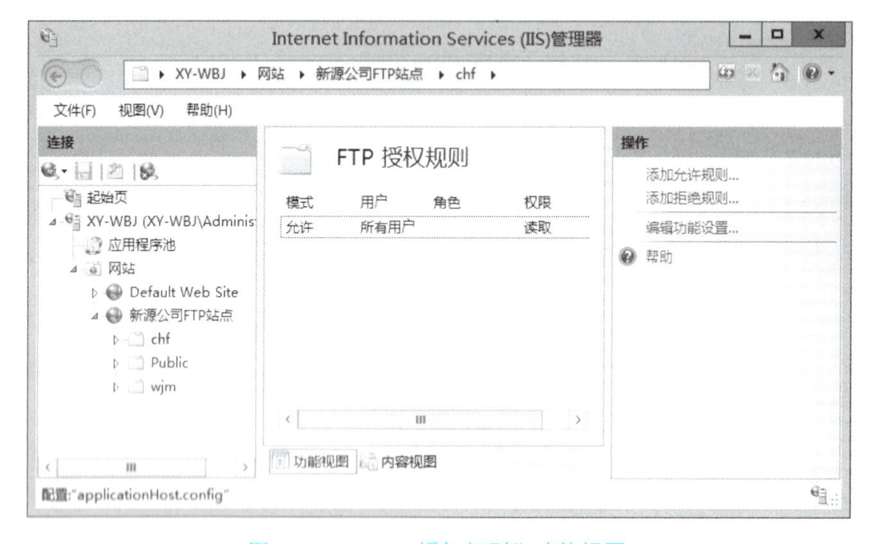

图 8－29 “FTP 授权规则”功能视图

③ 删除该用户名目录的“允许所有用户读取”规则条目，即删除所有用户对该用户名目录（chf）的读取权限。

④ 通过“添加允许授权规则”链接操作，赋予用户 chf 对其用户名目录具有读取和写入权限，如图 8－30 所示。

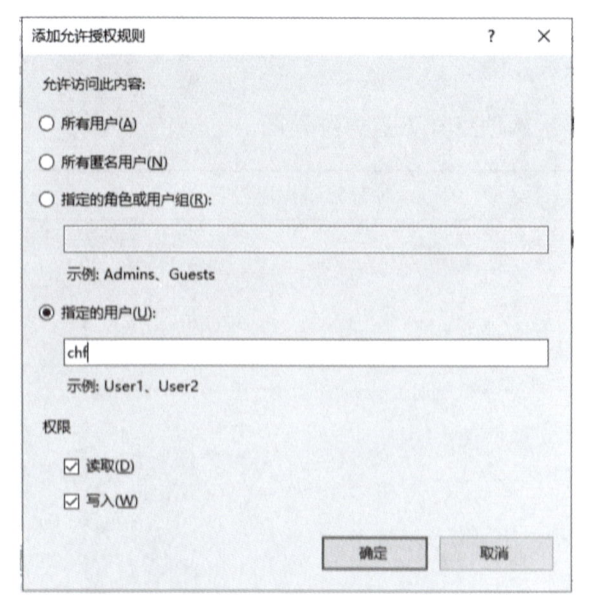

图 8-30　添加允许授权规则

⑤ 再次通过“添加允许授权规则”链接操作，赋予 FTPUsers 用户组对 chf 用户名目录的读取权限。

第 6 步：测试 FTP。

使用浏览器或资源管理器登录和访问 FTP 站点。

记录拓展实验中存在的问题：

【课程思政】——融一融

中国长城和百度联合研制的首款“PKS”国产 AI 服务器发布

中国长城表示，其与百度联合研制的首款“PKS”国产 AI 服务器——AI-TF2000 飞桨一体机正式发布。据介绍，AI-TF2000 飞桨一体机的外观与普通服务器相差不大，预置飞桨模型库，可同时提供百度的预训练模型，用作二次开发的基础。中国长城表示，AI-TF2000 飞桨一体机以“PKS”技术架构进行设计，采用了飞腾 CPU 处理器和麒麟国产操作系统。机内同时集成了百度自研的昆仑 AI 加速卡，并可拓展支持昇腾、寒武纪、比特大陆等国内 AI 加速卡，是首个实现单 Switch 支持两块全高全长国内 AI 加速卡的 2U 服务器整机。此外，该款产品还内置飞桨企业版 BML 全功能 AI 开发平台，支持多种数据精度的训练和推理。

【任务评价】——评一评

1. 各小组派代表展示本项目知识点思维导图。

本项目知识点思维导图

2. 各小组展示汇报实训效果。

实训任务	完成情况	备注
任务 1	□已完成　□完成一部分　□全部未做	
任务 2	□已完成　□完成一部分　□全部未做	
任务 3	□已完成　□完成一部分　□全部未做	

3. 学生自我评估与总结。

（1）你掌握了哪些知识点？

____

____

（2）你在实际操作过程中出现了哪些问题？如何解决？

____

____

（3）谈谈你的学习心得体会。

____

____

4. 评价反馈。

根据各组学生在完成任务中的表现，给予综合评价。

项目实训评价表

<table>
<tr><th>评价项目</th><th>评价要点</th><th>分值</th><th>自评</th><th>互评</th><th>师评</th></tr>
<tr><td rowspan="3">精神状态</td><td>课前准备充分，物品放置齐整</td><td>10</td><td></td><td></td><td></td></tr>
<tr><td>积极发言，声音响亮、清晰</td><td>10</td><td></td><td></td><td></td></tr>
<tr><td>具有团队合作意识，注重沟通，自主探究学习和相互协作完成任务</td><td>10</td><td></td><td></td><td></td></tr>
<tr><td rowspan="3">完成工作任务</td><td>任务 1</td><td>20</td><td></td><td></td><td></td></tr>
<tr><td>任务 2</td><td>20</td><td></td><td></td><td></td></tr>
<tr><td>任务 3</td><td>20</td><td></td><td></td><td></td></tr>
<tr><td>自主创新</td><td>能自主学习，勇于挑战难题，积极创新探索</td><td>10</td><td></td><td></td><td></td></tr>
<tr><td colspan="3">总　　分</td><td></td><td></td><td></td></tr>
<tr><td colspan="2">小组成员签名</td><td colspan="4"></td></tr>
<tr><td colspan="2">教 师 签 名</td><td colspan="4"></td></tr>
<tr><td colspan="2">日　　期</td><td colspan="4"></td></tr>
</table>

【知识巩固】——练一练

一、选择题

1. 迅达公司有一台系统为 Windows Server 2022 的服务器，计算机名是 FTPsrv。在该服务器上利用 IIS 搭建了 FTP 站点，并启用匿名访问，那么对匿名访问会使用（　　）Windows 账户。

A. anonymous　　B. IUSR_FTPsrv　　C. Administrator　　D. guest

2. 某公司利用 Windows Server 2022 系统的 IIS 搭建了 FTP 服务器，在客户计算机上通过 FTP 命令以匿名方式登录到该服务器时，应在用户“USER”处输入（　　）。（选择两项）

A. anonymous　　B. IUSER_计算机名

C. ftp　　D. guest

3. 有一台系统为 Windows Server 2022 的 FTP 服务器，其 IP 地址为 192.168.1.8，要让客户端能使用“ftp://192.168.1.8”地址访问站点的内容，需将站点端口配置为（　　）。

A. 80　　B. 21　　C. 8080　　D. 2121

4. 下面软件不能用作 FTP 的客户端的是（　　）。

A. ServU　　B. CuteFtp　　C. LeadFtp　　D. IE 浏览器

5. 下列描述中，不属于 FTP 站点的安全设置的是（　　）。

A. 写入　　B. 记录访问　　C. 脚本访问　　D. 读取

6. 有一台系统为 Windows Server 2022 的服务器，利用 IIS 搭建了 FTP 服务，为了保持服务器的良好性能，管理员希望同时连接到服务器的客户端数量最多为 100 个，他应该设置（　　）。

A. 禁用匿名访问

B.“FTP 站点连接”的连接限制为 100

C.“FTP 站点消息”的标题为“连接人数不超过 100”

D. 在“目录安全性”中设置只允许 100 台客户端连接

7. 下面对 Windows Server 2022 中 FTP 服务器的描述，正确的有（　　）。

A. FTP 可以用 IP 及域名限制和证书来保证网站安全

B. FTP 不可以与 Web 服务共用同一个 IP 地址

C. FTP 服务也要有一个主目录和一个默认文档

D. FTP 可以与 Web 服务共用同一个 IP 地址

8. 你是公司网络管理员，公司网络中有一台系统为 Windows Server 2022 的 FTP 服务器 FTPSVR。当用户在客户端计算机上通过 FTP 命令，以匿名方式登录该服务器时，该用户是通过（　　）账户来访问站点中的文件的。

A. anonymous　　B. IUSR_FTPSVR　　C. ftp　　D. guest

9. 小张在一台系统为 Windows Server 2022 的服务器上利用 IIS 配置了 FTP 服务，他首先使用 administrator 账户在服务器上创建了一个文件夹作为主目录，又在该文件夹中放置了一些文件。他在自己的工作机上进行测试，他使用 administrator 账户通过 IE 浏览器登录到 FTP 服务器中，能执行文件的复制操作，但当他执行新建文件夹操作时，出现以下错误提示，请问可能的原因是（　　）。

A. 他的工作机的 IP 地址被拒绝

B. 该 FTP 站点不允许进行匿名访问

C. 该 FTP 站点没有提供写入文件的服务

D. 他使用的账户不具备 FTP 站点主目录的 NTFS 写入权限

10. 作为公司的网络管理员，你在一台安装 Windows Server 2022 操作系统的计算机上创建了一个 FTP 站点，该站点的主目录位于一个 NTFS 分区上。你设置该站点允许用户下载，并可以匿名访问，可是用户报告说他们不能下载服务器上的文件。通过检查，你发现这是没有设置用户对 FTP 站点主目录 NTFS 权限造成的，为了让用户能够下载这些文件并最大限度地实现安全性，你应该将 FTP 站点主目录的 NTFS 权限设置为（　　）。

A. Everyone 组有完全控制的权限

B. 用户账号 IUSR_Computername 具有读取的权限

C. 用户账号 IUER_Computername 具有安全控制的权限

D. 用户账号 IUER_Computername 具有读取和写入的权限

11. 如果没有特殊声明，匿名 FTP 服务登录账号为（　　）。

A. user

B. anonymous

C. guest

D. 用户自己的电子邮件地址

二、简答题

1. FTP 是什么协议？
2. 什么叫“上传”“下载”？
3. 简述创建 FTP 虚拟站点的用户隔离方式。
4. FTP 服务器安装成功后，可以采用哪几种方式来连接 FTP 站点？

项目九

部署证书服务加固 Web 网站安全

【学习目标】

1. 知识与能力目标

（1）配置与管理证书的能力。

（2）掌握部署 Web 服务器证书服务的能力。

（3）能解决 CA 配置中出现的问题。

2. 素质与思政目标

（1）培养认真细致的工作态度和工作作风。

（2）养成刻苦、勤奋、好问、独立思考和细心检查的学习习惯。

（3）能与组员精诚合作，能正确面对他人的成功或失败。

（4）排除常规故障，弘扬精益求精的大国工匠精神。

【工作情景】

在项目七 Web 服务器部署中，发布了“献礼建党 100 周年”“网上重走长征路”“传承西迁精神”等红色教育网站，在默认情况下，IIS 使用 HTTP 协议以明文形式传输数据，没有采取任何加密措施，用户的重要数据很容易被窃取，那么如何才能保护局域网中的这些重要数据呢？可以使用 SSL 增强 IIS 服务器的通信安全。请根据图 9-1 所示的环境来配置与管理证书服务器。

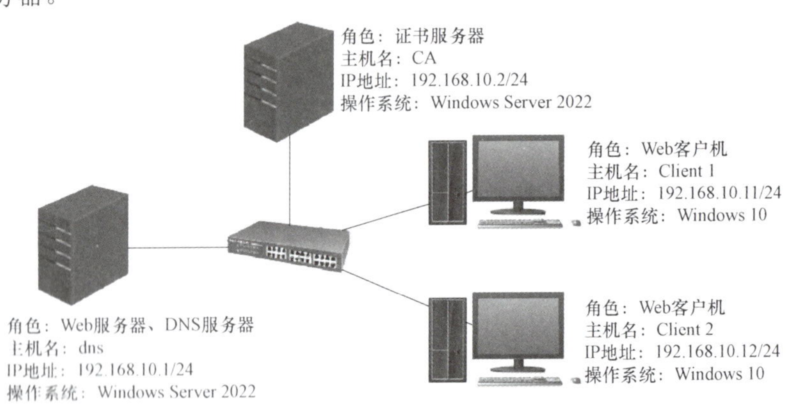

图 9-1　配置与管理证书服务器拓扑结构

【知识导图】

本项目知识导图如图 9-2 所示。

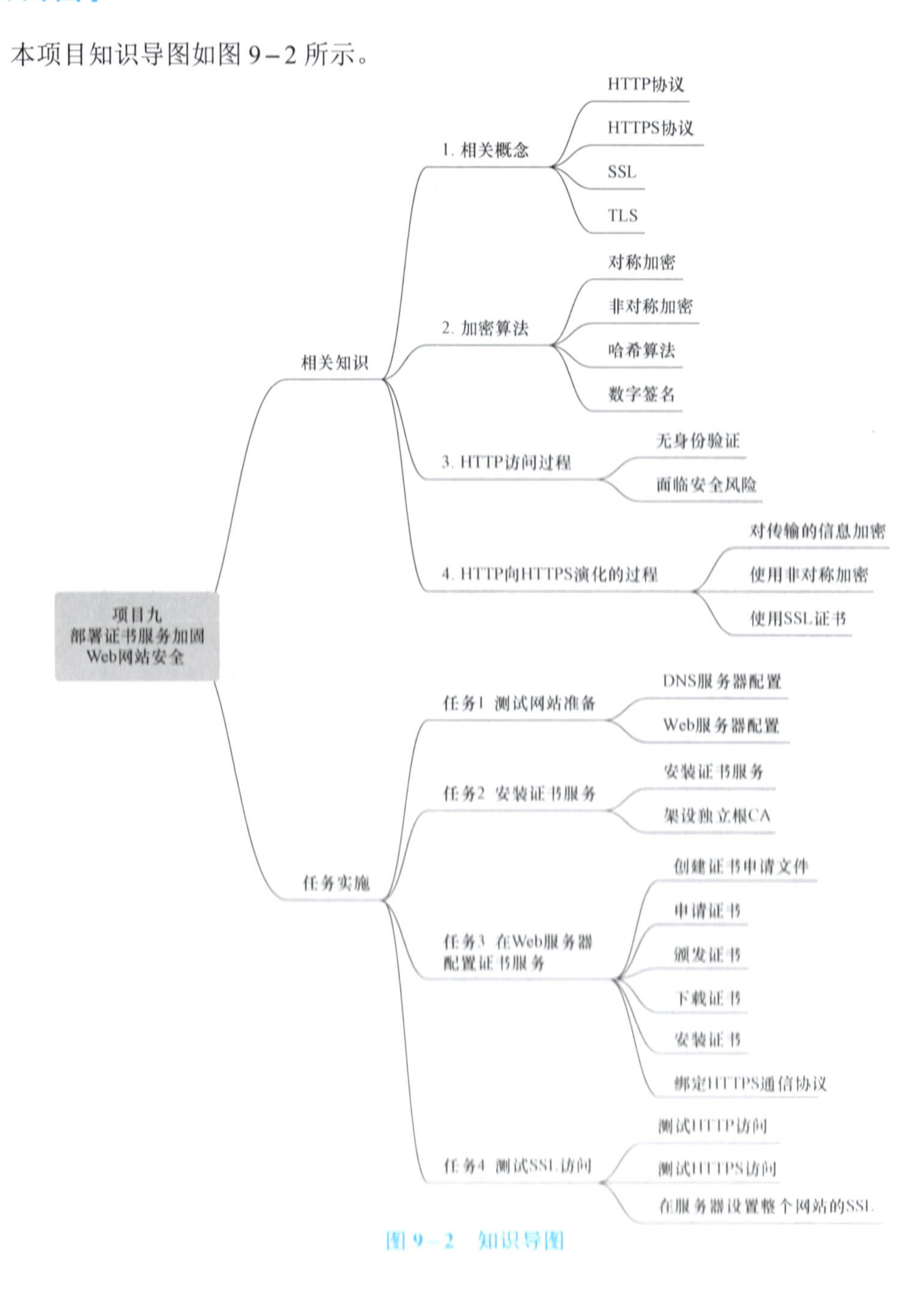

图 9-2　知识导图

【相关知识】——看一看

一、相关概念

HTTP（HyperText Transfer Protocol，超文本传输协议）是客户端浏览器或其他程序与

Web 服务器之间的应用层通信协议。

HTTPS（HyperText Transfer Protocol over Secure Socket Layer）：可以理解为 HTTP + SSL/TLS，即 HTTP 下加入 SSL 层，HTTPS 的安全基础是 SSL，因此加密的详细内容就需要 SSL，用于安全的 HTTP 数据传输。如图 9－3 所示，HTTPS 比 HTTP 多了一层 SSL/TLS。

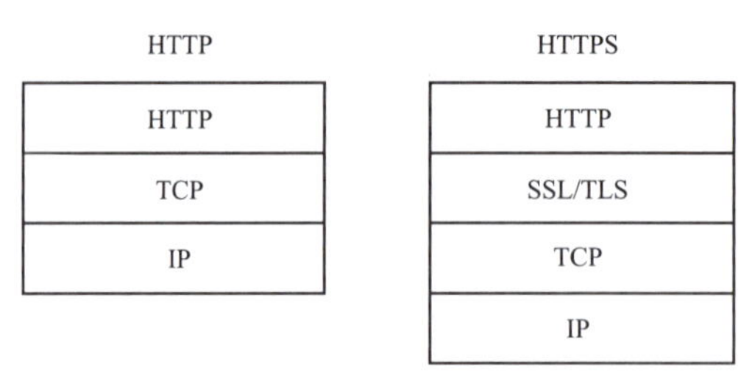

图 9－3　HTTP 与 HTTPS

SSL（Secure Socket Layer，安全套接字层）：1994 年为 Netscape 所研发，SSL 协议位于 TCP/IP 协议与各种应用层协议之间，为数据通信提供安全支持。

TLS（Transport Layer Security，传输层安全）：其前身是 SSL，它最初的几个版本（SSL 1.0、SSL 2.0、SSL 3.0）由网景公司开发，1999 年从 3.1 开始被 IETF 标准化并改名，发展至今已经有 TLS 1.0、TLS 1.1、TLS 1.2 三个版本。SSL 3.0 和 TLS 1.0 由于存在安全漏洞，已经很少被使用到。

二、加密算法

据记载，公元前 400 年，古希腊人就发明了置换密码；在第二次世界大战期间，德国军方启用了“恩尼格玛”密码机，所以密码学在社会发展中有着广泛的用途。

1. 对称加密

有流式、分组两种，加密和解密使用的是同一个密钥。例如 DES、AES－GCM、ChaCha20－Poly1305 等。

2. 非对称加密

加密使用的密钥和解密使用的密钥是不相同的，分别称为公钥、私钥。公钥和算法都是公开的，私钥是保密的。非对称加密算法性能较低，但是安全性超强，由于其加密特性，非对称加密算法能加密的数据长度也是有限的。例如：RSA、DSA、ECDSA、DH、ECDHE。

3. 哈希算法

将任意长度的信息转换为较短的固定长度的值，通常其长度要比信息小得多，并且算法不可逆。例如：MD5、SHA－1、SHA－2、SHA－256 等。

4. 数字签名

签名就是在信息的后面再加上一段内容（信息经过哈希运算后的值），可以证明信息没有被修改过。哈希值一般都是加密后（也就是签名）再和信息一起发送，以保证这个哈希值不被修改。

三、HTTP 访问过程

如图 9－4 所示，HTTP 请求过程中，客户端与服务器之间没有任何身份确认的过程，数据全部明文传输，“裸奔”在互联网上，所以很容易遭到黑客的攻击。

所以，HTTP 传输面临的风险有：

① 窃听风险：黑客可以获知通信内容。

② 篡改风险：黑客可以修改通信内容。

③ 冒充风险：黑客可以冒充他人身份参与通信。

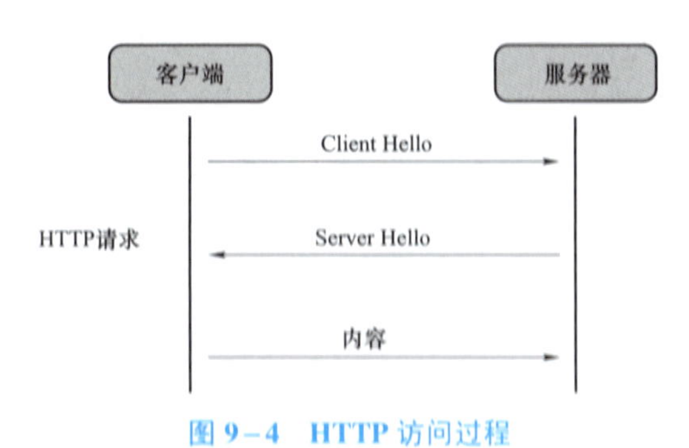

图 9－4　HTTP 访问过程

四、HTTP 向 HTTPS 演化的过程

1）为了防止 HTTP 传输面临的风险现象的发生，人们想到一个办法：对传输的信息加密（即使黑客截获，也无法破解）。

如图 9－5 所示，此种方式属于对称加密，双方拥有相同的密钥，信息得到安全传输，但此种方式的缺点是：

① 不同的客户端、服务器数量庞大，所以双方都需要维护大量的密钥，维护成本很高。

② 因每个客户端、服务器的安全级别不同，密钥极易泄露。

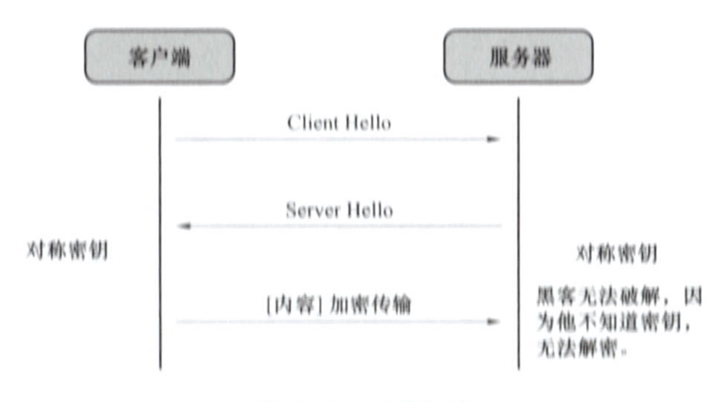

图 9－5　对称加密

2）既然使用对称加密时，密钥维护这么烦琐，那么就用非对称加密试试。

如图 9－6 所示，客户端用公钥对请求内容加密，服务器使用私钥对内容解密，反之亦然，但上述过程也存在缺点：公钥是公开的（也就是黑客也会有公钥），所以图中第④步私钥加密的信息如果被黑客截获，其可以使用公钥进行解密，获取其中的内容。

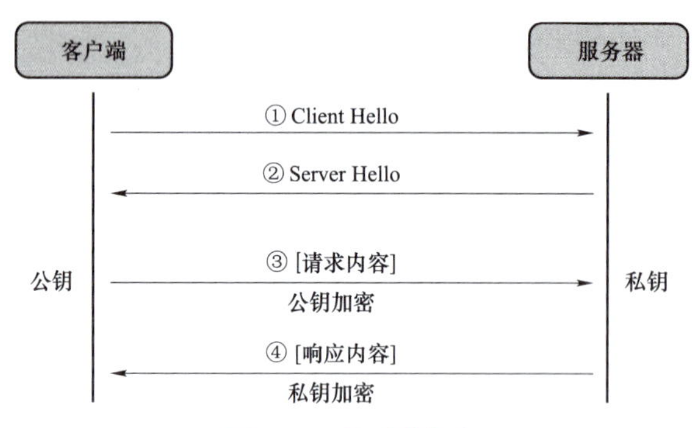

图 9－6　非对称加密

3）非对称加密既然也有缺陷，那么就将对称加密、非对称加密两者结合起来，取其精华、去其糟粕，发挥两者的各自的优势，如图 9－7 所示。

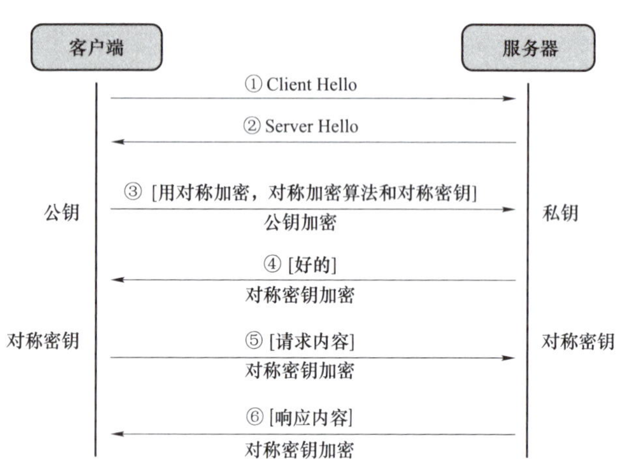

图 9－7　对称加密与非对称加密两者结合

第③步时，客户端说：（用对称加密，对称加密算法和对称密钥）这段话用公钥进行加密，然后传给服务器。

服务器收到信息后，用私钥解密，提取出对称加密算法和对称密钥后，服务器说：（好的）对称密钥加密。

后续两者之间信息的传输就可以使用对称加密的方式了。

遇到的问题：

① 客户端如何获得公钥？

② 如何确认服务器是真实的而不是黑客？

4）获取公钥与确认服务器身份（图 9－8）。

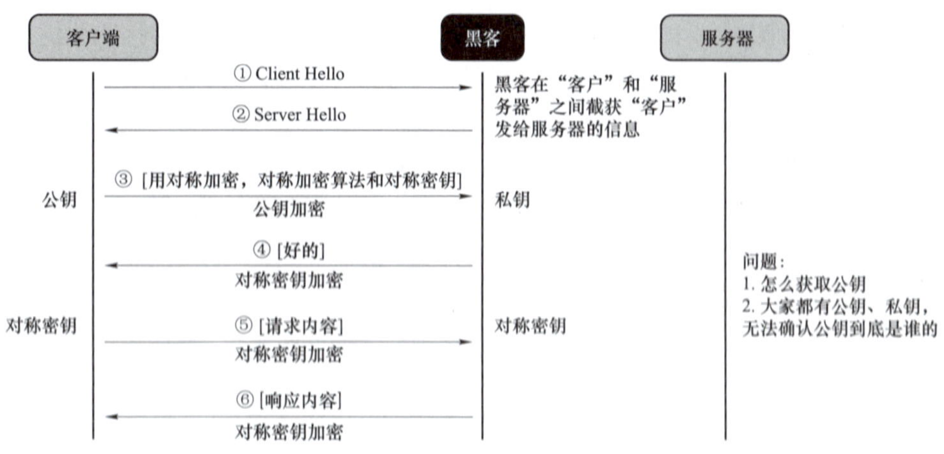

图 9-8　获取公钥与确认服务器身份

获取公钥：

✓ 提供一个下载公钥的地址，回话前让客户端去下载。缺点是下载地址有可能是假的；客户端每次在回话前都先去下载公钥也很麻烦。

✓ 回话开始时，服务器把公钥发给客户端。缺点是黑客冒充服务器，发送给客户端假的公钥。

那么有没有一种方式，既可以安全地获取公钥，又能防止黑客冒充呢？这就需要用到终极武器了：SSL 证书。

如图 9-9 所示，在第②步时，服务器发送了一个 SSL 证书给客户端，SSL 证书中包含的具体内容有：

① 证书的发布机构 CA。

② 证书的有效期。

③ 公钥。

④ 证书所有者。

⑤ 签名。

……

图 9-9　加入 SSL 证书

客户端在接收到服务端发来的SSL证书时，会对证书的真伪进行校验，以浏览器为例说明如下：

首先浏览器读取证书中的证书所有者、有效期等信息，进行一一校验。

浏览器开始查找操作系统中已内置的受信任的证书发布机构CA，与服务器发来的证书中的颁发者CA比对，用于校验证书是否为合法机构颁发。

如果找不到，浏览器就会报错，说明服务器发来的证书是不可信任的。

如果找到，那么浏览器就会从操作系统中取出颁发者CA的公钥，然后对服务器发来的证书里面的签名进行解密。

浏览器使用相同的哈希算法计算出服务器发来的证书的哈希值，将这个计算的哈希值与证书中签名做对比。

对比结果一致，则证明服务器发来的证书合法，没有被冒充。

此时浏览器就可以读取证书中的公钥，用于后续加密了。

所以，通过发送 SSL 证书的形式，既解决了公钥获取问题，又解决了黑客冒充问题，一箭双雕，HTTPS加密过程也就此形成。

所以，相比HTTP，HTTPS传输更加安全。

① 所有信息都是加密传播，黑客无法窃听。

② 具有校验机制，一旦被篡改，通信双方会立刻发现。

③ 配备身份证书，防止身份被冒充。

【任务实施】——学一学

任务1 测试网站准备

首先，按照图9-1所示拓扑结构准备好环境，需要两台Windows Server 2022服务器和两台Win10客户机。证书服务器CA的IP地址为192.168.10.2，Web服务器dns的IP地址为192.168.10.1，客户机Client1的IP地址为192.168.10.11。

第1步：在Web服务器上安装DNS服务，然后打开DNS服务器，添加正向查找区域xzcx.com，并在该区域下添加www主机记录，完成后如图9-10所示。

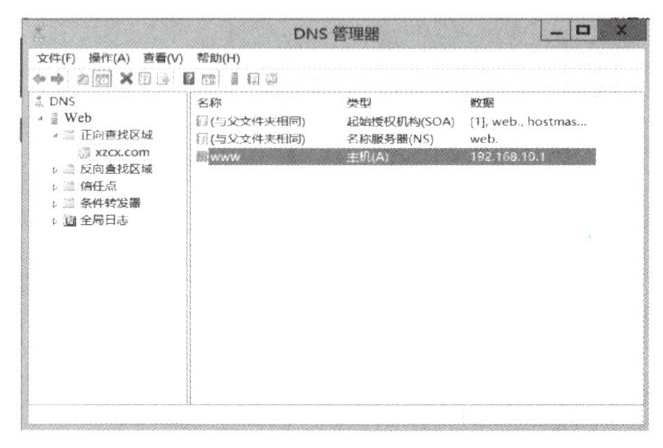

图9-10 配置DNS

第 2 步：在 Web 上准备 Web 服务器。安装 Web 服务角色，然后发布一个使用 www.xzcx.com 访问的 Web 网站，网站信息设置如图 9-11 所示。

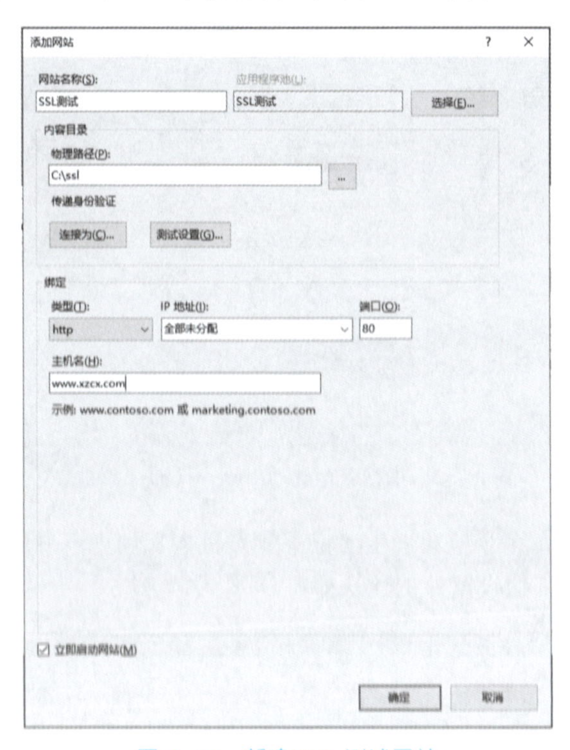

图 9-11　新建 SSL 测试网站

第 3 步：测试 Web 网站访问。在客户机 Client 1 上打开浏览器，输入 http://www.xzcx.com，可以访问该网页，如图 9-12 所示。

图 9-12　测试 Web 网站访问

任务 2　安装证书服务

第 1 步：在证书服务器上安装证书服务。

打开"服务器管理器"窗口，选择"添加角色和功能"选项，打开"添加角色和功能向导"对话框，选择"Active Directory 证书服务"角色，如图 9-13 所示。

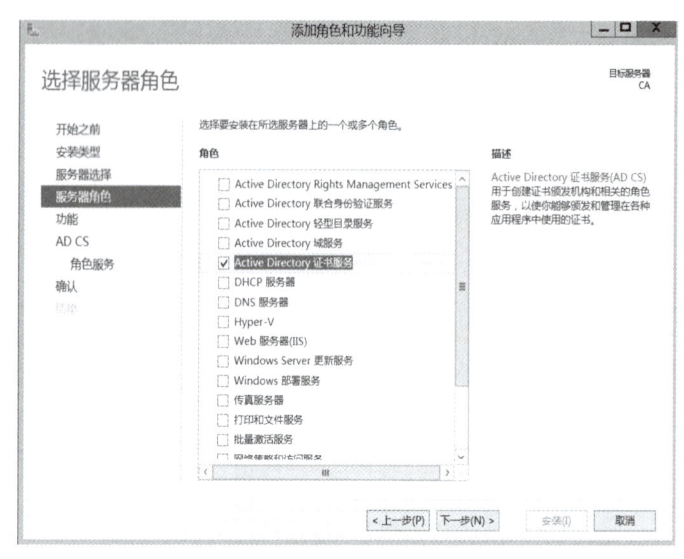

图 9-13　选择“Active Directory 证书服务”

在选择角色服务时，至少应该选中“证书颁发机构”和“证书颁发机构 Web 注册”两项，如图 9-14 所示。其他设置保护默认即可。

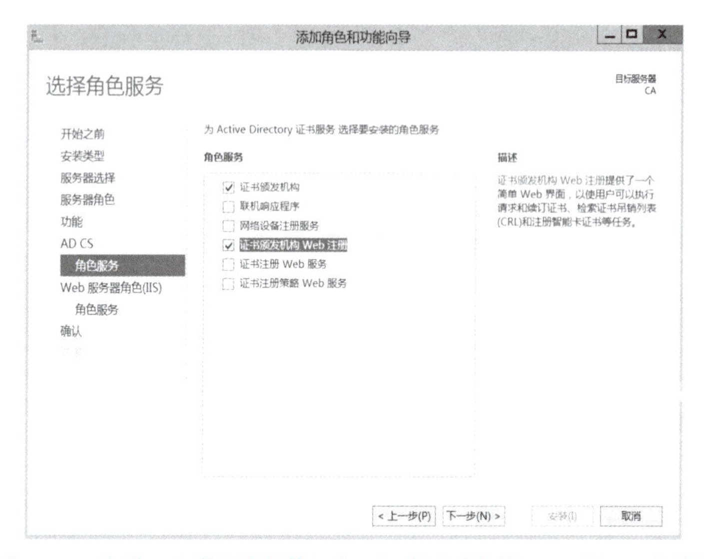

图 9-14　勾选“证书颁发机构”和“证书颁发机构 Web 注册”复选框

安装成功后如图 9-15 所示。

第 2 步：架设独立根 CA。

接下来需要配置目标服务器上的 AD 证书服务，具体操作步骤如下：可以在证书安装成功提示图上直接单击“配置目标服务器上的 Active Directory 证书服务”，也可以直接单击“开始”→“管理工具”→“服务器管理器”→“仪表板”选项的图标，然后选择“配置目标服务器上的 Active Directory 证书服务”，如图 9-16 所示。

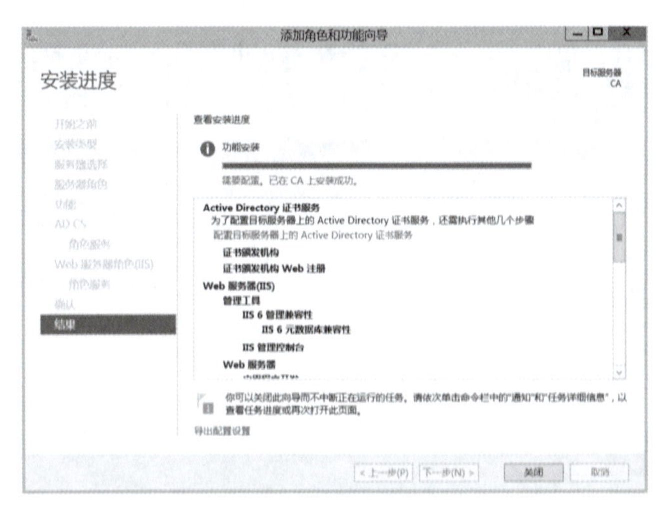

图 9–15　证书安装成功

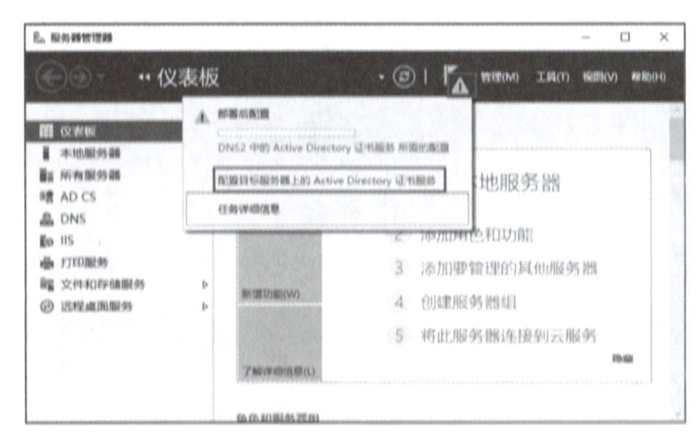

图 9–16　配置目标服务器上的 Active Directory 证书服务

配置证书服务器 AD CS，在“AD CS 配置–凭据”对话框中单击“下一步”按钮，如图 9–17 所示。

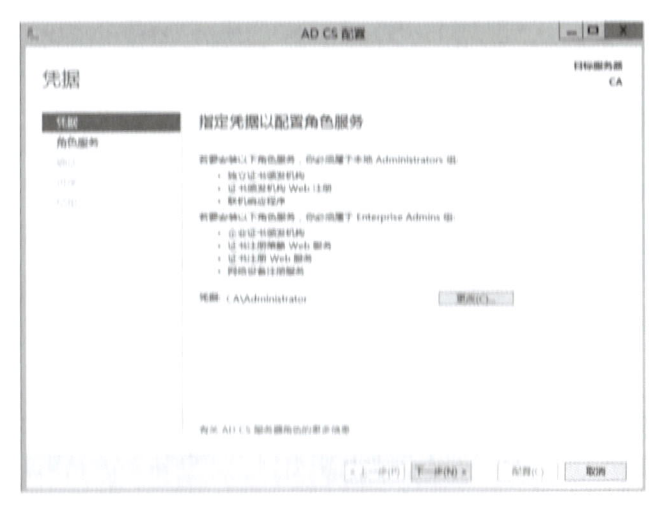

图 9–17　开始配置 AD CS

为证书服务器选择角色服务：在“AD CS 配置－角色服务”对话框中勾选“证书颁发机构”和“证书颁发机构 Web 注册”，然后单击“下一步”按钮，如图 9－18 所示。

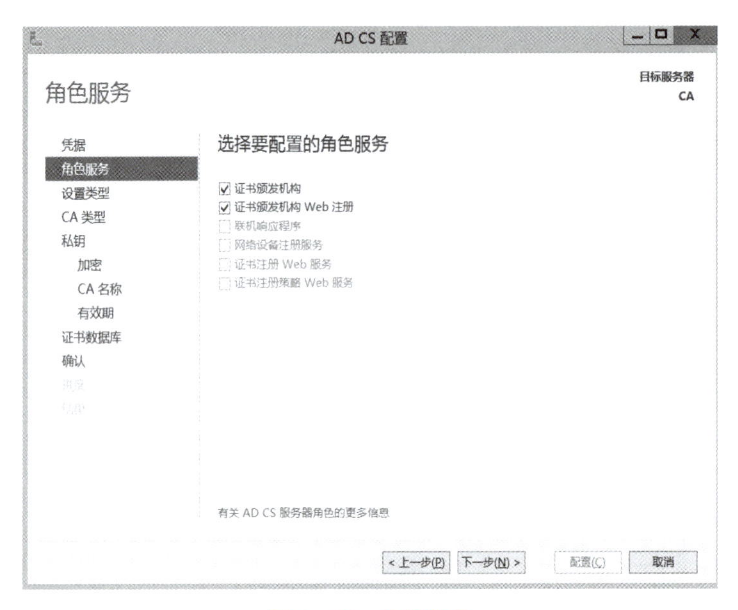

图 9－18　角色服务

在“AD CS 配置－设置类型”对话框中选择 CA 类型为“独立 CA”，如图 9－19 所示。

图 9－19　设置类型

在“AD CS 配置－CA 类型”对话框中指定 CA 类型为“根 CA”，如图 9－20 所示。

在“AD CS 配置－私钥”对话框中指定私钥类型为“创建新的私钥”，如图 9－21 所示。

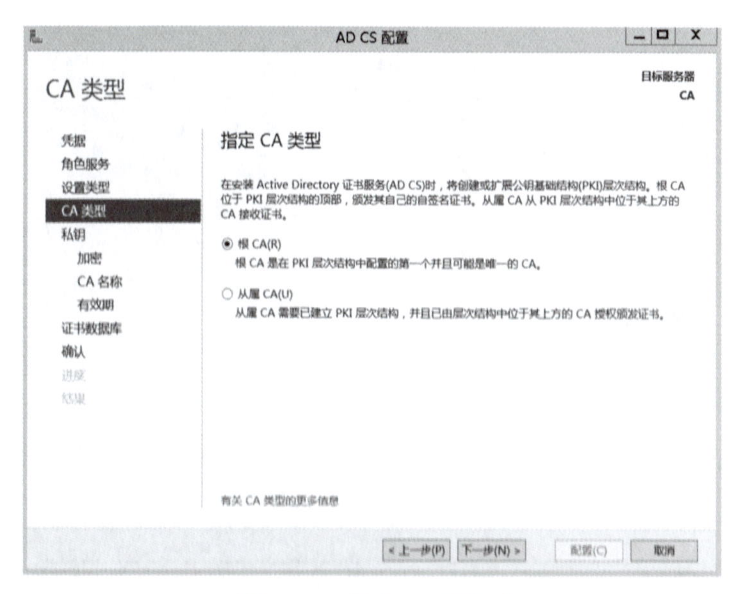

图 9-20　指定 CA 的类型

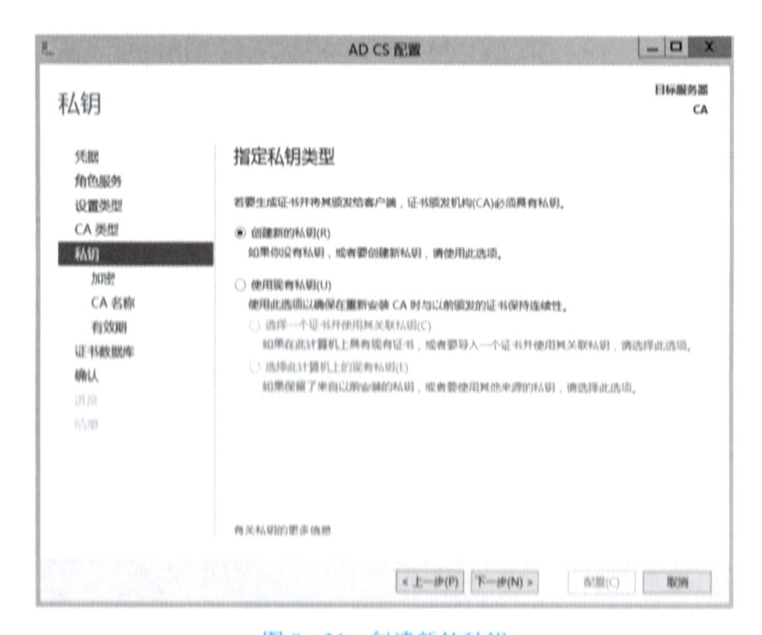

图 9-21　创建新的私钥

其他选项采用默认选项。单击“下一步”按钮，一直到出现证书“结果”界面，如图 9-22 所示。

配置完成后，单击“开始”菜单→“Windows 管理工具”→“证书颁发机构”，或在服务器管理器中单击右上方的“工具”→“证书颁发机构”，打开证书颁发机构的管理界面，以此来管理 CA，如图 9-23 和图 9-24 所示。

图 9-22　AD DS 配置成功

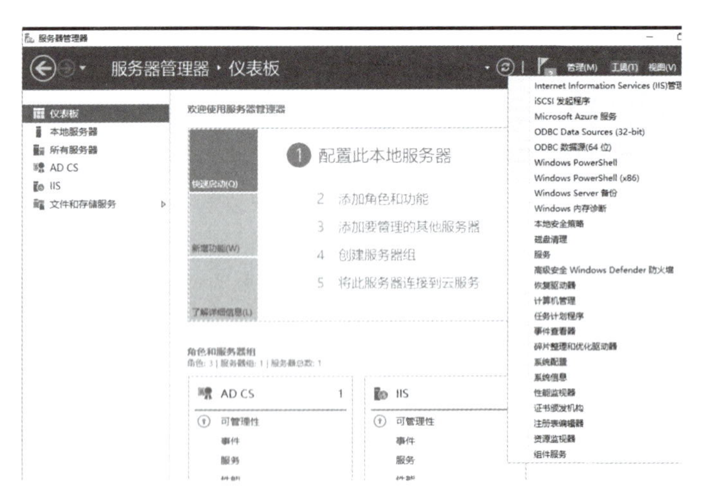

图 9-23　打开“证书颁发机构”

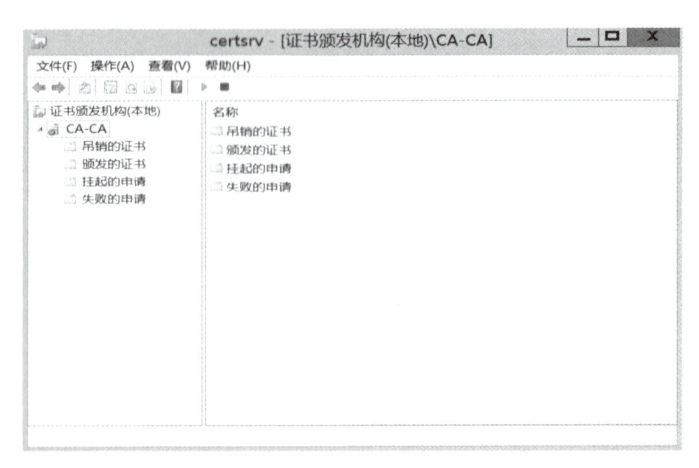

图 9-24　证书颁发机构（本地）

任务 3　在 Web 服务器配置证书服务

第 1 步：创建证书申请文件。在 Web 服务器上执行操作。在“Internet 信息服务（IIS）管理器”对话框中，单击左侧计算机名，然后在右侧面板中选择“服务器证书”，如图 9–25 所示。

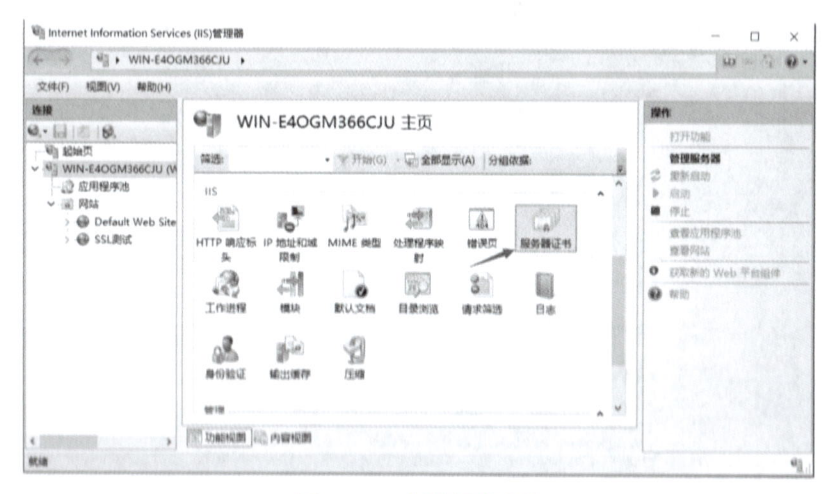

图 9–25　创建证书申请

在打开的“服务器证书”面板的右侧选择“创建证书申请”，如图 9–26 所示，打开“申请证书”对话框。

图 9–26　选择“创建证书申请”

在“申请证书”对话框中设置可分辨名称属性，如图 9–27 所示。

“申请证书–加密服务提供程序属性”保持默认设置，如图 9–28 所示。然后单击“下一步”按钮。

“申请证书–文件名”设置为桌面的 WebCert.txt，如图 9–29 所示，单击“完成”按钮，即完成证书申请文件的创建。回到桌面可以查看到 WebCert.txt 文件，如图 9–30 所示。

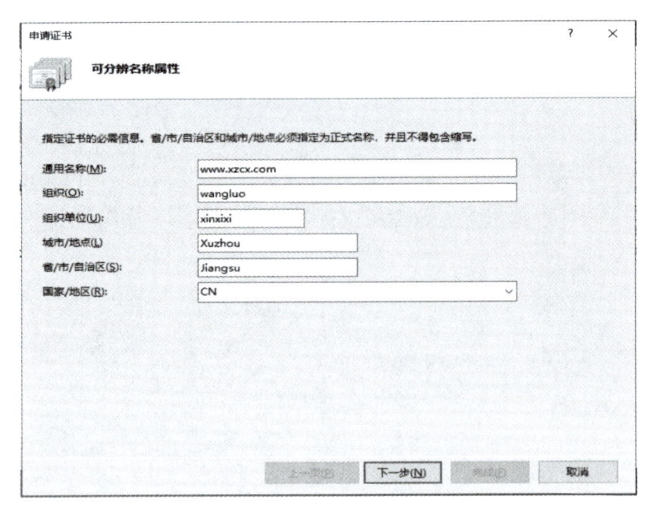

图 9－27　设置可分辨名称属性

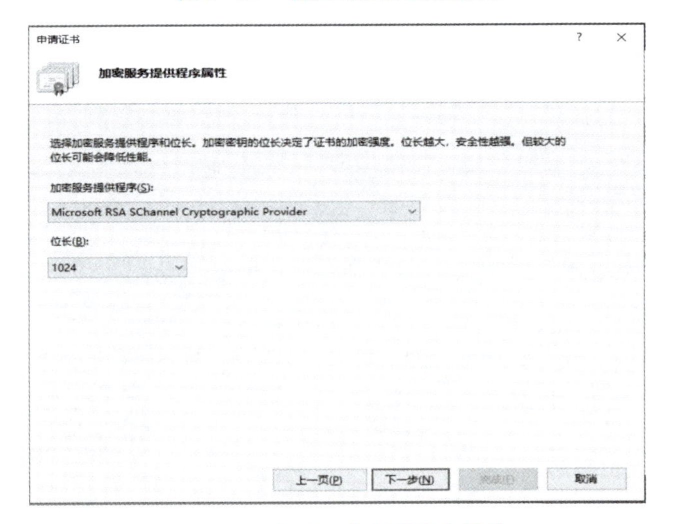

图 9－28　加密服务提供程序属性

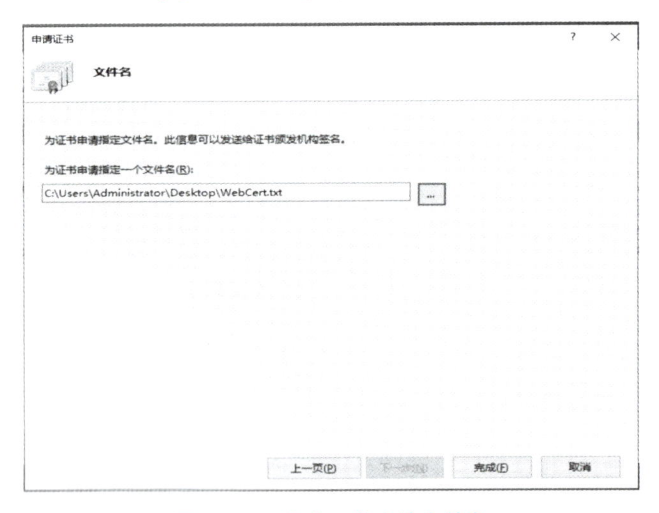

图 9－29　指定证书申请文件名

图 9-30　证书申请文件

第 2 步：申请证书。在 Web 服务器上操作。打开 IE 浏览器，在地址栏输入 http://192.168.10.2/CertSrv/，打开证书申请网页，如图 9-31 所示。

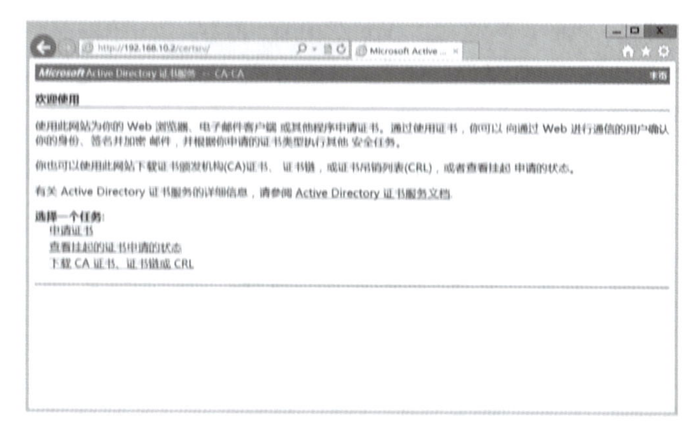

图 9-31　打开证书申请网页

单击“申请证书”，在“申请一个证书”页面选择“高级证书申请”，如图 9-32 所示。

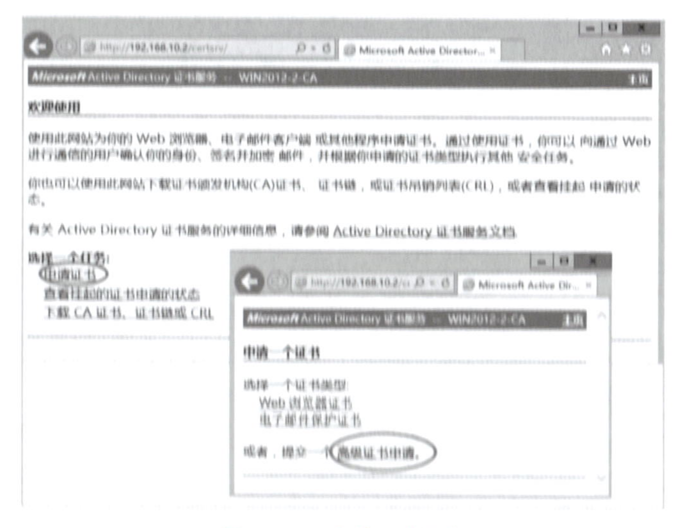

图 9-32　申请一个证书

打开“高级证书申请”页面，如图 9－33 所示。

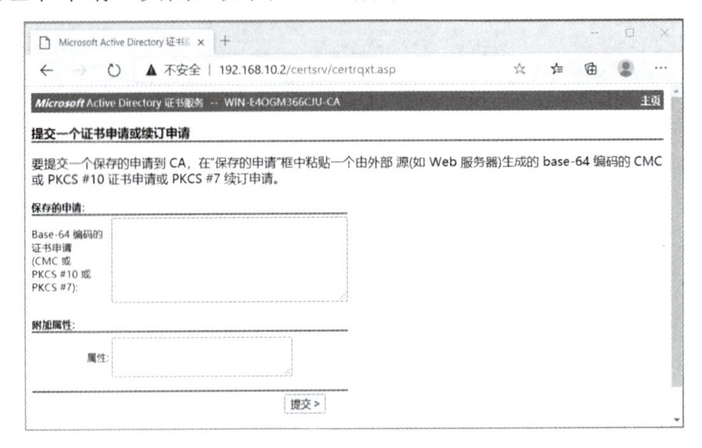

图 9－33　高级证书申请

然后回到桌面复制整个证书申请文件 WebCert.txt 内容，如图 9－34 所示，粘贴到“提交一个证书申请或续订申请”页面的“Base－64 编码的证书申请(CMC 或 PKCS #10 或 PKCS #7)：”文本框中，如图 9－35 所示。

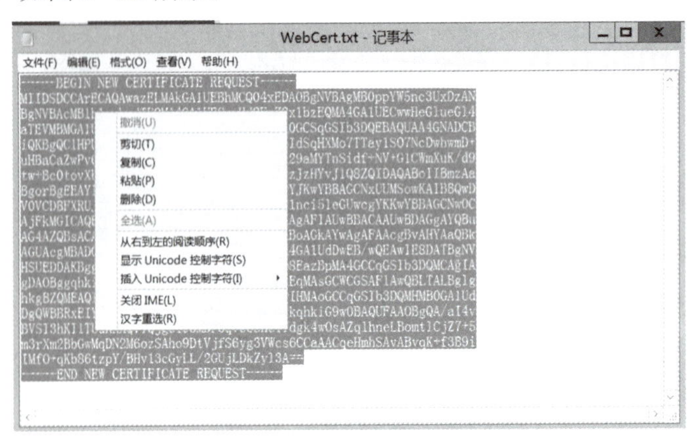

图 9－34　复制整个证书申请文件

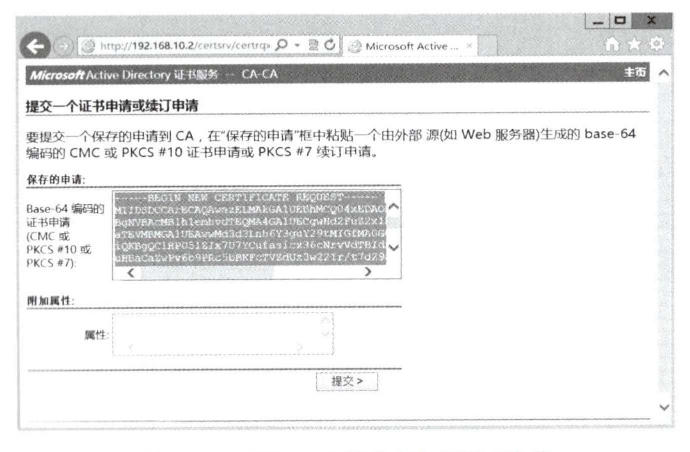

图 9－35　提交一个证书申请或续订申请

单击“提交”按钮，打开“证书正在挂起”页面，如图 9－36 所示。此时证书申请已经成功提交到证书颁发机构。

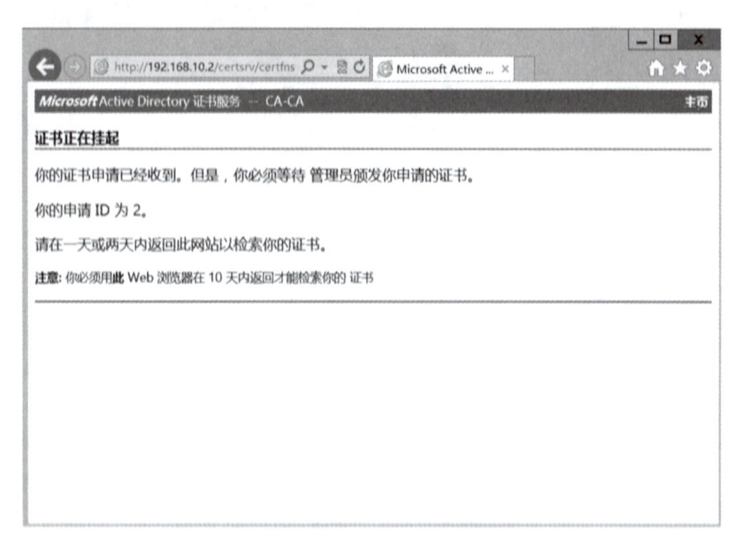

图 9－36　等待 CA 系统管理员发放此证书

第 3 步：颁发证书（在 CA 服务器上操作）。

接下来需要到证书颁发机构去手动颁发证书。在 CA 服务器上，执行“服务器管理器”→“工具”→“证书颁发机构”，单击“挂起的申请”可以看到刚才在 Web 服务器上提交的 ID 为 2 的证书申请，如图 9－37 所示。

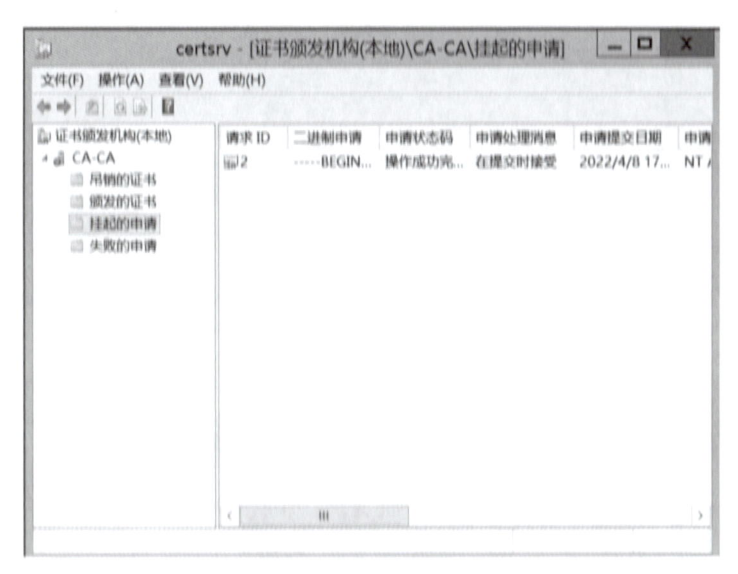

图 9－37　查看挂起的证书

鼠标右键单击请求 ID 为 2 的挂起申请，选择“所有任务”→“颁发”，如图 9－38 所示。

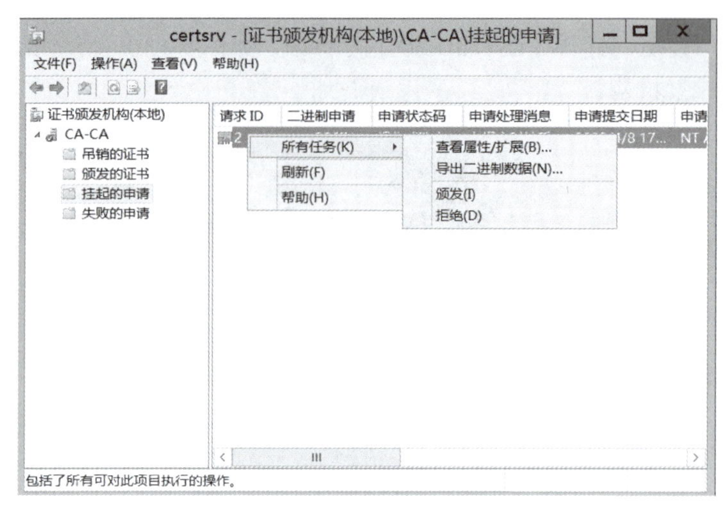

图 9-38　CA 系统管理员发放此证书

第 4 步：下载证书（在 Web 服务器上操作）。

回到 Web 服务器，打开证书申请页面，如图 9-39 所示。

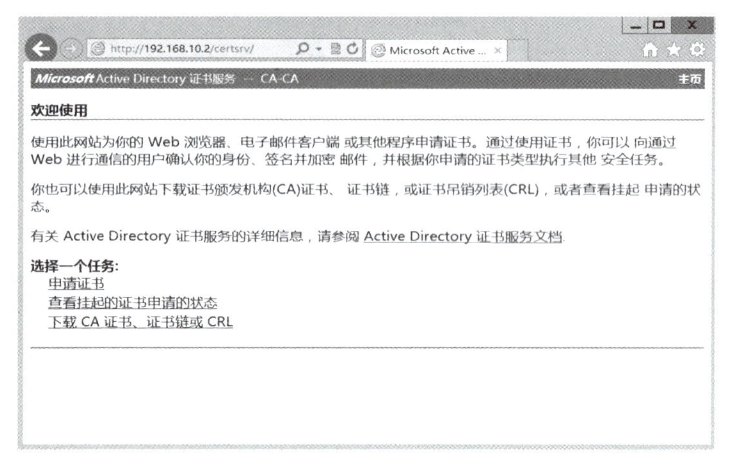

图 9-39　证书申请主页

选择“查看挂起的证书申请的状态”，打开“查看挂起的证书申请的状态”页面，如图 9-40 所示。

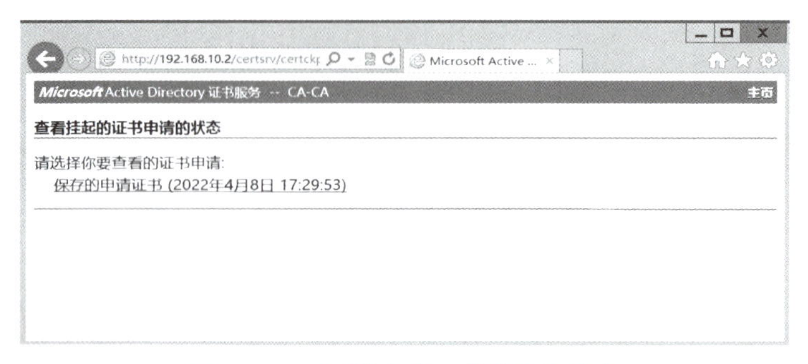

图 9-40　查看挂起的证书申请的状态

单击“保存的申请证书（2022 年 4 月 8 日 17:29:53）”，然后单击“下载证书”按钮，将证书保存到桌面，如图 9－41 所示。

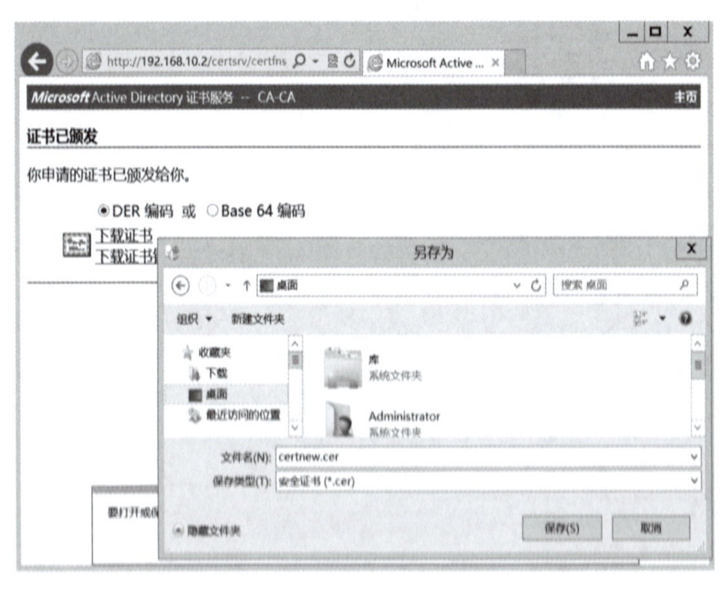

图 9－41　下载证书并保存到桌面

第 5 步：安装证书（在 Web 服务器上操作）。

在 Web 服务器上，打开“Internet 信息服务（IIS）管理器”，单击左侧计算机名，如图 9－42 所示，然后在右侧面板中选择“完成证书申请”，然后在右侧选择“完成证书申请”对话框。

图 9－42　完成证书申请

设置指定证书颁发机构响应文件名，通过右侧浏览找到桌面的证书文件 certnew.cer，设置一个好记的名称，如“WebCert”，如图 9－43 所示。完成后的界面如图 9－44 所示。

图 9－43　指定证书颁发机构响应的文件名

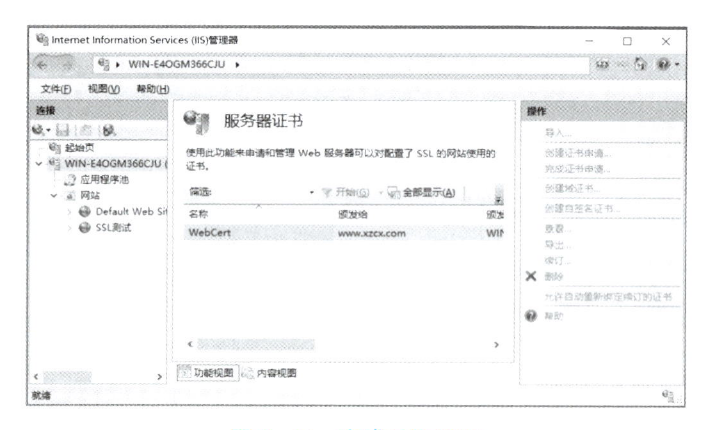

图 9－44　完成后的界面

第 6 步：绑定 https 协议（在 Web 服务器上操作）。

单击“SSL 测试”网站，在右侧“操作”面板中选择“绑定”，如图 9－45 所示。

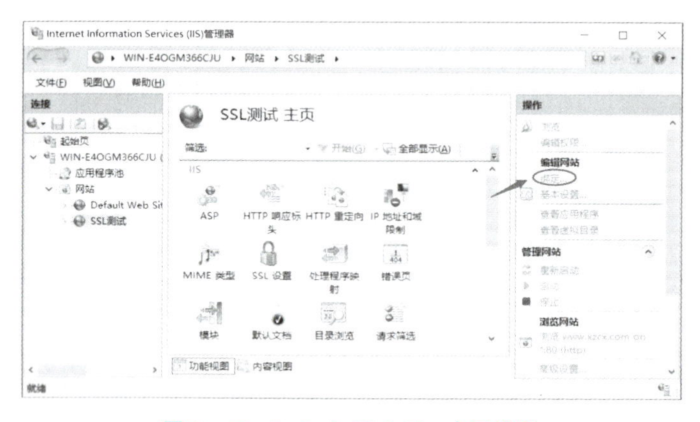

图 9－45　Default Web Site 主页设置

在“网站绑定”对话框中单击“添加”按钮，打开“编辑网站绑定”对话框，设置类型为“https”，IP 地址为“192.168.10.1”，端口为“443”，主机名为“www.xzcx.com”，SSL 证书选择“WebCert”，如图 9－46 所示。单击“确定”按钮。

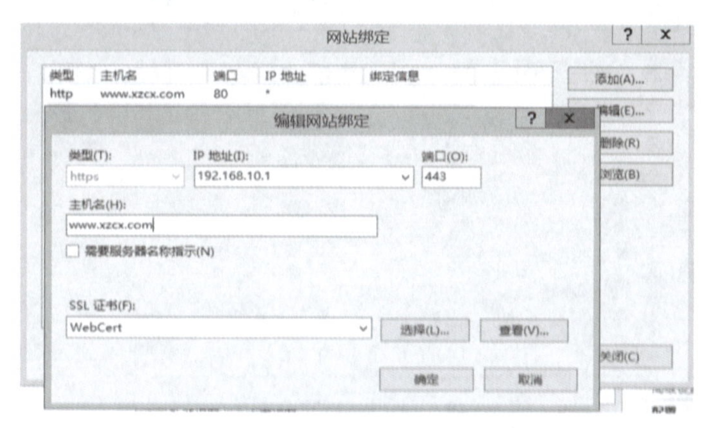

图 9－46 添加网站绑定

完成后如图 9－47 所示，在右侧“浏览网站”下面会看到两个浏览内容。

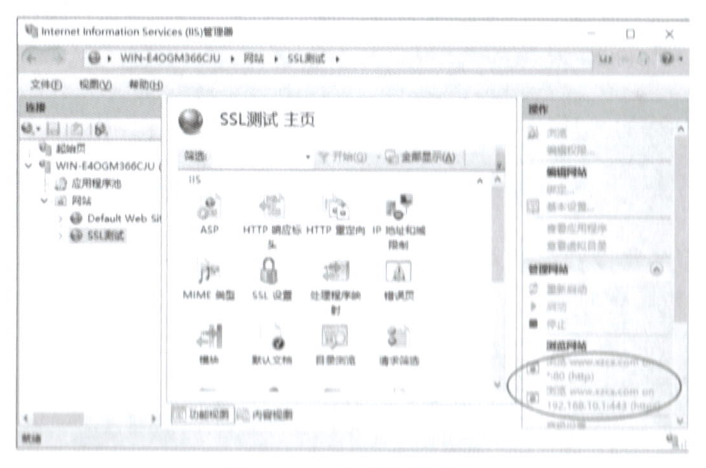

图 9－47 完成后的界面

任务 4 测试 SSL 访问

第 1 步：在客户端中打开浏览器，输入“http://www.xzcx.com”，可以正常访问，如图 9－48 所示。

图 9－48 测试网站正常运行

第 2 步：在客户端中打开浏览器，输入“https://www.xzcx.com”，出现如图 9－49 所示页面。

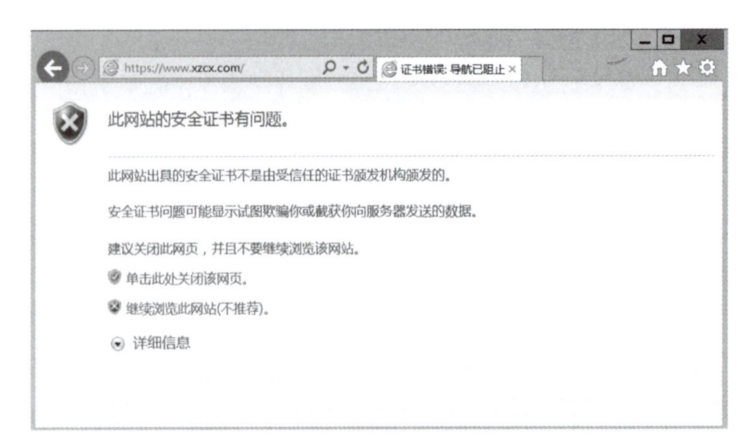

图 9－49　利用 SSL 安全连接方式

单击“继续浏览此网站（不推荐）。”可以访问到网站内容，如图 9－50 所示。

图 9－50　https 测试网站正常运行

第 3 步：在服务器设置整个网站的 SSL。回到 Web 服务器，单击“SSL 测试”，选择“SSL 设置”，如图 9－51 所示。

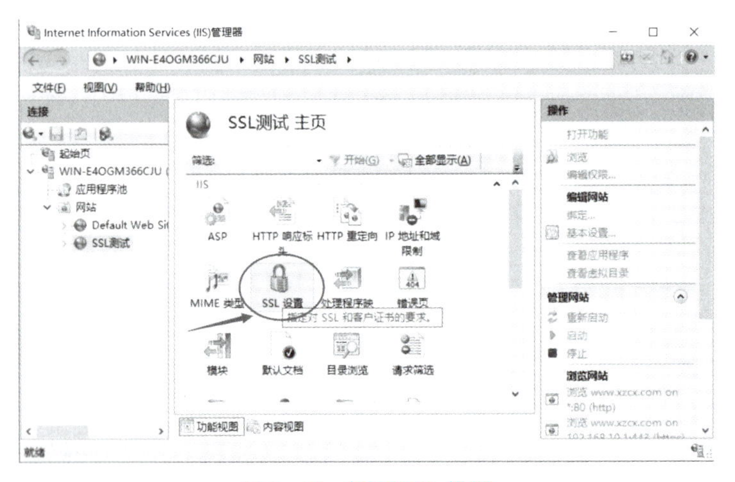

图 9－51　打开 SSL 设置

在“SSL 设置”面板中勾选“要求 SSL（Q）”，单击右侧“应用”按钮，如图 9－52 所示。

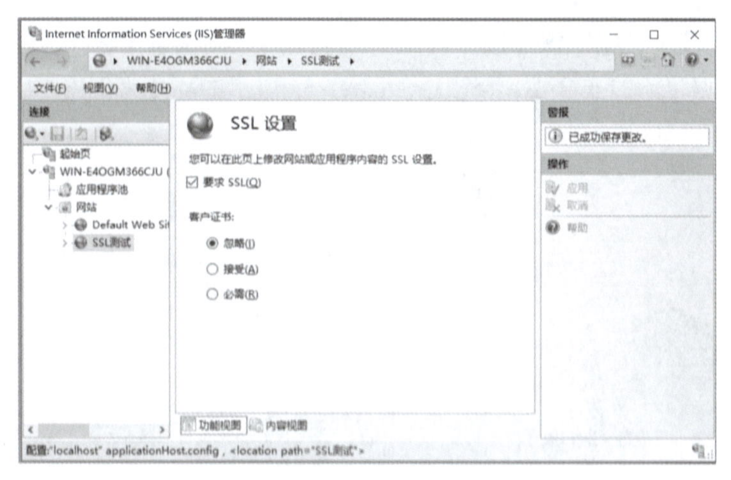

图 9-52　设置整个网站的 SSL

做了以上配置后，客户端的 HTTP 访问就会被拒绝，再次使用 http://www.xzcx.com 访问被拒绝，如图 9-53 所示。

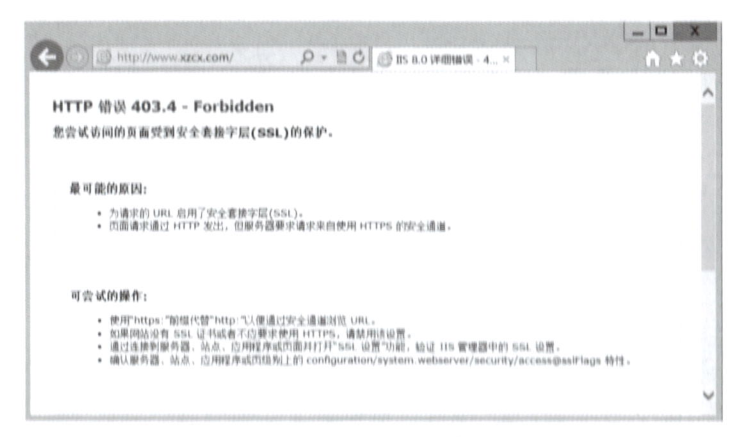

图 9-53　非 SSL 连接被禁止访问

在客户端中打开链接 https://www.xzcx.com，就可以正常访问了，如图 9-54 所示。

图 9-54　成功访问 SSL 网站

【技能拓展】——拓一拓

陇上源电子商务公司为了保障在电子商务活动中交易双方能够互相确认身份，安全地传输敏感信息，同时还要防止被人截获、篡改，或者假冒交易等，因此，需要部署 Web 证书服务，利用公开密钥基础架构（Public Key Infrastructure，PKI）提供的密钥体系来实现数字证书签发、身份认证、数据加密和数字签名等功能，可以确保电子邮件、电子商务交易、文件传送等各类数据传输的安全性。请根据如图 9－55 所示的环境来配置与管理证书服务器。

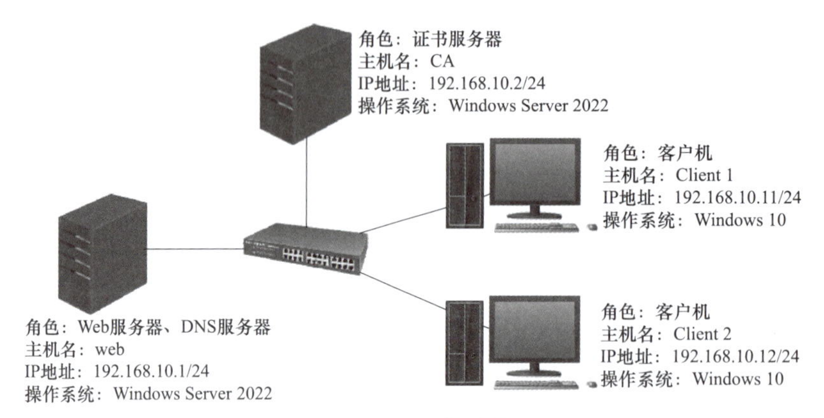

图 9－55　拓扑结构

【训练准备】——想一想

为了又快又好地完成任务，需要弄清楚以下几个问题：

认真阅读公司服务器拓扑结构，理解工作任务内容，明确工作任务的目标，同时拟订任务实施计划。

引导问题 1：公司拓扑结构有几台服务器？各自的作用是什么？分别需要安装什么服务？

____

引导问题 2：部署 Web 证书服务主要包括哪些步骤？

____

引导问题 3：如何让客户机信任 Web 证书？

____

【训练过程】——做一做

操作步骤指导（具体操作参考本项目任务实施）：

第 1 步：证书服务器的安装。

第 2 步：在网站上创建证书申请文件。

第 3 步：申请证书及下载证书。

第 4 步：安装证书。

第 5 步：建立网站的测试网页并进行 SSL 连接测试。

记录拓展实验中存在的问题：

____

____

____

____

【课程思政】——融一融

鸿蒙操作系统深度报告：第三代操作系统的大时代正在来临

1. 第一代电脑端操作系统（1985）：Windows 抓住时代机遇，Wintel 联盟成为时代主宰

操作系统是管理电脑硬件与软件资源的程序，同时也是计算机系统的核心与基石。随着技术的进步，操作系统的功能逐步完善，市面上出现了两个主流操作系统：UNIX 和 MS-DOS。但随着计算机硬件性能的不断提高，PC 市场的不断扩大，UNIX 和 MS-DOS 不再能满足 PC 时代对于操作系统的要求，其中 UNIX 过于昂贵，而 MS-DOS 采用的是命令行界面，用户在执行指令的时候需输入代码，操作较为烦琐，市场此时急需一个性价比更高、更为易用的操作系统。

由此，Windows 应运而生。微软在 MS-DOS 的基础上，采用了计算机图形用户界面，改进人机交互方式，使操作更加简洁明了，且价格更加低廉，填补了市场空缺的同时也推动了个人计算机的发展。

2. 第二代智能手机操作系统（2008）：开源+GMS 奠定安卓领先地位，AA 联盟主导市场

2005 年，谷歌收购了安迪·鲁宾创立的 Android 公司，随后在 2008 年推出了 Android1.0 版本。尽管 Android1.0 版本存在许多问题，但安卓版本迭代迅速，从 2.0 到 3.0 期间，安卓共进行了 13 次更新，包含 3 次大更新和 10 次小更新，如此快速的更新频率显示了安卓良好的成长性，也给予了上下游厂商较强的信心。

Windows Phone 由桌面端操作系统赢家微软研发，前身 Windows Mobile 曾与塞班和黑莓等展开竞争，但却在操作系统新旧交替之际不敌 iOS 和 Android，最后退出市场。相比 Android，Windows Phone 拥有几个致命的缺陷，包括授权费高、新版本推出速度慢、出现过开发者断层等。由此可见，上一个时代的赢家并不能保证在下一个时代也能站稳脚跟。

与 Windows Phone 相反，尽管 Linux 操作系统在 PC 端远远落后于 Windows，但在智能手机时代却凭借其良好的开源生态异军突起，以 Linux 为内核的 Android 大获成功。

3. 第三代物联网操作系统（2020）：群雄逐鹿时，Fuchsia 与鸿蒙（图 9-56）领跑

2019 年全球物联网总连接数达到 107 亿，预计到 2025 年，全球物联网总连接数规模将达到 251 亿，年复合增长率 15.3%。2019 年，我国的物联网连接数为 36.3 亿，全球占比高达 30%，根据 GSMA 预测，到 2025 年我国物联网连接数将达到 80.1 亿，年复合增长率 14.1%。

随着设备成本下降、设备数增多、应用场景丰富，不同功能的物联网操作系统开始涌现。目前物联网还处于发展早期，操作系统市场格局较为分散，不同操作系统适配不同应用场景。市场中的物联网操作系统可以大致分为四类：

（1）传统嵌入式系统+通信协议+其他物联网功能模块。

（2）基于 Linux、移动端等成熟操作系统的裁剪。

（3）面向物联网的轻量级 IoT OS。

（4）全场景的物联网操作系统：鸿蒙和 Fuchsia。相比其他三类或是由其他操作系统裁剪得来，或是面向某特定领域的物联网操作系统，鸿蒙和 Fuchsia 是面向全场景的，专为物

联网时代开发设计的操作系统，扩展性及移植性更强。

图 9-56　2019 鸿蒙发布会

相比电脑端和移动端时代，物联网时代对操作系统的能力提出了新要求。物联网时代，终端变得多样化、碎片化，操作系统如何解决终端割裂，达成跨平台、跨终端协作变得尤为关键。同时，操作系统的安全性也十分关键，操作系统需要保持在零碎终端上同样拥有足够强的安全机制，保障用户设备和数据的安全。

鸿蒙和谷歌 Fuchsia 作为面向全场景的统一型 OS，都采用了微内核架构，微内核拥有可扩展性强和安全性高的优点，可适配不同的硬件终端，灵活性和安全性更高，能更好地适应物联网时代的需求，有效解决物联网时代终端碎片化，安全性低的痛点。因此，目前看来，面向下一代操作系统定位的鸿蒙和 Fuchsia 有最大机会成为第三代物联网操作系统领军者。

【任务评价】——评一评

1. 各小组派代表展示本项目知识点思维导图。

本项目知识点思维导图

2. 各小组展示汇报实训效果。

实训任务	完成情况	备注
任务 1	□已完成　□完成一部分　□全部未做	
任务 2	□已完成　□完成一部分　□全部未做	
任务 3	□已完成　□完成一部分　□全部未做	
任务 4	□已完成　□完成一部分　□全部未做	

3. 学生自我评估与总结。

（1）你掌握了哪些知识点？

（2）你在实际操作过程中出现了哪些问题？如何解决？

（3）谈谈你的学习心得体会。

4. 评价反馈。

根据各组学生在完成任务中的表现，给予综合评价。

项目实训评价表

评价项目	评价要点	分值	自评	互评	师评
精神状态	课前准备充分，物品放置齐整	10			
	积极发言，声音响亮、清晰	10			
	具有团队合作意识，注重沟通，自主探究学习和相互协作完成任务	10			
完成工作任务	任务 1	15			
	任务 2	15			
	任务 3	15			
	任务 4	15			
自主创新	能自主学习，勇于挑战难题，积极创新探索	10			
总　　分					
小组成员签名					
教 师 签 名					
日　　　期					

【知识巩固】——练一练

一、选择题

1. 如下图所示，要对网站起用 SSL 安全通道，以达到安全通信的目的，但是发现 SSL 不可选择，可能的原因是（　　）。

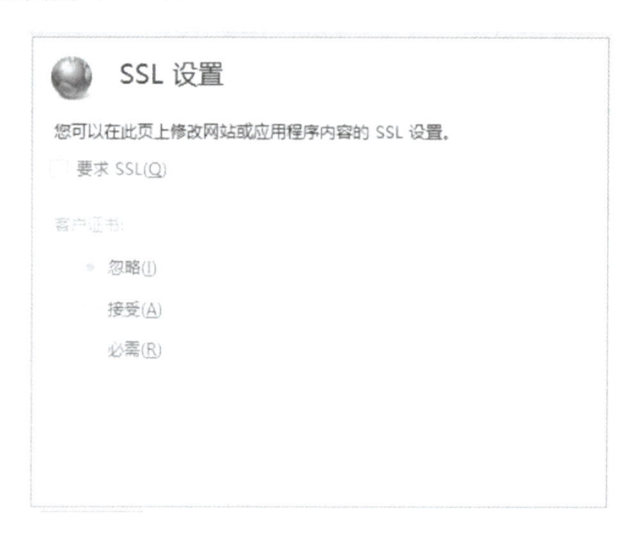

A. 没有相应的权限　　B. 没有服务器证书

C. 没有绑定 HTTPS 协议　　D. 没有通过 CA 验证

2. 设置了 SSL 进行安全通信，发现访问时出现如下信息，原因应该是（　　）。

A. 证书被吊销了，不可用

B. CA 不被客户端信任

C. 服务器申请证书信息和当前网站不匹配

D. 网站无法访问到 CA，故证书不可以使用

3. 在 Windows 2012 中，安装企业根 CA 需要的必要条件是（　　）。

A. 需要 AD 服务　　B. 需要建立站点

C. 需要有公网地址　　D. 需要和客户在一个子网中

4. 在 Windows 2012 中，创建 Web 服务器证书申请，需要在（　　）选项中完成。

A. 目录浏览　　B. 默认文档

C. 服务器证书　　D. HTTP 响应标头

5. 在 Windows 2012 中，在 Web 服务器完成证书安装，需要选择的文件类型是（　　）。

A. .txt　　B. .cer　　C. .pfx　　D. .xml

6. 在 Windows 2012 中，启用 SSL 后，要求客户端必须也同时拥有证书才能访问网站的选项是（　　）。

A. 忽略　　B. 接受　　C. 必须　　D. 要求

二、简答题

1. 企业根 CA 和独立根 CA 有什么不同？

2. 安装 Windows Server 2012 认证服务的核心步骤是什么？

3. 证书的用途是什么？

学习情境三

数据无价，域控护航

——域环境下中小型企业资源安全管理

微迷传媒公司近期业务发展迅猛，设立了多个分公司，人员激增，各类资源大量增加，原本基于工作组模式的管理工作已经不合时宜，系统的安全隐患也越来越多。现在公司总部希望在保证大量用户访问资源的同时，配置活动目录，实现集中管理；创建子域，实现对分公司资源的管理；利用组策略给用户分配权限，管理应用软件，从而减少管理开支，减轻网络管理人员的负担，提高系统安全性。

搞科学、做学问，要"不空不松，从严以终"，
要很严格地搞一辈子工作。

——华罗庚

项目十

活动目录的部署

【学习目标】

1. 知识与能力目标

（1）理解域、域树、域森林以及活动目录的概念。

（2）理解活动目录的逻辑结构与物理结构。

（3）会安装活动目录、删除活动目录。

（4）能将计算机加入域。

（5）会在域环境中对用户和组进行管理。

2. 素质与思政目标

（1）积极动手实践，培养学生积极劳动的意识。

（2）遵守国家法律法规，养成良好的网络运维工程师的职业素养。

（3）养成认真、细致的学习和工作习惯。

【工作情景】

微迷传媒公司组建的单位内部的办公网络原来是基于工作组方式的，近期随着第二轮融资达成，公司业务迅速发展，人员激增，出于方便和网络安全管理的需要，考虑将基于工作组的网络升级为基于域的网络。现在需要将一台或多台计算机升级为域控制器，并将其他所有计算机加入域成为成员服务器。同时，将原来的本地用户账户和组也升级为域用户和组进行管理。经过多方论证，确定了公司的服务器的逻辑拓扑结构，如图 10－1 所示。

【知识导图】

本项目知识导图如图 10－2 所示。

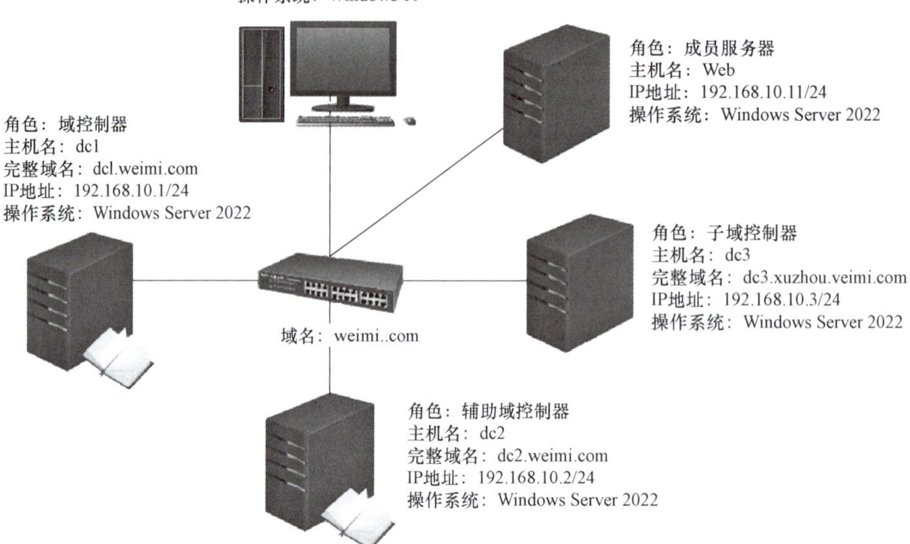

图 10-1　公司域环境拓扑结构

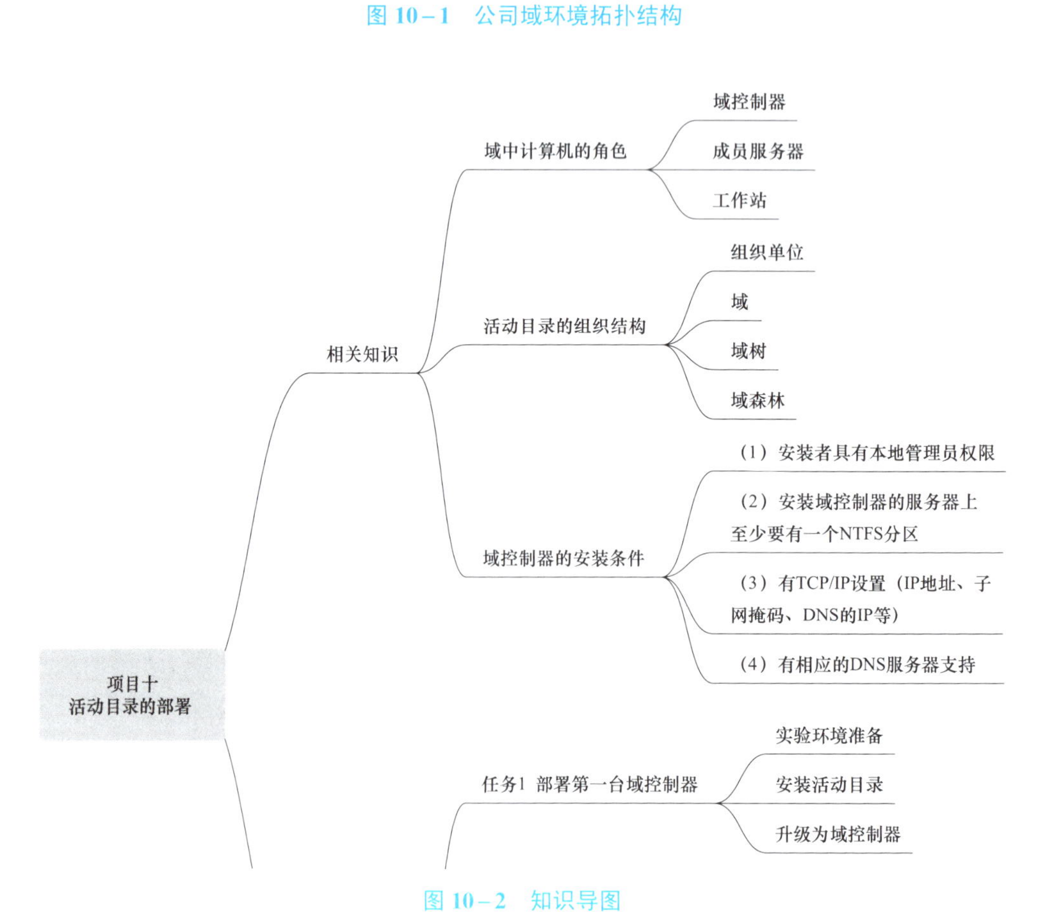

图 10-2　知识导图

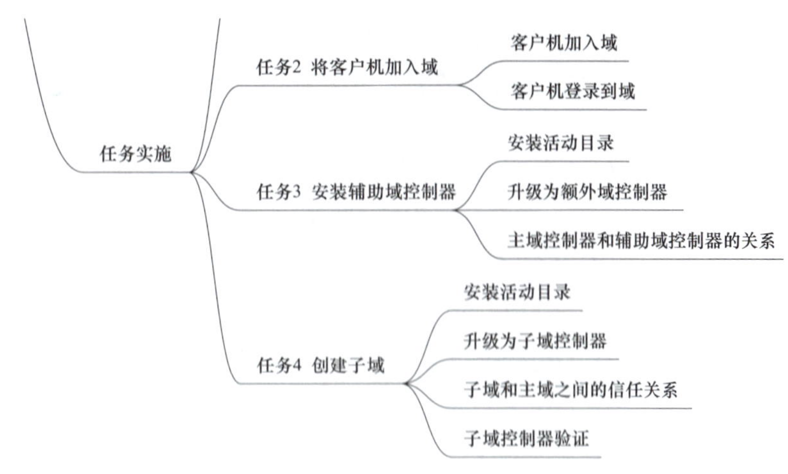

图 10－2　知识导图（续）

【相关知识】——看一看

Windows 网络工作环境：活动目录和工作组。工作组：分散管理资源，没有服务器和客户端之分。活动目录（域）：集中管理网络资源，采用 C/S 网络架构。

活动目录 AD（Active directory）是 Windows 的一种服务，是一个目录数据库，集中存储着整个 Windows 网络中的用户账号、组、计算机、共享文件夹等对象的相关信息。域（Domain）和域控制器（Domain Controller）DC 域是活动目录的一种体现形式，由域控和成员机组成。

一、域中计算机的角色

域中计算机根据其功能的不同，可分为以下三个角色：

1. 域控制器

在域模式下，至少有一台计算机负责每一台联入网络的电脑和用户的验证工作，相当于一个单位的门卫，这台 PC 称为域控制器 DC。

① 在一个域中，活动目录数据库必须存储在域控制器上。

② 只有服务器级的计算机才能承担域控制器的角色。

③ 域控制器管理目录信息的变化，并把这些变化复制到同一个域中的其他域控制器上，使各域控制器上的目录信息处于同步状态。

④ 域控制器负责用户登录及与其他域有关的操作，比如身份验证、目录信息查找等。

⑤ 一个域可以有一个或多个域控制器，各域控制器是平等的，管理员可以在任意一台域控制器上更新域的信息，更新的信息会自动传递到网络中其他域控制器。

⑥ 设置多台域控制器目的：提高域的容错能力。

2. 成员服务器

那些安装了服务器操作系统（如 Windows Server 2008/2012/2016），但未安装活动目录服务且加入域的计算机称为成员服务器。成员服务器不执行用户身份验证，也不存储安全策略信息，这些工作由域控制器完成。如果在成员服务器上安装活动目录，该服务器就会升级为域控制器；如果在域控制器上卸载了活动目录，该服务器就会降级为成员服务器。

3. 工作站

所有安装 Windows XP/7/8/10 系统，且加入域的计算机称为工作站。工作站由于没有安装服务器操作系统，所以无法升级为域控制器。

成员服务器和工作站都受域控制器的管理和控制；在一个域中，必须有域控制器，而其他角色的计算机可有可无。一个最简单的域只包含一台计算机，这台计算机一定是该域的域控制器。

二、活动目录的组织结构

活动目录数据库中存储了大量且种类繁多的资源信息，这些信息不仅包括用户账户、用户组、计算机等基本对象，还包括由基本对象按照一定的层次结构组合起来的组合对象。Windows Server 2022 活动目录中组合对象有如下几种：

1. 组织单位（Organizational Unit，OU）

OU 是组织、管理域内对象的一种容器，它能包容用户、计算机等基本对象和其他的 OU。

2. 域（Domain）

域是活动目录的核心单元，是对象的容器，这些对象有相同的安全需求、复制过程和管理。域管理员具有管理本域的所有权利，如果其他的域赋予他管理权限，他还能够访问或管理其他的域。

3. 域树（Domain Tree）

在一个活动目录中可以根据需要建立多个域。第一个建立的域称为“父域”，而把各分支机构建立的域称为该域的“子域”。为了表明域之间的信任关系，要求子域的名称包含父域的域名。

4. 域森林（Domain Forest）

多棵域树就构成了域森林，域森林中的域树不共享邻接的命名空间，域森林中的每一棵域树都拥有唯一的命名空间。但共享同一个架构和同一个全局目录数据库，如图 10－3 所示。

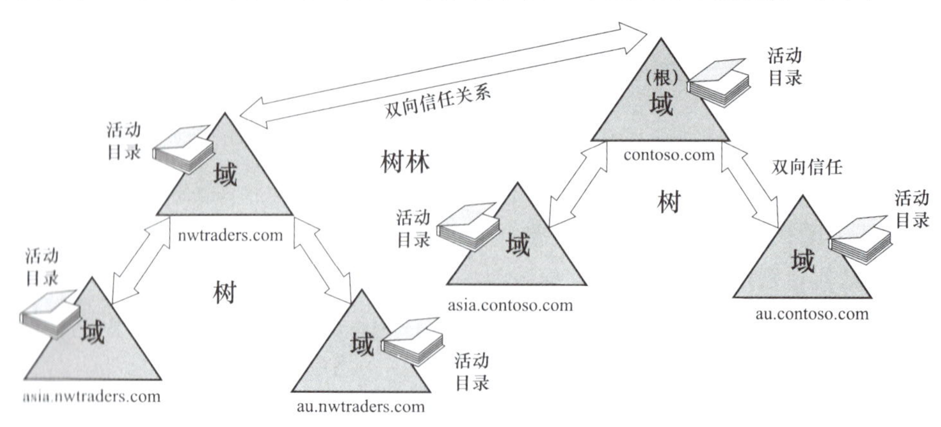

图 10－3 域森林结构

域既是 Windows 网络系统的逻辑组织单元，也是 Internet 的逻辑组织单元，在 Windows 系统中，域是安全边界。域管理员只能管理域的内部，除非其他的域显式地赋予他管理权限，

他才能够访问或者管理其他的域。每个域都有自己的安全策略，以及它与其他域的安全信任关系。

三、域控制器的安装条件

要将一台 Windows Server 2022 计算机安装活动目录并升级为域控制器，必须满足以下条件：

① 计算机必须运行 Windows Server 2022 标准版、企业版或数据中心版，运行 Windows Server 2022 Web 版的计算机不能成为域控制器。

② 安装者具有本地管理员权限。

③ 安装域控制器的服务器上至少要有一个 NTFS 分区。

④ 有 TCP/IP 设置（IP 地址、子网掩码、DNS 的 IP 等）。

⑤ 有相应的 DNS 服务器支持，以便让其他计算机通过 DNS 域名找到域控制器。

⑥ 有足够的可用空间。

【任务实施】——学一学

任务 1　部署第一台域控制器

首先，按照图 10－1 所示公司域环境拓扑结构准备好环境，需要三台 Windows Server 2022 服务器（域控制器、辅助域控制器和子域控制器），设置域控制器 dc1 的 IP 地址为 192.168.10.1、辅助域控制器 dc2 的 IP 地址为 192.168.10.2、子域控制器的 IP 地址为 192.168.10.3、客户机 Client 的 IP 地址 192.168.10.13，所有主机的首选 DNS 均指向域控制器 192.168.10.1。

第 1 步：安装活动目录。

打开“开始”→“管理工具”→“服务器管理器”→“仪表板”。单击“添加角色和功能”按钮，运行如图 10－4 所示的“添加角色和功能向导”。

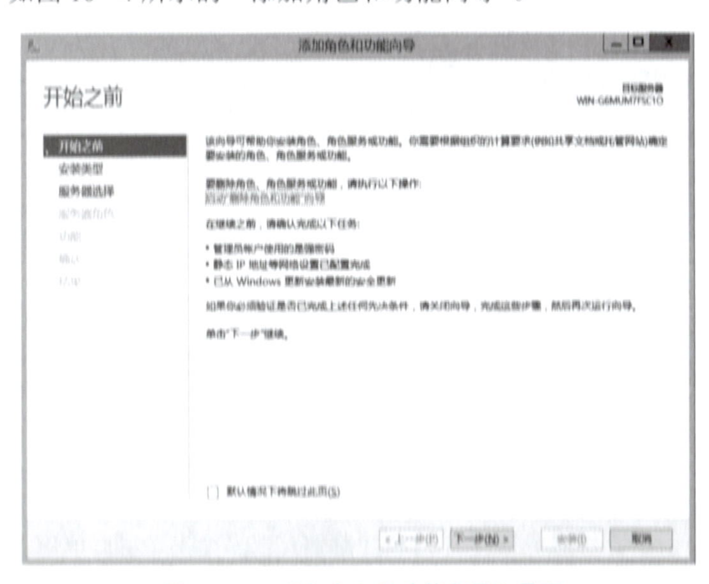

图 10－4　“添加角色和功能向导”界面

勾选“Active Directory 域服务”复选项，单击“添加功能”按钮，如图 10－5 所示。

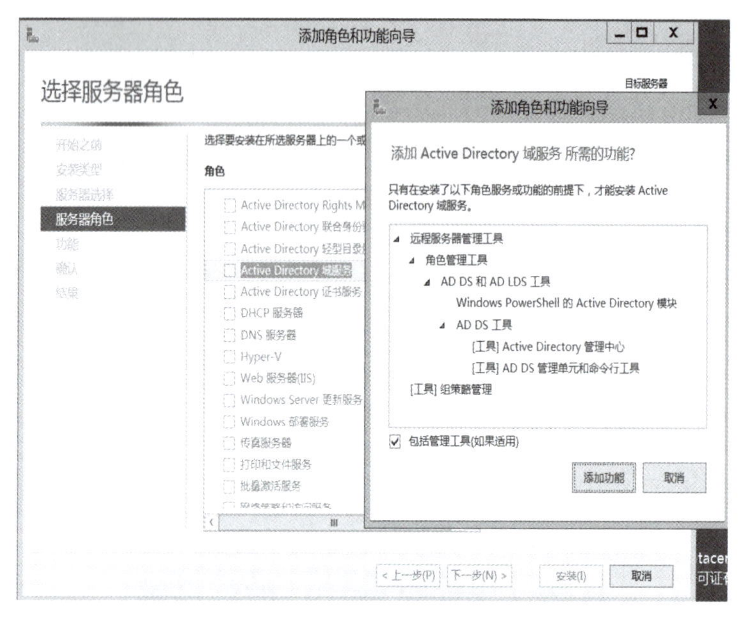

图 10－5　选择服务器角色

在“确认安装所选内容”窗口，单击“安装”按钮，如图 10－6 所示，等待安装完成。

图 10－6　“确认安装所选内容”窗口

第 2 步：升级为域控制器。

安装完成后，还需要将服务器提升为域控制器，在“结果”窗口单击“将此服务器提升为域控制器”选项，如图 10－7 所示。

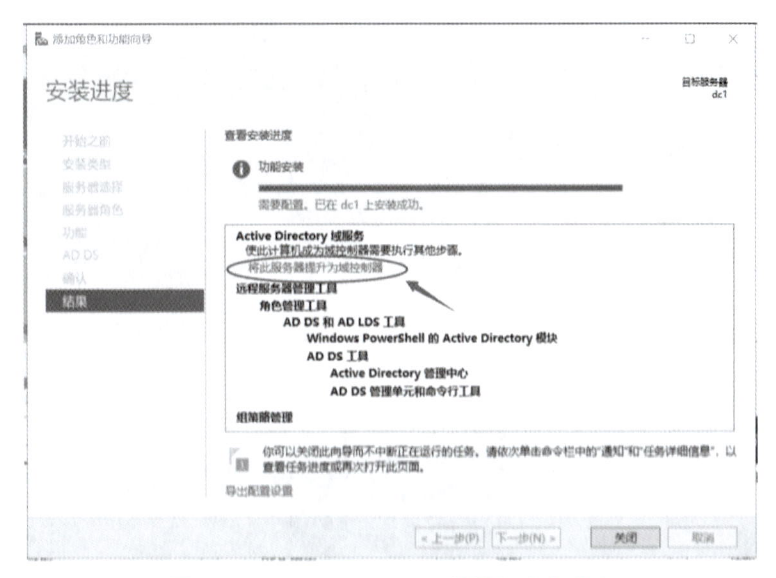

图 10－7　Active Directory 域服务安装成功

在“部署配置”窗口中单击“添加新林”选项，在根域名处填写“weimi.com”，确认无误单击“下一步”按钮，如图 10－8 所示。

图 10－8　部署配置

指定域控制器功能勾选“域名系统（DNS）服务器（O）”，默认已勾选。设置目录还原密码后再单击“下一步”按钮，如图 10－9 所示。

在“DNS 选项”的警告对话框直接单击“下一步”按钮，如图 10－10 所示。

“其他选项”“路径”“查看选项”窗口都单击“下一步”按钮。直到“先决条件”窗口，单击“安装”按钮，如图 10－11 所示。安装过程需要等待几分钟。

图 10－9　部署配置

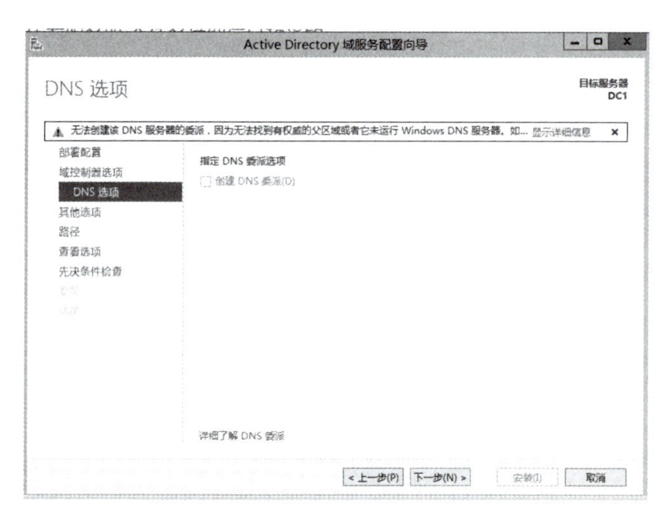

图 10－10　“DNS 选项”对话框

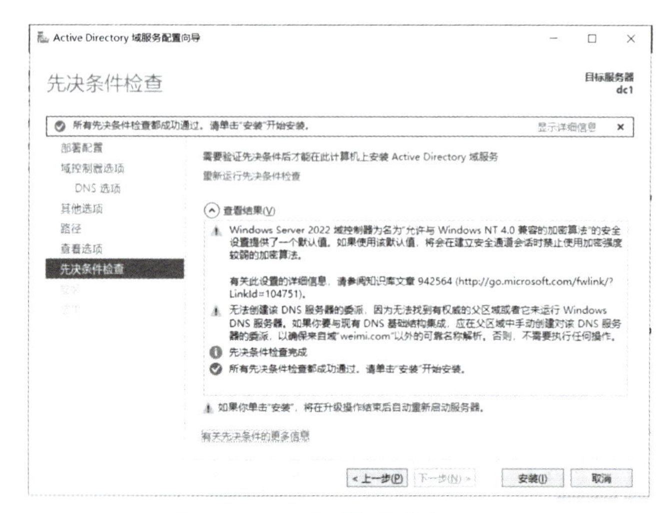

图 10－11　“先决条件检查”窗口

安装完域服务配置会重启，重新登录后，执行“服务器管理器”→“工具”→“Active Directory 用户和计算机”命令，打开如图 10－12 所示界面，表示该服务器已经成功升级为域控制器。

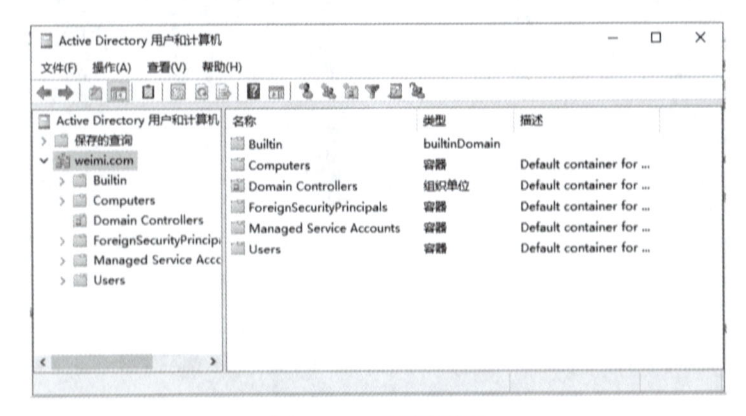

图 10－12 登录界面

任务 2 将客户机加入域

下面再将 Web 独立服务器加入 weimi.com 域，将 Web 提升为 weimi.com 的成员服务器。其步骤如下。

第 1 步：在“计算机”属性中设置更改工作组为域模式，输入域名为 weimi.com，单击“确定”按钮，输入管理员用户名和密码，单击“确定”按钮，如图 10－13 所示，加入域成功后会，提示“欢迎加入 weimi.com 域”，如图 10－14 所示。

图 10－13 将主机加入 weimi.com 域

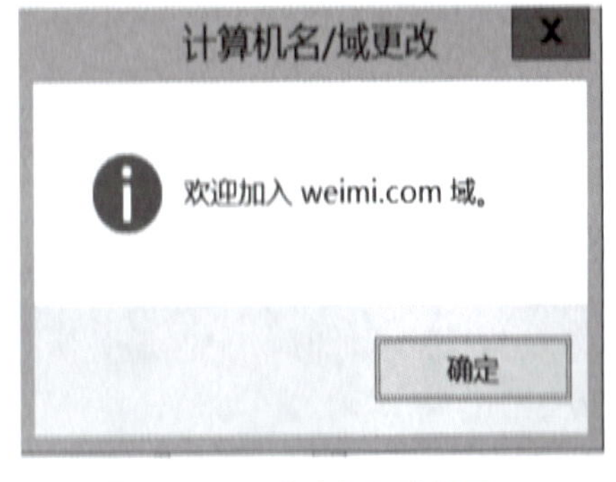

图 10－14 成功加入域提示

第 2 步：加入后，按照界面提示重新启动计算机，输入用户名和密码，即可登录到域，如图 10－15 所示。

图 10－15　登录界面

第 3 步：加入后查看系统属性，成功界面如图 10－16 所示。

图 10－16　加入 weimi.com 域后的系统属性

温馨提示：

① 如果在加入域时，DNS 服务器出现了故障，就暂时联系不上 DNS 服务器。

② 当计算机成功加入域后，此计算机便成为域的工作站。

③ 加入域的计算机，可以用域账户登录来安装辅助域控制器域，也可使用本地账户登录本地机。

④ 脱离域的方法和加入域的方法类似于将“隶属于”域改为工作组，再输入适当的工作组名即可。

任务3　安装辅助域控制器

辅助域控制器升级过程与安装域控制器过程类似。注意第二台域控制的首选 DNS 一定设置为第一台域控制器的 IP 地址。步骤如下：

第 1 步：安装活动目录服务。

打开“开始”→“管理工具”→“服务器管理器”→“仪表板”，单击“添加角色和功能”按钮，运行如图 10－17 所示的“添加角色和功能向导”。

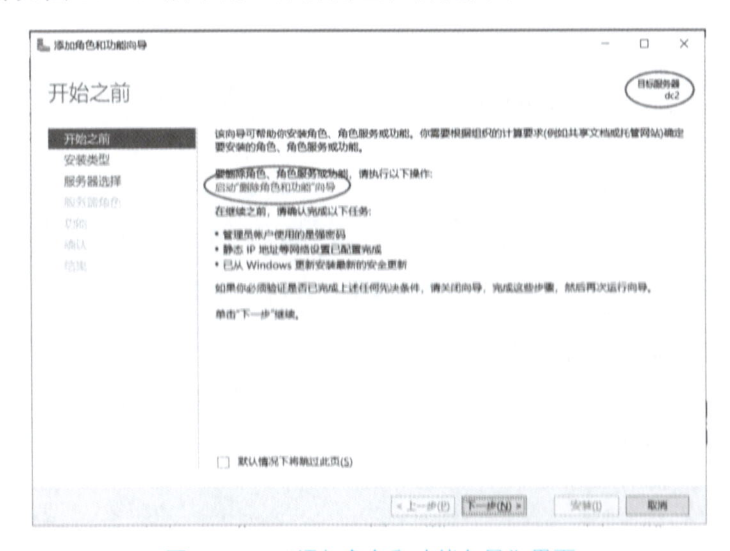

图 10－17　“添加角色和功能向导”界面

勾选“Active Directory 域服务”复选项，单击“添加功能”按钮，如图 10－18 所示。然后一直单击“下一步”按钮，直到出现“确认安装所选内容”窗口，单击“安装”按钮，如图 10－19 所示，等待安装完成。

图 10－18　选择服务器角色

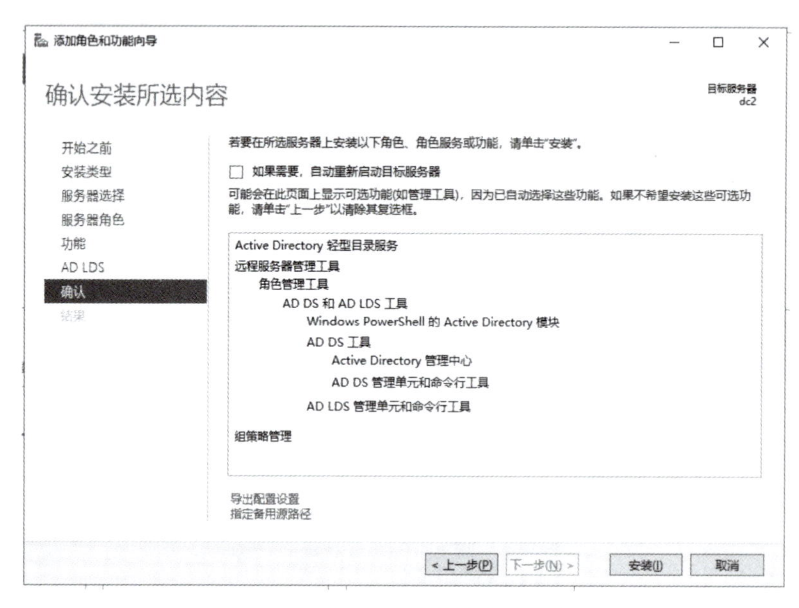

图 10－19 “确认安装所选内容”窗口

第 2 步：升级为辅助域控制器。

安装活动目录后，在图 10－20 所示界面单击“将此服务器提升为域控制器”选项，即将升级为辅助域控制器的操作。

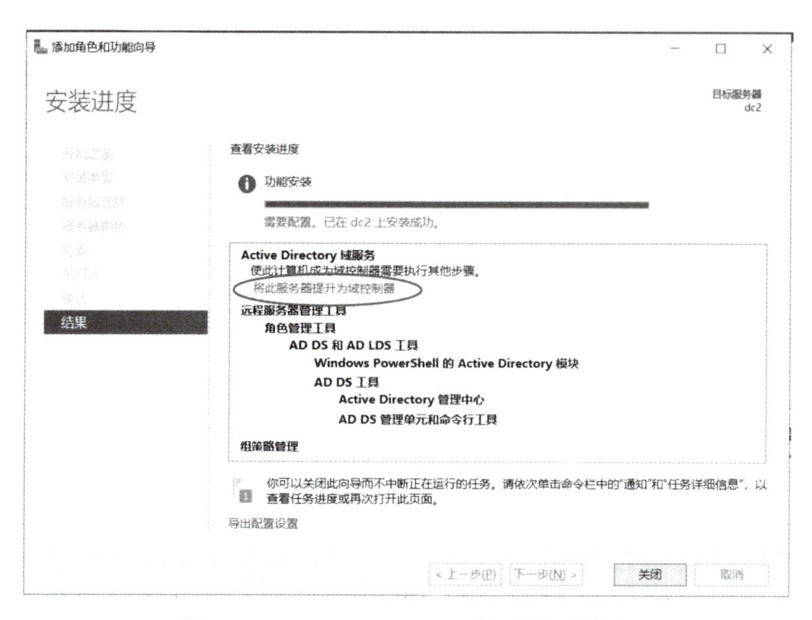

图 10－20 Active Directory 域服务安装成功

在“部署配置”窗口选择“将域控制器添加到现有域”选项，再输入域名 weimi.com，如图 10－21 所示。

图 10－21　部署配置

单击“选择”按钮，弹出“部署操作的凭据”对话框时，输入域管理员的身份验证，确认无误后，单击“确定”按钮，如图 10－22 所示。

图 10－22　部署配置

在“从林中选择域”中选择 weimi.com，再单击“确定”按钮，单击“下一步”按钮，如图 10－23 所示。

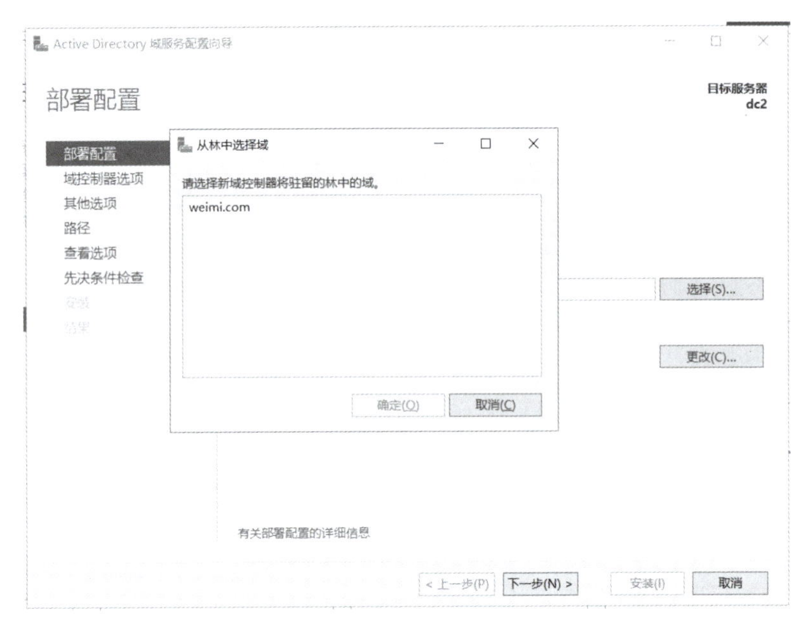

图 10-23　部署配置

输入在上一步配置的根域名密码，在确定密码无误后，单击“下一步”按钮，如图 10-24 所示。

图 10-24　部署配置

在“先决条件检查”窗口，单击“安装”按钮，等待辅助域控安装完成，如图 10-25 所示。

图 10-25　“确认安装所选内容”窗口

安装完成后重启，使用域管理员的密码登录辅助域，如图 10-26 所示。

图 10-26　辅助域名配置完成

任务 4　创建子域

创建子域 china.weimi.com。

在子域控制器上首先安装活动目录，然后单击“将此服务器提升为域控制器”选项，配置 Active Directory 域服务配置向导，选择“将新域添加到现有林”，选择“weimi.com”域，然后输入上域控的管理员用户名和密码，如图 10-27 所示。

图 10-27　域配置

部署配置新域名为 china，如图 10-28 所示。

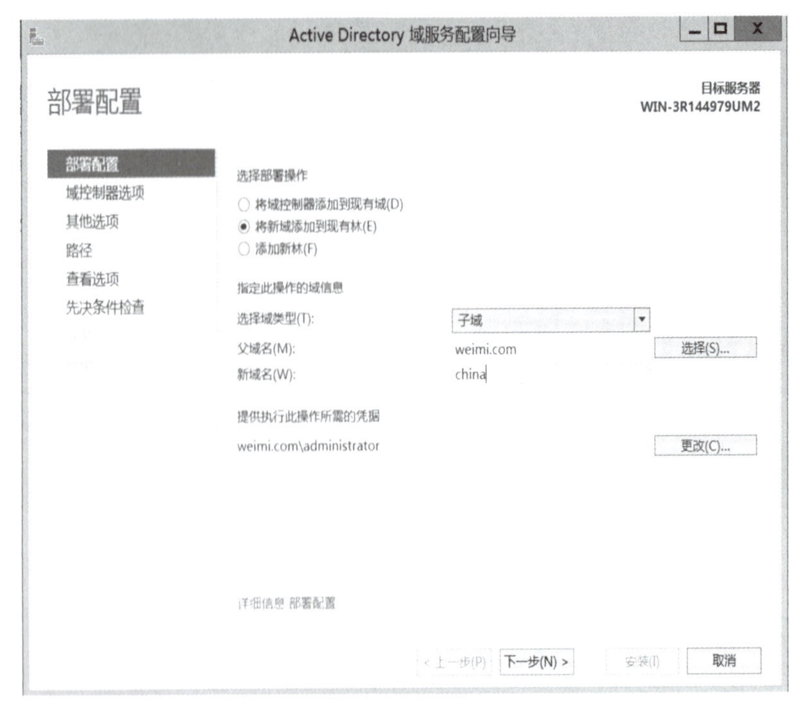

图 10-28　部署配置

输入之前配置的根域名密码，在确定密码无误后，单击“下一步”按钮，如图 10-29 所示。

图 10－29　域控制器选项

然后一直单击“下一步”按钮，直到打开“先决条件检查”页面，单击“安装”按钮，如图 10－30 所示。

图 10－30　先决条件检查

安装完成后，重启子域控 china，输入密码之后会提示密码过期，必须更改，如图 10－31 所示。

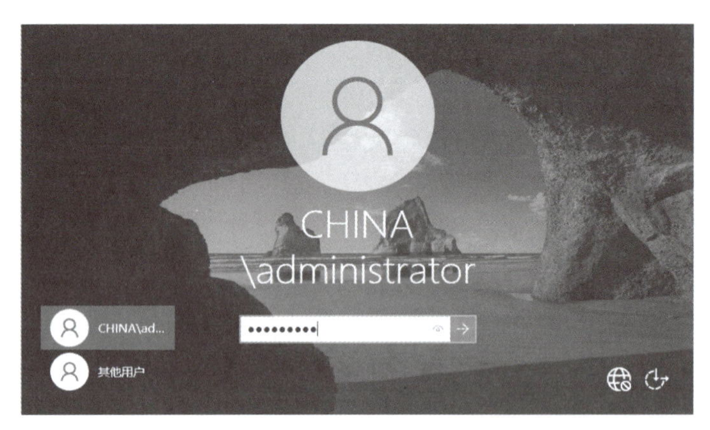

图 10－31　登录子域控

新域控制器中的 Active Directory 用户和计算机中的查询结果如图 10－32 所示。

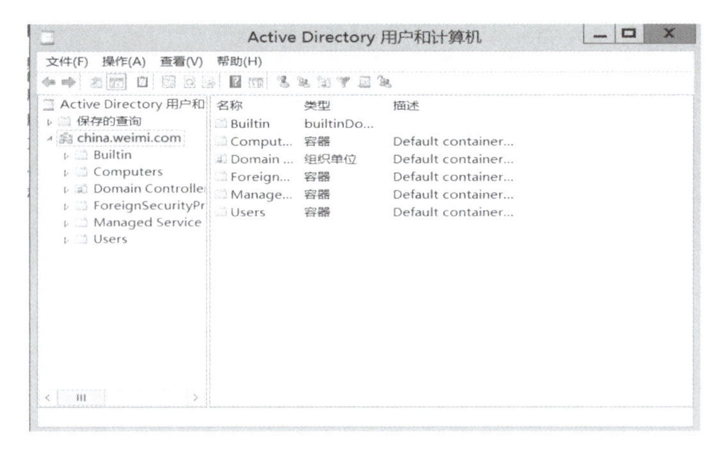

图 10－32　子域控制器的 Active Directory 用户和计算机

关于新域的 DNS 配置，分别在新域（子域）的 DNS 管理器及父域的 DNS 管理器中查询结果，如图 10－33 和图 10－34 所示。

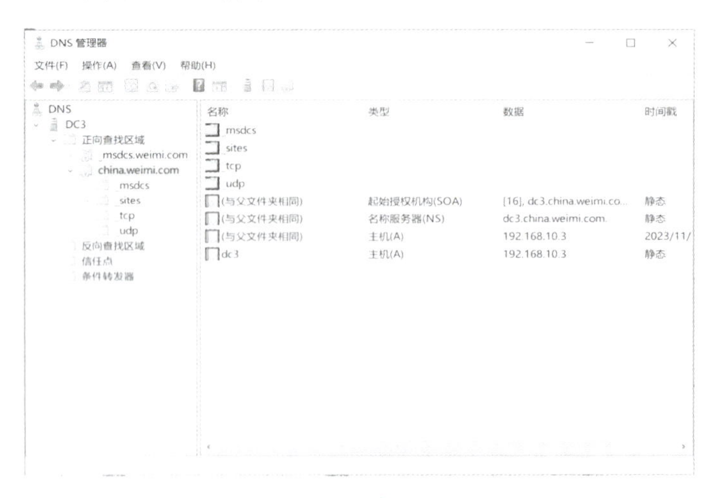

图 10－33　子域 DNS 配置

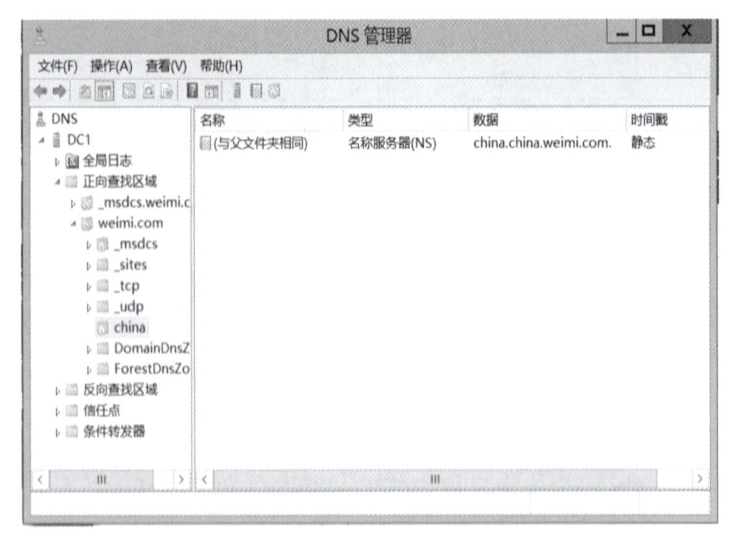

图 10-34　父域中的 DNS 配置

【技能拓展】——拓一拓

随着微迷传媒公司的发展壮大，已有的工作组式的网络已经不能满足公司的业务需要。经过多方论证，确定了公司的服务器的拓扑结构，如图 10-35 所示。

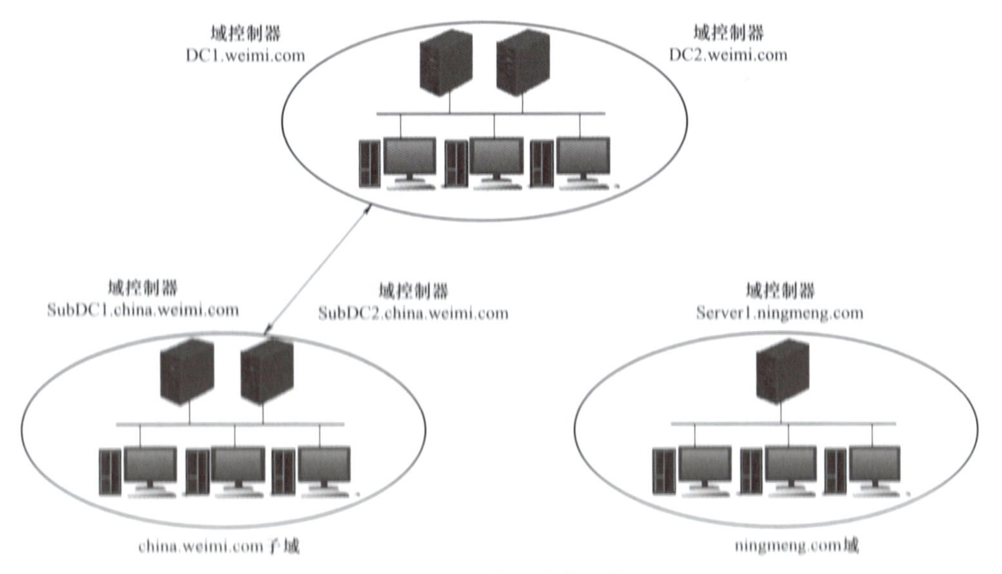

图 10-35　企业案例拓扑

【训练准备】——想一想

为了又快又好地完成任务，需要弄清楚以下几个问题：

1. 认真阅读公司服务器拓扑结构，理解工作任务内容，明确工作任务的目标，同时拟订任务实施计划。

引导问题 1：公司一共有几个域？它们的关系是怎样的？

引导问题 2：公司一共有几台域控制器？它们的关系是怎样的？

引导问题 3：子域控制器和主域控制器之间的信任关系应该如何设置？

---

2. 分析案例需求。

搭建部署 Active Directory 域。

步骤：

① 在 DC1 中，创建 DNS 域 weimi.com，创建该域额外的域控 DC2。

② 在 SubDC 中，创建 DNS 域 china.weimi.com（为 weimi.com 的子域），创建该域额外的域控 SubDC。

③ 在 Server1 中，创建 DNS 域 ningmeng.com。

④ 配置域的信任关系。

【训练过程】——做一做

分析：先准备好实验使用的虚拟机。

操作步骤指导：

第 1 步：创建域 weimi.com，域控制器的计算机名称为 DC1。

第 2 步：检查安装后的域控制器。

第 3 步：安装域 weimi.com 的额外域控制器，域控制器的计算机名称为 DC2。

第 4 步：创建子域 china.weimi.com，其域控制器的计算机名称为 SubDC1，成员服务器的计算机名称为 SubDC2。

第 5 步：创建域 ningmeng.com，域控制器的计算机名称为 Server1。

第 6 步：创建 weimi.com 和 ningmeng.com 双向可传递的林信任关系。

第 7 步：备份 ningmeng.com 域中的活动目录，并利用备份进行恢复。

第 8 步：建立组织单位 sales，在其下建立用户 testdomain，并委派对 OU 的管理。

记录拓展实验中存在的问题：

【课程思政】——融一融

攻坚关键技术，攻破 35 项“卡脖子”问题

5 年前，美国制裁中兴的消息传来（2018 年 4 月 16 日），举国哗然。3 天后，《科技日

报》持续三个月推出系列文章，报道了制约我国工业发展的35项“卡脖子”技术，包括芯片、操作系统、触觉传感器、真空蒸镀机、医学影像设备元器件等，涉及多个领域，引起社会的广泛关注与讨论，此后更在科技界掀起了“卡脖子”技术的攻坚浪潮。

如今5年过去了，那些“卡脖子”技术还卡我们吗？经逐项检索公开资料，对比权威信息，目前我国至少已经攻破了21项关键技术，其他技术正在攻关或由于某些原因而尚未完全公开。

操作系统、数据库管理系统这两项是美国主导的核心软件技术，但更多的是涉及信息安全、行业生态范畴。中国已经推出不少性能不错的自主产品，虽然市场份额还有待突破，但这些软件不至于“卡脖子”。大飞机相关的技术有4项：航空发动机舱室、适航标准、航空设计软件、航空钢材，国产大飞机C919已经商业运营一段时间了。

最突出的“卡脖子”难题还是在芯片领域。光刻机、光刻胶、射频芯片、超精密抛光工艺、核心工业软件这5项都与芯片制造相关，再加上芯片本身共6项。美国2022年出台了《芯片法案》对中国发起攻击，还逼迫荷兰、日本限制芯片制造设备出口。毫无疑问，芯片是美国对中国“卡脖子”的最大武器，美国在人工智能领域限制中国，就是以高性能GPU芯片为抓手。

美国的制裁本来是想彻底围堵中国芯片的发展，但是也意外“帮助”中国解决了这个问题。中国芯片业从业人员收入大幅上升，国产替代已经形成风潮。当然，据理性评估，国产芯片发展还需要付出更多的努力，行业需要解决腐败、重复投资等问题，一些难度极高的关键技术突破也需要更多的时间，但5年来芯片业的自研成果还是很让人欣喜的。

中国在众多科技领域都取得了重大进展，我们可以有信心地说，美国用高科技“卡脖子”威胁中国的企图从未成功，也不可能成功。

【任务评价】——评一评

1. 各小组派代表展示本项目知识点思维导图。

本项目知识点思维导图

2. 各小组展示汇报实训效果。

实训任务	完成情况	备注
任务 1	□已完成　□完成一部分　□全部未做	
任务 2	□已完成　□完成一部分　□全部未做	
任务 3	□已完成　□完成一部分　□全部未做	
任务 4	□已完成　□完成一部分　□全部未做	

3. 学生自我评估与总结。

（1）你掌握了哪些知识点？

____

____

____

（2）你在实际操作过程中出现了哪些问题？如何解决？

____

____

（3）谈谈你的学习心得体会。

____

____

____

4. 评价反馈。

根据各组学生在完成任务中的表现，给予综合评价。

项目实训评价表

评价项目	评价要点	分值	自评	互评	师评
精神状态	课前准备充分，物品放置齐整	10			
	积极发言，声音响亮、清晰	10			
	具有团队合作意识，注重沟通，自主探究学习和相互协作完成任务	10			
完成工作任务	任务 1	15			
	任务 2	15			
	任务 3	15			
	任务 4	15			
自主创新	能自主学习，勇于挑战难题，积极创新探索	10			
总　分					
小组成员签名					
教 师 签 名					
日　　期					

【知识巩固】——练一练

一、选择题

1. 关于 Windows Server 2022 的活动目录服务，说法正确的是（　　）。

A. 过分强调了安全性，可用性不够

B. 从 WindowNT Server 中继承而来

C. 是一个目录服务，存储有关网络对象的信息

D. 具有单一网络登录能力

2. 安装 Active Directory 需要具备一定的条件，以下（　　）不满足操作系统版本的要求。

A. Windows Server 2022 标准版　　B. Windows Server 2022 企业版

C. Windows Server 2022 Datacenter 版　　D. Windows Server 2022 Web 版

3. 将一台 Windows 系统的计算机安装为域控制器时，以下（　　）条件不是必需的。

A. 安装者必须具有本地管理员的权限

B. 本地磁盘至少有一个分区是 NTFS 文件系统

C. 操作系统必须是 Windows Server 2022 企业版

D. 有相应的 DNS 服务器

4. 公司需要使用域控制器来集中管理域账户，你安装域控制器必须具备（　　）条件。（选择两项）

A. 操作系统版本是 Windows Server 2022 或者 Windows 7

B. 本地磁盘至少有一个 NTFS 分区

C. 本地磁盘必须全部是 NTFS 分区

D. 有相应的 DNS 服务器支持

5. 你正准备把一台 Windows Server 2022 的计算机提升为域控制器，在安装活动目录之前，应该检查（　　）设置。（选择三项）

A. 计算机要有足够空间的磁盘分区　　B. 安装者必须具有本地管理员权限

C. 本地磁盘至少有一个 NTFS 分区　　D. 计算机必须有一个静态 IP 地址

6. 活动目录中的域之间的信任关系是（　　）。

A. 双向可传递　　B. 双向不可传递　　C. 单向不可传递　　D. 单向可传递

7. 公司需要去打开活动目录功能，需要在以下（　　）软件中安装。

A. 安装软件　　B. 功能　　C. 角色　　D. 浏览器

8. 你想将一台工作组中的 Windows Server 2022 服务器升级成域控制器，可以使用（　　）。

A. 服务器管理器　　B. Windows 组件向导

C. 设备管理器　　D. 命令 depromo

二、判断题

1. 在把一台计算机加入域后，需要重新启动计算机才可使该设置生效。 （ ）

2. 可以把一台 Windows 计算机同时加入两个域中。 （ ）

3. 假设一个域中有 50 台计算机，如果一个用户希望访问每台计算机上的资源，那么只需要在域中为他创建一个用户账户即可。 （ ）

4. 一个工作组中可以包含多个域。 （ ）

5. 一个域中可以包含多个工作组。 （ ）

6. 域比工作组的安全级别高。 （ ）

项目十一

活动目录的资源管理

【学习目标】

1. 知识与能力目标

（1）掌握域用户账户的创建与管理的方法。

（2）掌握域组账户与管理的方法。

（3）掌握组织单位的创建与管理的方法。

2. 素质与思政目标

（1）培养认真细致的工作态度和工作作风。

（2）养成刻苦、勤奋、好问、独立思考和细心检查的学习习惯。

（3）能与组员精诚合作，能正确面对他人的成功或失败。

（4）具有一定自学能力，分析问题、解决问题能力和创新的能力。

【工作情景】

近期随着第二轮融资达成，微迷传媒公司业务发展迅猛、人员激增，单位内部的办公网络由工作组模式升级为域网络，并将计算机加入域了。在项目九中已经完成主域控制器、辅助域控制器、子域控制器的部署，并且已经把客户都加入了域中。接下来需要对一些重要的公共资源、账户、组、组织单位等信息进行统一管理。拓扑结构如图 11－1 所示。

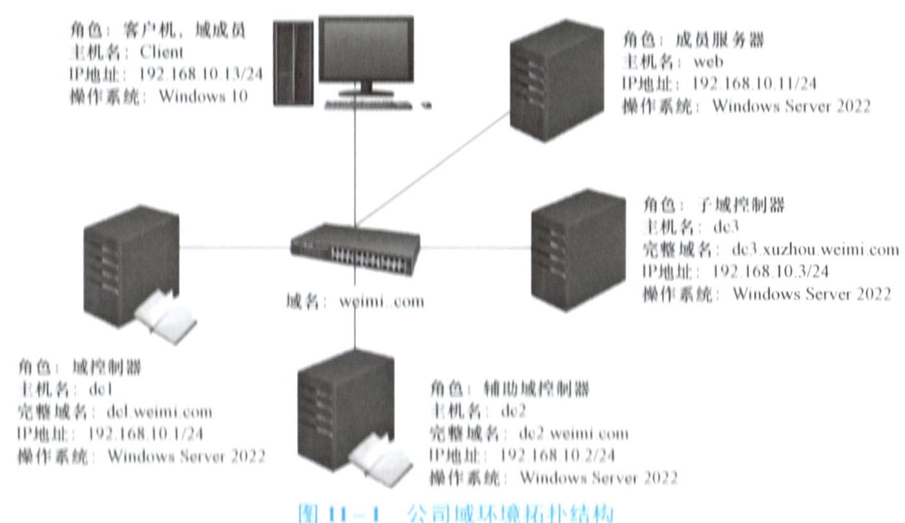

图 11－1　公司域环境拓扑结构

【知识导图】

本项目知识导图如图 11－2 所示。

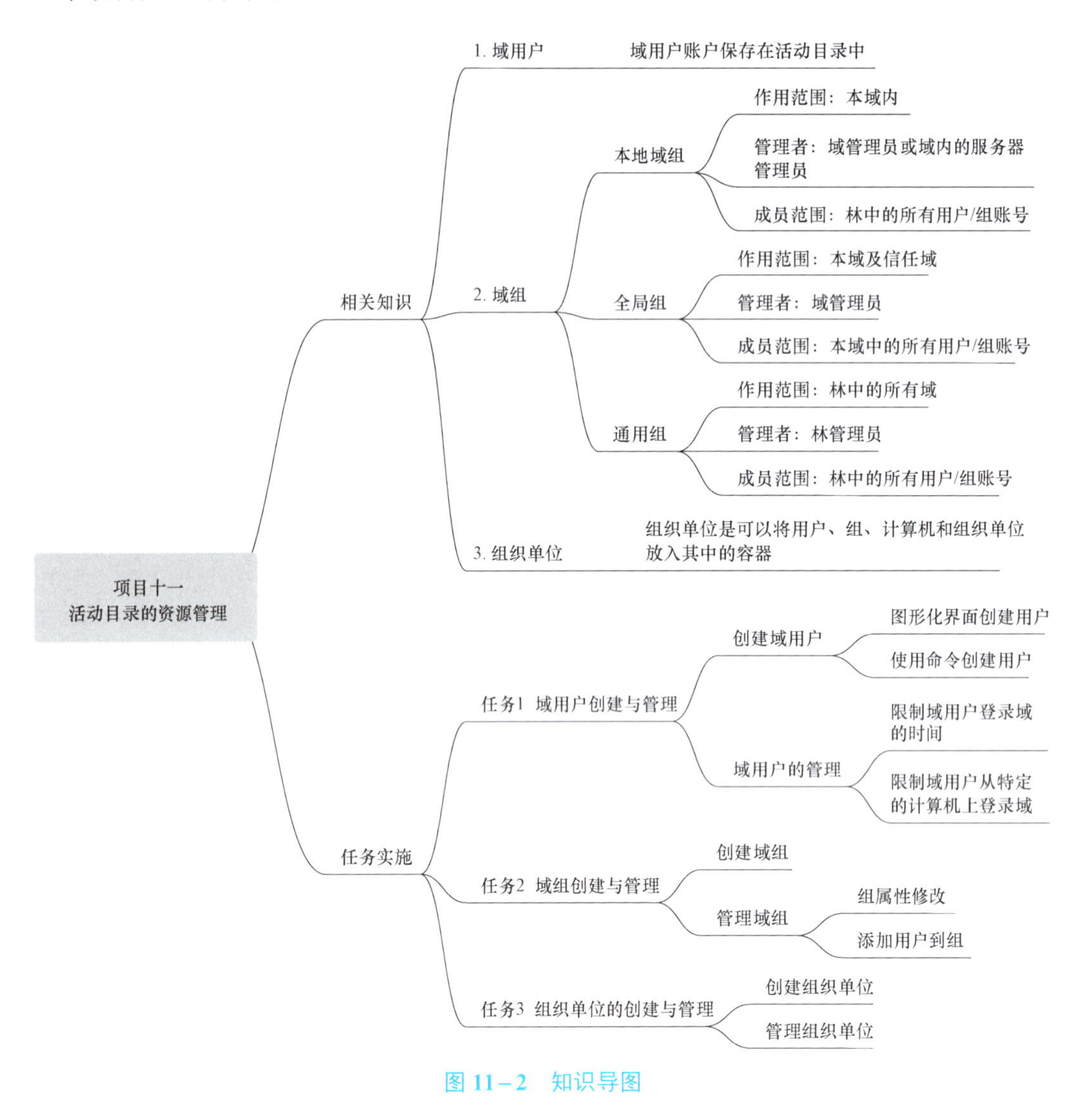

图 11－2 知识导图

【相关知识】——看一看

一、域用户

和本地用户账户不同，域用户账户保存在活动目录中。由于所有的用户账户都集中保存在活动目录中，使集中管理变成可能。同时，一个域用户账户可以在域中的任何一台计算机上登录（域控制器除外），用户可以不再使用固定的计算机。当计算机出现故障时，用户可以使用域用户账户登录到另一台计算机上继续工作，这样也使账号的管理变得简单。

二、域组

在活动目录中，有两种不同类型的组：通信组和安全组。

通信组：其存储了用户的联系方式，用来实现批量用户账号的通信，例如群发邮件、视频会议等，它没有安全特性，不可用于授权。

安全组：具备通信组的全部功能，并可用于为用户和计算机分配权限，是 Windows Server 2022 标准的安全主体。

组的工作范围是用来限制组的作用域的。在域中，根据组的工作范围进行分类，有 3 种类型：本地组（DL）、全局组（G）和通用组（U），如图 11－3 所示。

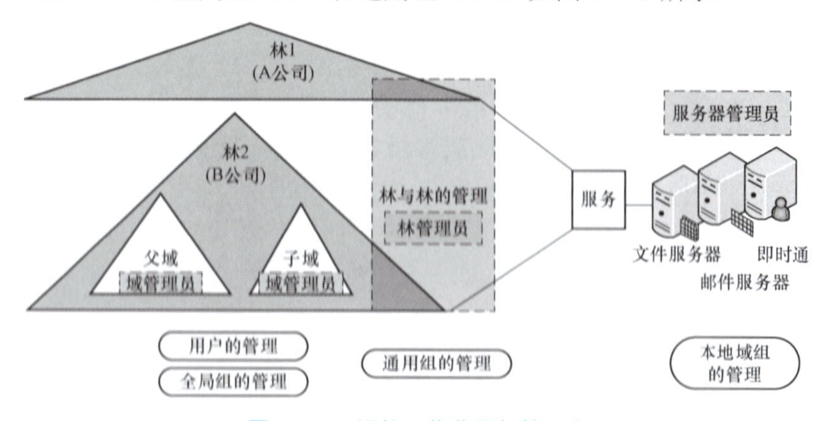

图 11－3　组的工作范围与管理者

1. 本地域组（DL）

作用范围：本域内。

管理者：域管理员或域内的服务器管理员负责管理。

成员范围：林中的所有用户/组账号。

2. 全局组（G）

作用范围：本域及信任域。

管理者：域管理员。

成员范围：本域中的所有用户/组账号。

3. 通用组（U）

作用范围：林中的所有域。

管理者：林管理员。

成员范围：林中的所有用户/组账号。

具体的环境中怎样使用这三个组呢？先来说说这三个组的特点：

通用组的主要作用是合并跨越不同域的组，由于通用组存储在全局编录（GC）中，因此对通用组的修改都会复制到全局编录中，当一个通用组频繁修改的时候，无形之中就增加了网络的开销，因此一个设计优秀的网络中的通用组一定是不经常变更的。所以将账户添加到具有全局作用域的组并且将这些组嵌套在具有通用作用域的组内。这样，当人员频繁发生变动时，也只是修改全局组，而通用组依然不动。

全局组是属于本域的，它的修改不在自身域外复制，所以全局组允许内部频繁地修改（添加、删除用户等），虽然可以利用全局组授予访问任何域上的资源的权限，但一般不直接用它来进行权限管理。

域本地组可被添加到其他本地域组并且仅在相同域中指派权限，因此域本地组就被完全限制了在本域内，所以，对于一个多域的环境，由于其他域不能评估本地域组，因此不应该用域本地组来为 Active Directory 中的对象分配权限。正是因为这一特点，使它只能够分配资源，因为资源不具有流动性（一个域中的打印机不可能跑到另一个域中）。

基于以上三个组的特点，可以很明确地给出几个原则：

A→G←P：整个林中只有一个域和非常少的用户，并且不准备将其他的域加入林中。

A→DL←P：整个林中只有一个域和非常少的用户，并且不准备将其他的域加入林中，同时，域中没有 NT4.0 的成员服务器。

A→G→DL←P：整个林中包含一个或多个域，并且将来也需要添加域。

A→G→U→DL←P：林中有多个需要管理员集中管理全局组的域。

A→G→L←P：将 NT4.0 升级到 Win2003。

A（Account）：用户账户。

G（Global group）：全局组。

DL（Domain local group）：域本地组。

L（Local group）：本地组。

P（Permission）：许可。

因此，可以说全局组的主要作用是基于组织结构、行政结构规划；域本地组的作用是基于资源规划；通用组的主要作用是让组织结构、行政结构与资源规划连通的一个组。用一句俗语可以很好地说明：“人以群分，物以类聚。”全局组用来划分人，域本地组用来划分资源也就是物，通用组把人与资源集合起来。

三、组织单位

组织单位简称 OU（Organizational Unit）的缩写，组织单位是可以将用户、组、计算机和组织单位放入其中的容器，是可以指派组策略设置或委派管理权限的最小作用域或单元。组织单位是域中包含的一类目录对象如用户、计算机和组、文件与打印机等资源，是一个容器。组织单位还具有分层结构，可用来建立域的分层结构模型，进而可使用户把网络所需的域的数量减至最小。组织单位具有继承性，子单元能够继承父单元的 ACl。同时，域管理员可授予用户对域中所有组织单位或单个组织单位的管理权限。就像一个公司的各个部门的主管，权力平均化能更有效地管理。

【任务实施】——学一学

任务 1　域用户创建与管理

组中有组用户，同样，域里用户叫作域用户。域用户的创建和删除都是在 DC1 上完成

的，由 DC1 进行统一的管理。当一个域创建后，还有大量的管理工作需要去做。管理域的主要工具是"开始"→"管理工具"菜单中的"Active Directory 用户和计算机""Active Directory 域和信任关系"和"Active Directory 站点和服务"。用户要访问域中的资源，就需要一个合法的域用户。

1. 创建域用户

以管理员身份登录到域控制器，单击"开始"→"管理工具"→"服务器管理器"→"仪表板"→"工具"，选择"Active Directory 用户和计算机"，如图 11－4 所示。

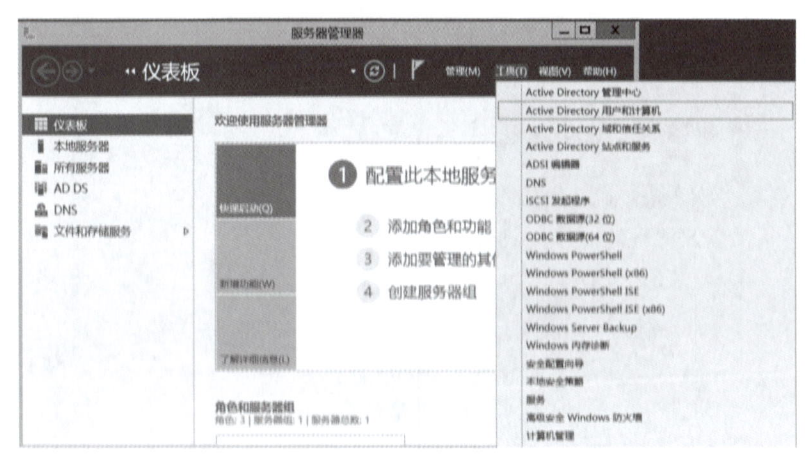

图 11－4　打开"Active Directory 用户和计算机"

在左窗格中展开域名（weimi.com），右击"Users"，选择"新建"→"用户"，如图 11－5 所示。

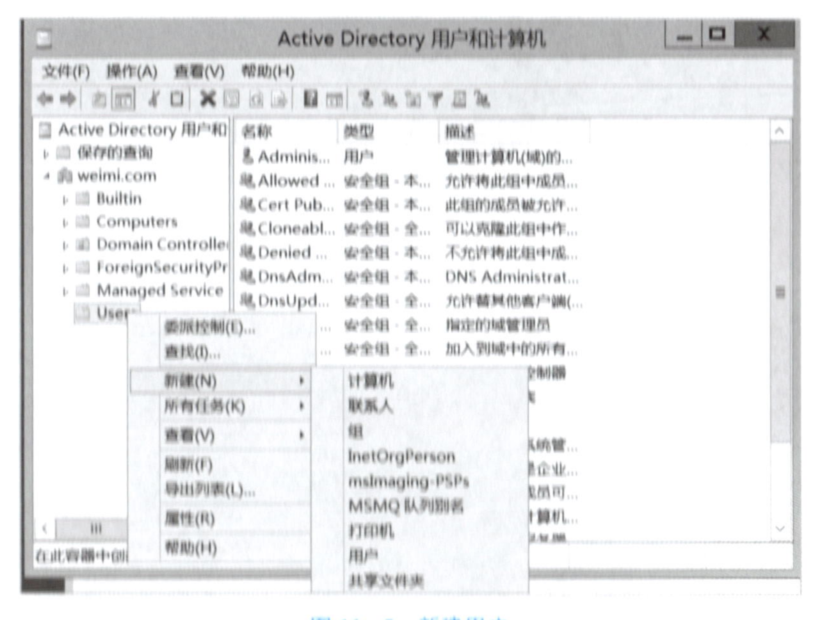

图 11－5　新建用户

在打开的“新建对象－用户”对话框中输入姓（L）、名（F）、用户登录名等，输入完成后，单击“下一步”按钮，如图 11－6 所示。

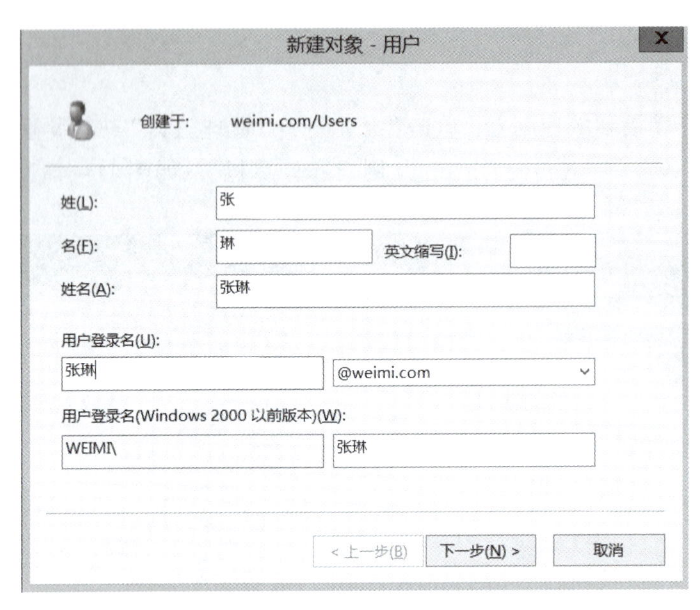

图 11－6　新建对象－用户

输入密码并选勾选“用户不能更改密码”和“密码永不过期”，单击“下一步”按钮，如图 11－7 所示，提示用户创建完成，在右窗格中出现新建的用户。

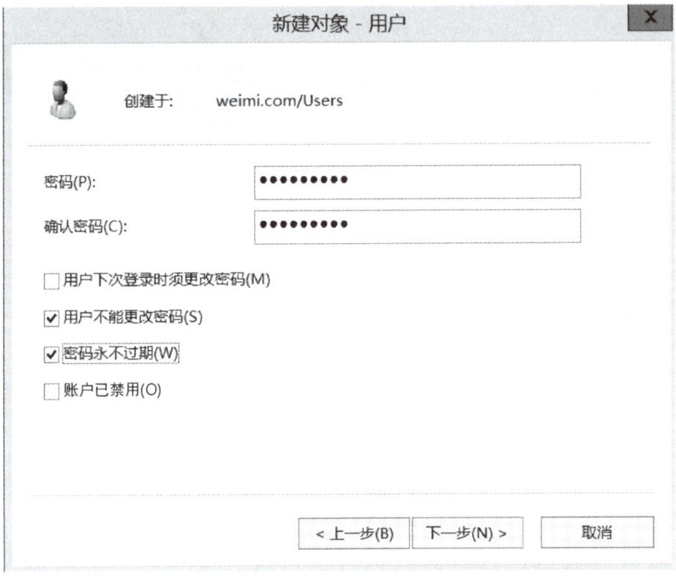

图 11－7　输入密码

按照同样的方法创建用户 user1、user2 和 user3，完成后如图 11－8 所示。

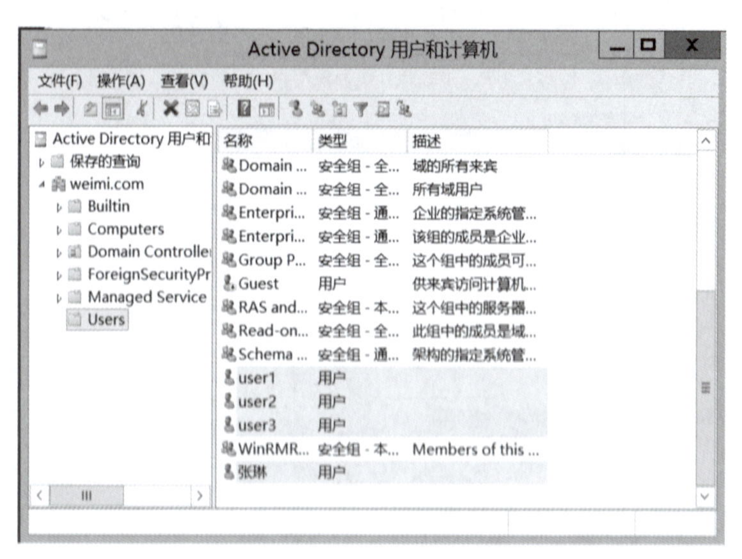

图 11－8　完成用户创建

2. 域用户的管理

（1）限制域用户登录域的时间

默认情况下，域用户可以在任何时间登录域，若想限制其登录时间，设置过程如下：

右击某用户（如：张琳），选择“属性”，如图 11－9 所示。打开该用户的属性对话框，选择“账户”选项卡，单击“登录时间”按钮，如图 11－10 所示。

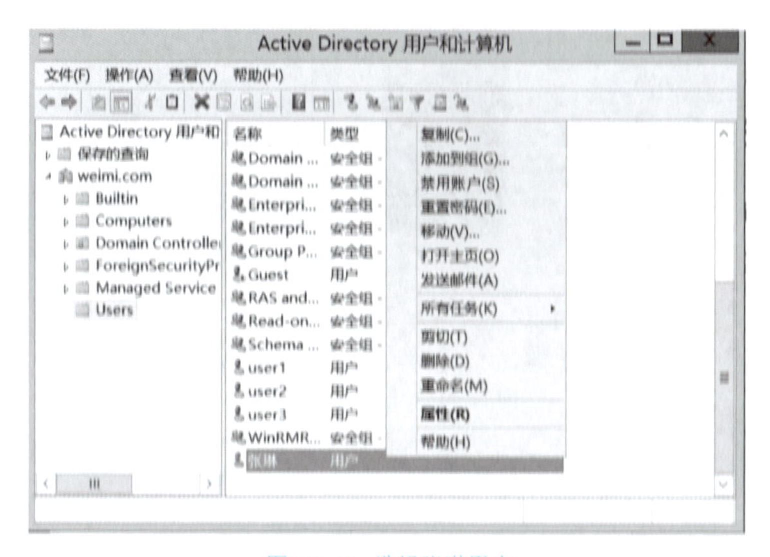

图 11－9　选择张琳用户

在打开“张琳的登录时间”对话框中选定指定的时间段，并选择“允许登录”或者“拒绝登录”。例如，设置张琳在周一到周五的 8:00 至 18:00 之间允许登录，其他时间禁止登录，如图 11－11 所示。

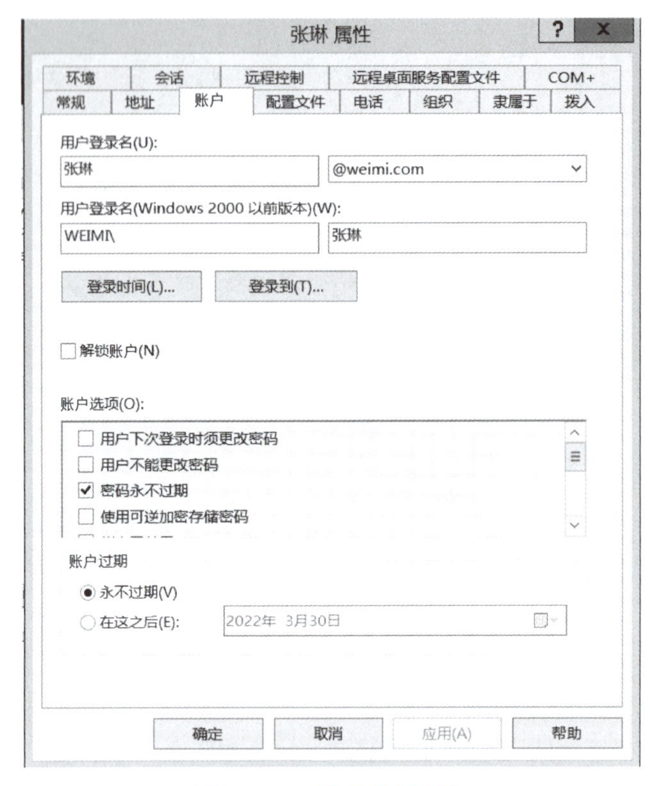

图 11－10　张琳用户属性

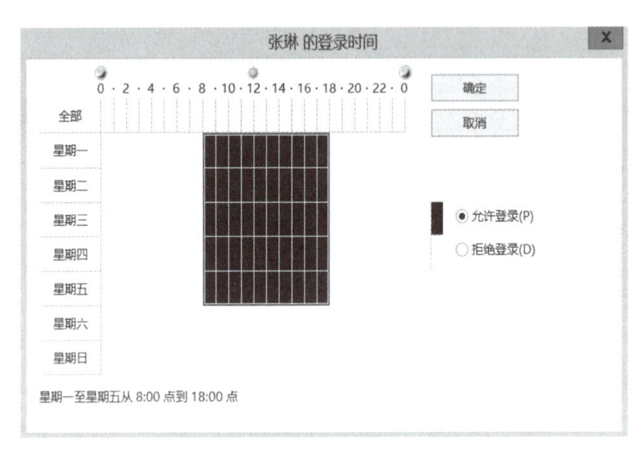

图 11－11　设置登录时间

（2）限制域用户从特定的计算机上登录域

在系统默认情况下，域用户可以从域中任意一台计算机上登录域，管理员也可以限制其只能从特定的计算机登录域。

打开该用户的属性对话框，选择“账户”选项卡，单击“登录到”按钮，如图 11－12 所示。在打开“登录工作站”对话框中，可以看到默认的设置是允许用户从“所有计算机”登录，选择“下列计算机”，在“计算机名”框内输入允许用户登录的计算机名，单击“添加”按钮即可，如图 11－13 所示。

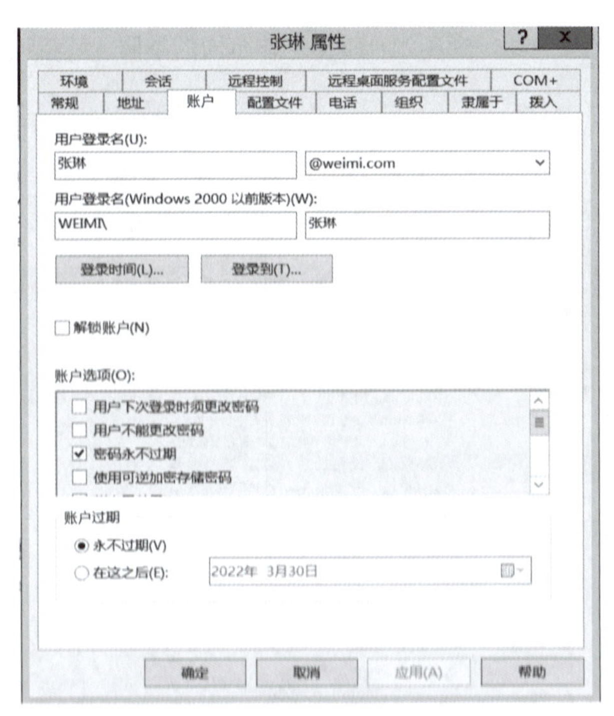

图 11－12　张琳用户属性对话框选择“登录到”

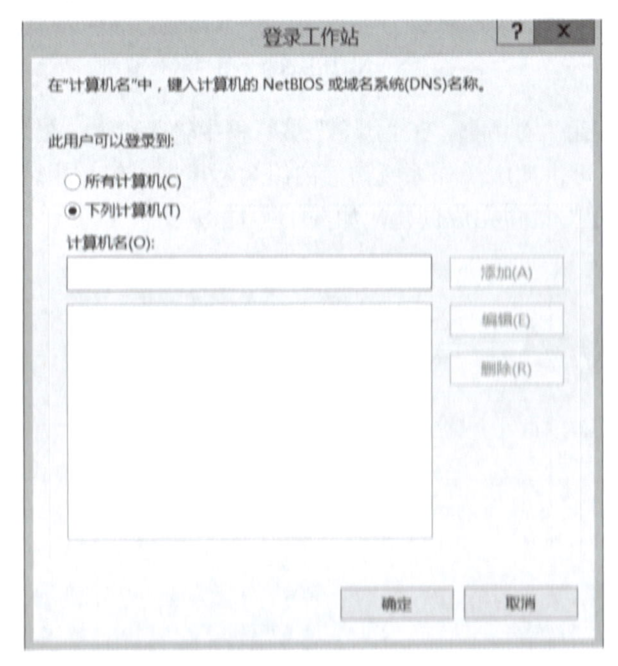

图 11－13　设置限制域用户从特定的计算机上登录域

任务 2　域组创建与管理

用户在域控制器上创建的组称为域组。域组的信息存储在活动目录数据库内，根据用途的不同，域组可以分为安全组、通用组；根据工作范围的不同，域组可以分为本地域组、全局组、通用组。

以管理员身份登录到域控制器，执行“开始”→“管理工具”→“服务器管理器”→“仪表板”选项的“工具”，选择“Active Directory 用户和计算机”，在左窗格中展开域名（weimi.com），右击“Users”，选择“新建”→“组”，如图 11－14 所示。

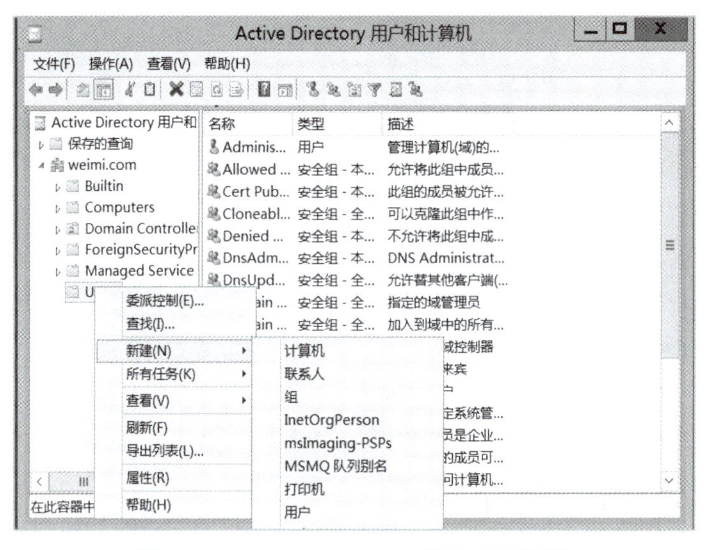

图 11－14　Active Directory 用户和计算机

打开“新建对象－组”对话框，在“组名”编辑框中输入组名，在“组名（Windows 2000 版本）”编辑框中输入可供旧版操作系统访问的组名，单击“组作用域”和“组类型”区域的单选项，单击“确定”按钮完成创建，如图 11－15 所示。

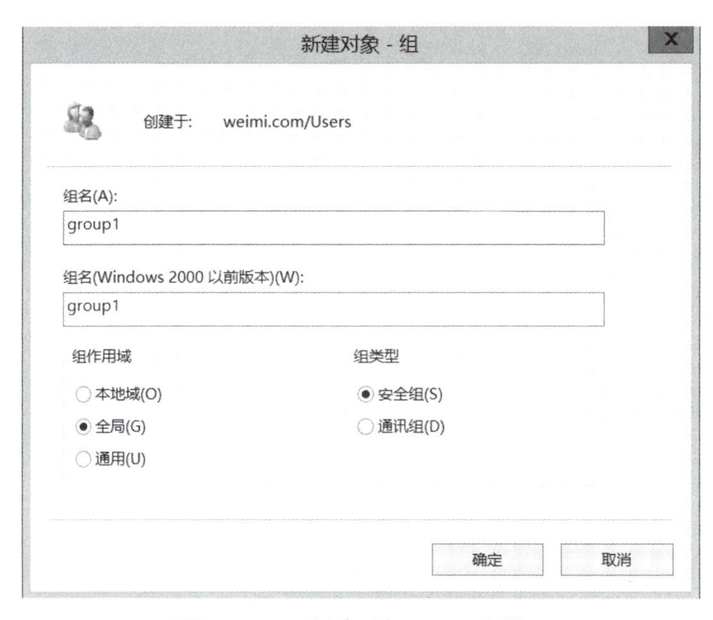

图 11－15　“新建对象－组”对话框

创建组后，可以将用户加入组，方便统一管理。右击“group1”，选择“属性”→“成员”，单击“添加”按钮，分别添加 user1、user2、user3 到 group1 组，如图 11－16 所示，单击“确定”按钮。

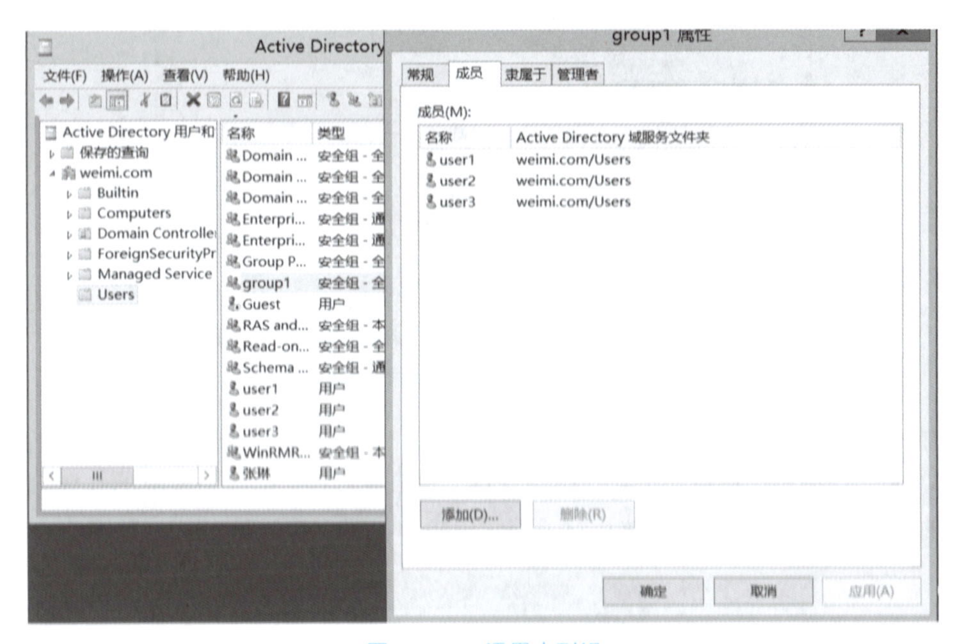

图 11－16　添用户到组

温馨提示：

域环境下也可以使用命令创建用户和组，命令的使用方法与项目一本地创建用户和组类似，具体如下：

创建用户的命令：net user 用户名密码 /add。

创建用户组的命令：net group 用户名 /add。

将用户加入组的命令：net group 组名用户名 /add。

要创建用户名为 user01，密码为 abc@123，使用命令 net user user01 abc@123 /add。

任务 3　组织单位的创建与管理

组织单元是域中存放对象的容器，类似于资源管理器中的文件夹，在这个容器里可以放组、文件、用户账号、打印机等。

1. 创建组织单位

进入“Active Directory 用户和计算机”，在左窗格中展开域名（weimi.com），右击，选择“新建”→“组织单位”，如图 11－17 所示。

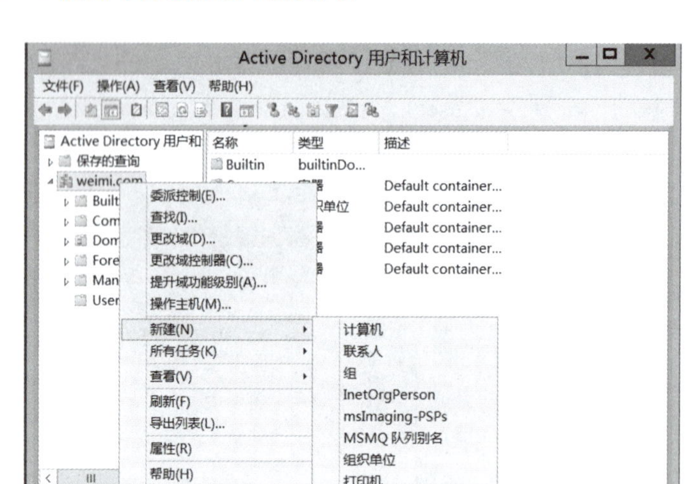

图 11-17　Active Directory 用户和计算机

打开“新建对象-组织单位”对话框，在“名称”编辑框中输入组织单位的名称（技术支持部），单击“确定”按钮即可完成组织单位“技术支持部”创建，如图 11-18 所示。按照同样的方法，继续创建组织单位：财务部、销售部，完成后如图 11-19 所示。

图 11-18　新建对象-组织单位

2. 管理组织单位

将张琳用户加入销售部，user1、user2 加入技术支持部，user3 加入财务部。操作方法如下：

右击“张琳”，选择“移动”→“销售部”，如图 11-20 所示。完成后如图 11-21 所示。按照同样的方法将 user1、user2 加入技术支持部，user3 加入财务部，完成后如图 11-22 所示。

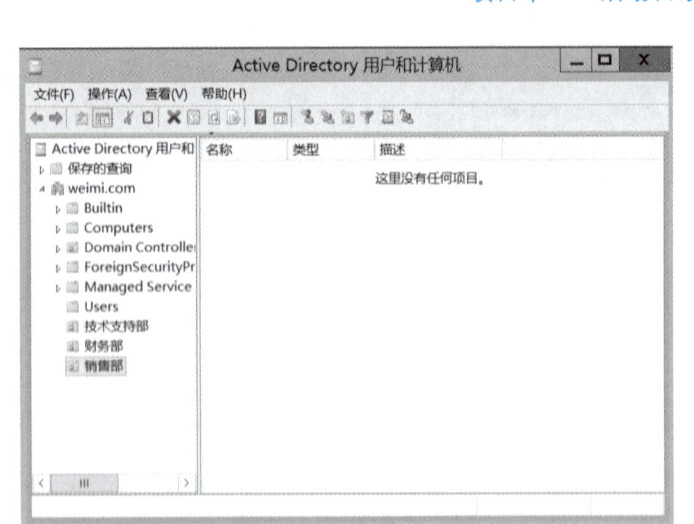

图 11－19　完成组织单位添加

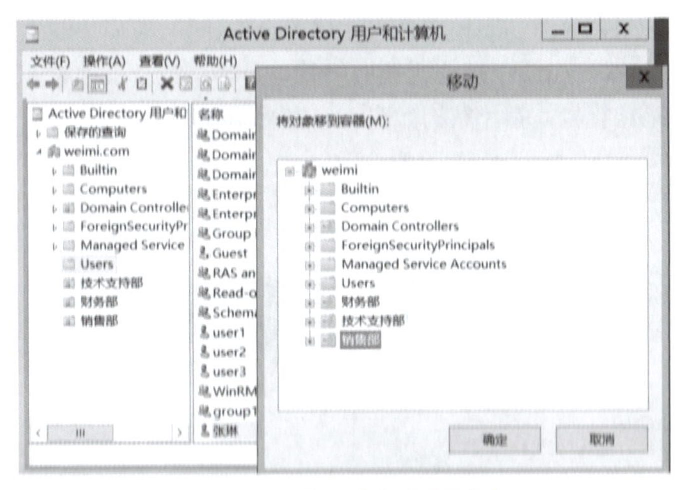

图 11－20　将张琳移动到销售部

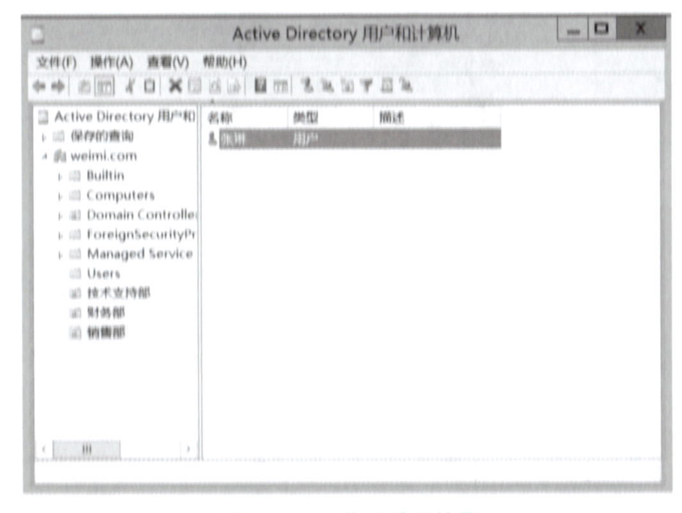

图 11－21　移动后的效果

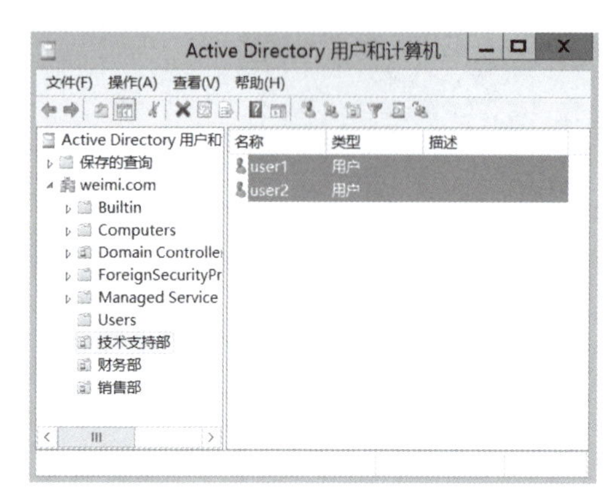

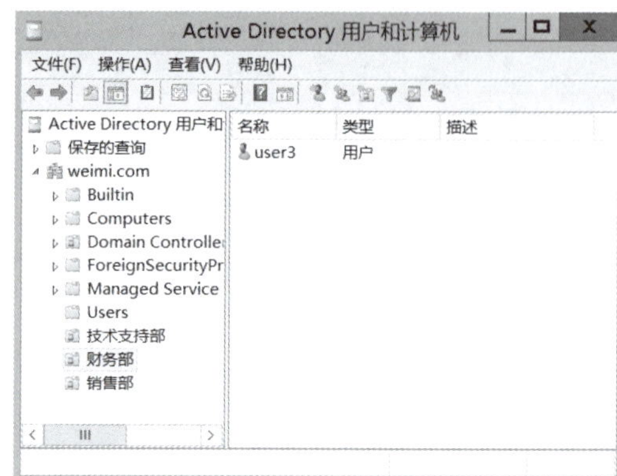

图 11－22 完成用户添加到组织单位

【技能拓展】——拓一拓

最近微迷传媒公司与徐财高职校签订人才培养合作计划，应届毕业生需要在该公司进行分批次顶岗实习，实习期一个月。现在需要网络管理员为这批员工批量创建登录账号及设置账号登录时间和登录计算机，拓扑结构如图 11－23 所示。

图 11－23 拓扑结构

【训练准备】——想一想

为了又快又好地完成任务，需要弄清楚以下几个问题：

1. 认真阅读公司服务器拓扑结构，理解工作任务内容，明确工作任务的目标，同时拟订任务实施计划。

引导问题 1：创建用户有哪两种方法？

引导问题 2：如何使用命令创建用户和组？

引导问题 3：如何批量创建用户？

---

2. 分析案例需求。

可以通过限制登录时间与登录计算机来保证网络安全，但是实习生批次多，涉及账号数量大，网络管理员手动创建账号和设置账号麻烦。请你利用课堂上讲过的 net user username password /add 命令，结合批处理命令，看看能否实现账号的成批量创建。

【训练过程】——做一做

分析：

① net user 命令的使用。

② net group /add 命令的使用。

③ net user username password /add 命令的使用。

④ net group groupname username /add 命令的使用。

操作步骤：

将用户账户编辑在文本文档中，并保存为批处理文件进行运行。

第 1 步：将所有要创建的用户账户和分组命令输入一个记事本文件中，如图 11－24 所示。

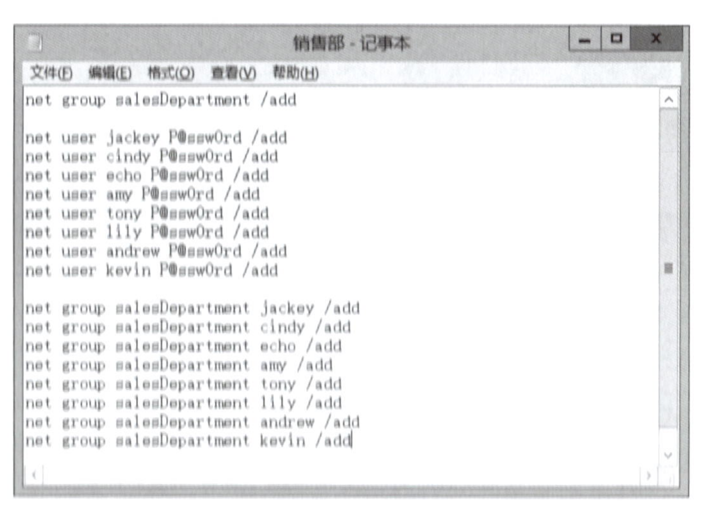

图 11－24　命令集合

第 2 步：将文本文件保存为以.bat 为扩展名的批处理文件，如图 11－25 所示。

第 3 步：图片图标如图 11－26 所示，双击该文件，即可执行文件中的所有命令。

第 4 步：创建结果检查。进入“Active Directory 用户和计算机”，在左窗格中展开域名（weimi.com），选择“Users”，右侧可以看到批量新创建的用户，如图 11－27 所示。

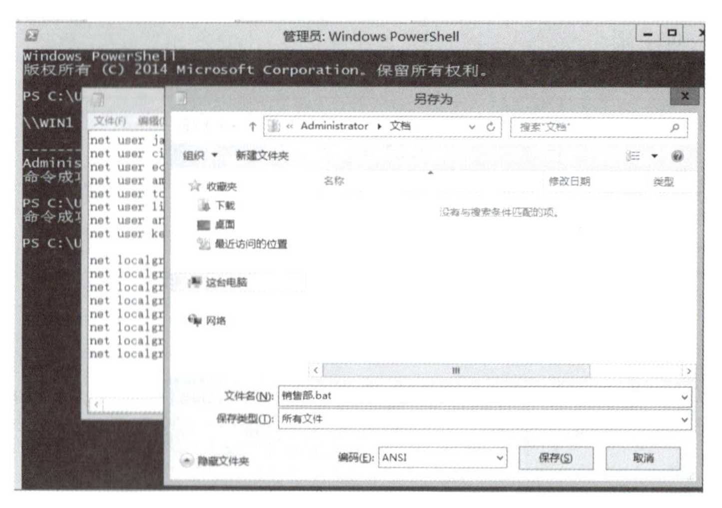

图 11－25　保存为.bat 文件

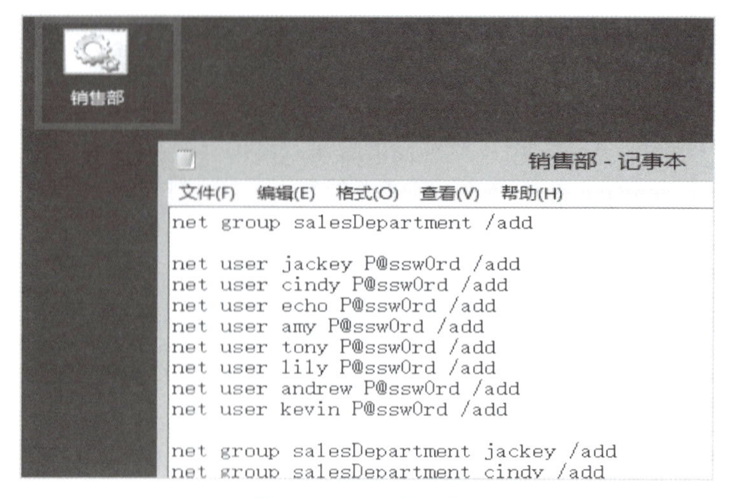

图 11－26　批处理文件

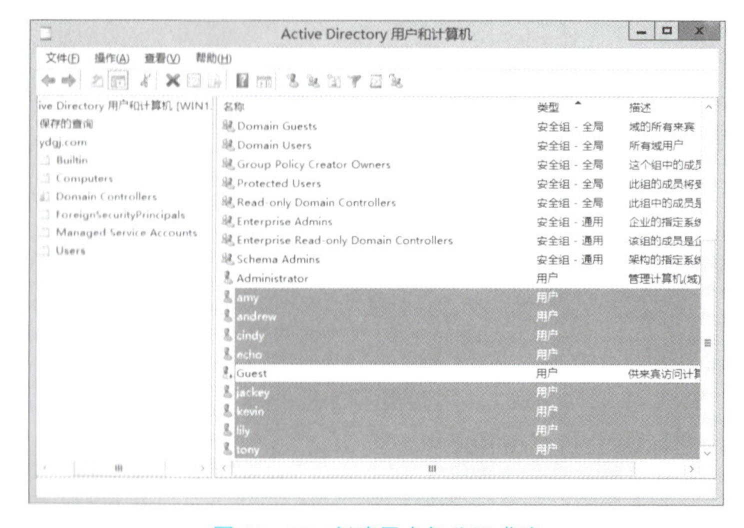

图 11－27　创建用户与分组成功

记录拓展实验中存在的问题：

____

____

____

____

【课程思政】——融一融

国产服务器芯片集体爆发：华为申威等7家自主芯入围政府采购

一、国产服务器芯片的集体爆发

中国大数据的安全，离不开服务器CPU芯片的国产化，2018年6月，在政府信息类产品中的“服务器整机与芯片等核心配件”一项中，实力比较强大的申威、龙芯、飞腾都成功入围，更可喜的是，刚刚进入服务器CPU芯片领域的华为、兆芯、海光和宏芯竟然也入围了。而没有自己核心技术，并使用英特尔芯片的联想服务器则遗憾落榜。多家新兴的国产服务器芯片公司能够入围，可见国家对自主技术和安全可控越来越重视。

二、服务器的四大芯片架构和指令集

当前主流的服务器，其芯片指令集有四种：x86指令集；MIPS指令集；Power指令集；ARM指令集。x86指令集最流行，但英特尔不对外授权，国产芯片不能用；MIPS指令集的性能表现比较差，生态脆弱，也不能用；Power指令集为IBM独用，也不能用。最后剩下ARM指令集，生态系统非常成熟，也很强大，相对也比较安全，不会受制于专利授权。

服务器CPU芯片，ARM架构成为首选。中国自主研发的商业中高端芯片，95%使用的是ARM芯片架构。以华为为例，华为一口气购买了20年的最高等级的ARM芯片架构授权，这20年华为可以自行开发使用。只要华为自己能设计出来，即使芯片被美国制裁，也有10多年的缓冲期，这10多年内不会发生专利问题。另一家比较厉害的是申威，也就是提供国产超算芯片的那家。申威一开始使用的芯片架构是从美国惠普买的Alpha指令集的永久使用权，并且获得全套技术资料，目前全球只有申威一家使用Alpha指令集。但申威自从“神威太湖之光”就用上了自主研发的“申威-64指令集”，摆脱了Alpha指令集的专利控制。不过申威是中国军用芯片产商，安全性第一，自主“申威-64指令集”应该不会给其他家芯片使用。

三、中国企业获得ARM中国的51%股权

日本软银用320亿美元收购了英国ARM，结果中国财团只花7.7亿美元就收购了“ARM中国”的51%股权，获得控股权。中国主要是为了花较小的代价，保证中国能用ARM。虽然“ARM中国”没有参与研发，但有销售权。一旦美国和日本联合封锁中国芯片，那时中国虽然很可能不能再获得最新的“ARM技术版本”，至少“ARM中国”还可以技术授权老的ARM技术版本，解决了专利授权的问题。因为x86的原因，ARM架构服务器芯片在美国很难获得成功，但ARM架构服务器芯片在中国获得成功并大规模商用的可能性非常大。

【任务评价】——评一评

1. 各小组派代表展示本项目知识点思维导图。

本项目知识点思维导图

2. 各小组展示汇报实训效果。

实训任务	完成 情况	备　注
任务 1	□已完成　□完成一部分　□全部未做	
任务 2	□已完成　□完成一部分　□全部未做	
任务 3	□已完成　□完成一部分　□全部未做	

3. 学生自我评估与总结。

（1）你掌握了哪些知识点？

____

____

____

（2）你在实际操作过程中出现了哪些问题？如何解决？

____

____

____

（3）谈谈你的学习心得体会。

____

____

____

4. 评价反馈。

根据各组学生在完成任务中的表现，给予综合评价。

项目实训评价表

评价项目	评价要点	分值	自评	互评	师评
精神状态	课前准备充分，物品放置齐整	10			
	积极发言，声音响亮、清晰	10			
	具有团队合作意识，注重沟通，自主探究学习和相互协作完成任务	10			
完成工作任务	任务 1	20			
	任务 2	20			
	任务 3	20			
自主创新	能自主学习，勇于挑战难题，积极创新探索	10			
总　　分					
小组成员签名					
教 师 签 名					
日　　　期					

【知识巩固】——练一练

一、选择题

1. 公司处在单域的环境中，你是域的管理员，公司有两个部门：销售部和市场部，每个部门在活动目录中有一个相应的 OU（组织单位），分别是 sales 和 market。有一个用户 tom 要从市场部调动到销售部工作。tom 的账户原来存放在组织单位 market 里，你想将 tom 的账户存放到组织单位 sales 里，应该通过（　　）来实现此功能。

A. 在组织单位 market 里将 tom 的账户删除，然后在组织单位 sales 里新建

B. 将 tom 使用的计算机重新加入域

C. 复制 tom 的账户到组织单位里，然后将 market 里 tom 的账户删除

D. 直接将 tom 的账户拖动到组织单位 sales 里

2. 迅达公司的总部组建了一个 Windows Server 2022 林的根域，域名为 xunda.com.cn，广州分公司组建了子域 gz.xunda.com.cn，现在总部的 Tom 等 8 个用户账户需要访问广州分公司域中的共享文件夹 software，实现的方法是（　　）。

A. 默认情况下，Tom 等账户可以直接访问文件夹 software，因为父域中的所有账户都可以直接访问子域中的任意资源

B. 默认情况下，Tom 等账户可以直接访问文件夹 software，因为父域和子域之间存在自动建立的信任关系，而被信任域可以访问信任域中的任意资源

C. 需要在子域上创建信任关系，使父域 xunda.com.cn 信任该域，然后 Tom 等账户就可以直接访问文件夹 software

D. 在父域上创建全局组 globall，在子域上创建本地域组 locall，将 Tom 等账户加入 globall 组，再将 globall 组加入 locall 组，在 software 文件夹上为 locall 组设置相应的权限

3. 公司为门市部新购买了一批计算机。门市部的员工经常不固定地使用计算机，你希望他们在任何一台计算机上登录都可以保持自己的桌面不变，可以（　　）来实现此功能。

A. 将所有的计算机加入工作组，为每个员工创建用户账户和本地配置文件

B. 将所有的计算机加入工作组，然后在工作组中创建用户账户并配置漫游配置文件

C. 将所有计算机加入域，在域中为每个员工创建一个用户账户和本地配置文件

D. 将所有计算机加入域，为每个员工创建一个域用户账户并使用漫游配置文件

4. Jerry 是公司的系统工程师，公司采用单域进行管理，随着公司的扩展，Jerry 购置了一台新服务器替换原来的 DC，他在新服务器上安装好 Windows Server 2022 并提升为 DC 后，还需要把所有操作主机角色转移到新 DC 上，为了顺利转移所有操作主机角色，Jerry 使用的账号必须属于（　　）。（选择三项）

A. Schema Admins　　　　B. Domain Admins

C. Exchange Admins　　　　D. Enterprise Admins

5. 在 Windows Server 2022 环境下，域 A 和域 B 分别在两个林中，现在创建 A 和 B 的外部信任关系，在域 A 上建立单向传出信任，在域 B 上建立单向传入信任，下列说法正确的是（　　）。

A. A 和 B 形成了双向信任关系

B. A 信任 B，赋权后，B 的用户可以在 A 域的主机上登录到 B 域

C. B 信任 A，赋权后，A 的用户可以在 B 域的主机上登录到 A 域

D. B 信任 A，赋权后，A 的用户可以在 A 域的主机上登录到 B 域

6. 你是 Windows Server 2022 林的管理员，现在你需要在林中创建下图中灰色部分的域，应在 Active Directory 安装向导中选择要创建的域的类型为（　　）。

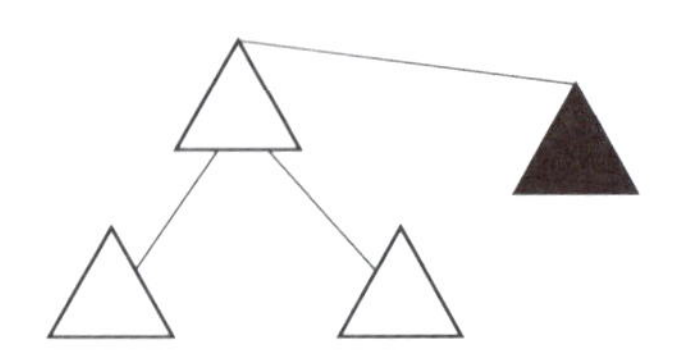

A. 在新林中的域　　　　B. 在现有域树中的子域

C. 在现有的林中的域树

7. 你是一个 Windows Server 2022 域的管理员，域名为 aptech.com，现在你需要在该域

下面创建一个新的子域 bj.aptech.com，在创建子域过程中，你应该在下图中选择（　　）。

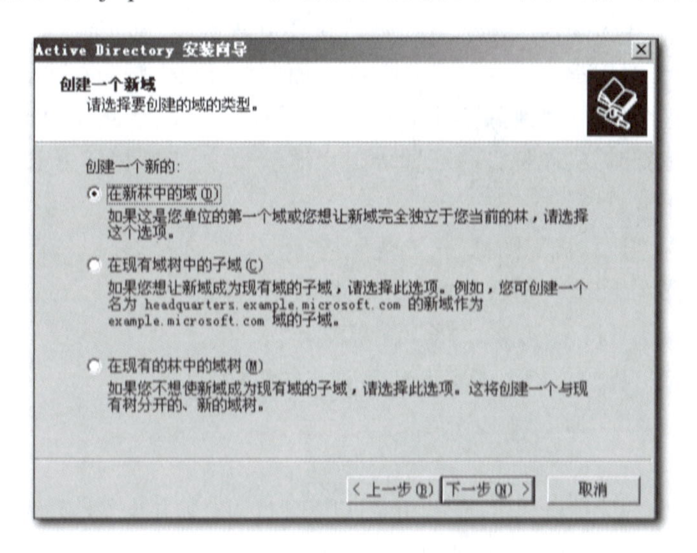

A. 在新林中的域　　　　B. 在现有域树中的子域

C. 在现有林中的域树

8. 假设迅达域信任 ACCP 域，则以下可以实现的是（　　）。

A. 迅达域的用户可以在 ACCP 域中的计算机登录

B. ACCP 域的用户可以在迅达域中的计算机登录

C. 迅达域的管理员可以管理 ACCP 域

D. ACCP 域的管理员可以管理迅达域

9. 迅达公司给每个部门创建了一个 OU，所有用户账户放在相应部门的 OU 之下。网管员委派某员工可以有权限重置销售部员工的密码，一段时间后，网管员想取消委派给该员工的任务，他采用（　　）方法可以实现。

A. 在 Active Directory 用户和计算机中，右击“销售部 OU”，选择“取消委派控制”

B. 在 Active Directory 用户和计算机中，右击“销售部 OU”，选择“属性”→“安全”→“高级”→“删除相关条目”

C. 使用“计算机管理”工具取消委派控制

D. 一旦委派，无法取消

10. 在设置域账户属性时，（　　）项目不能被设置。

A. 账户登录时间　　　　B. 账户的个人信息

C. 账户的权限　　　　D. 指定账户登录域的计算机

11. 在 Windows Server 2022 域中创建安全组时，可选的组作用域不包括（　　）。

A. 本地组　　B. 全局组　　C. 通用组　　D. 通信组

12. 迅达公司搭建了一个 Windows Server 2022 域，研发部有一个软件是每个员工都必须安装的，为了方便，管理员想通过组策略对该软件进行分发，那么，在选择软件部署方法时，应该选择（　　）。

A. 已发布　　B. 已指派　　C. 已分配　　D. 已安装

13. 公司搭建了 Windows Server 2022 域，管理员创建了“yanfa”“xiaoshou”两个 OU，研发部员工账户与计算机都在“yanfa”OU 中，而销售部员工账户在“xiaoshou”OU 中。管理员在域组策略上启用了“删除桌面上我的文档图标”，在“yanfa”OU 上创建组策略，启用“删除桌面上的计算机图标”并配置“阻止继承”。则当销售部员工登录到研发部计算机时，会（　　）。

A. 桌面上没有“计算机”图标

B. 桌面上没有“计算机”“我的文档”图标

C. 桌面上有“计算机”“我的文档”图标

D. 桌面上没有“我的文档”图标而有“计算机”图标

二、判断题

1. 组策略能够管理计算机和用户，也能用户管理打印机和共享文件夹等资源。（　　）

2. 活动目录以域为基础，具有伸缩性，可以包含一个或者多个域控制器，所以说域是活动目录的基本单位和核心单元。（　　）

3. 组和组织单元都是活动目录的基本单位，它们的作用是一样的，都是为了方便管理。（　　）

4. 组策略实际上是 Windows 系统注册表中相应的配置。它可以应用于域，但是不能应用在组上。（　　）

5. 所有加入域的计算机都以域控制器上的账户和安全性为准，同时，在登录的计算机上要单独建立本地账户数据库。（　　）

6. 组和组织单元都是活动目录的基本单位，它们的作用是一样的，都是为了方便管理。（　　）

项目十二

域中组策略的应用

【学习目标】

1. 知识与能力目标

（1）能配置和使用组策略。

（2）学会 GPMC 工具的使用。

（3）能解决组策略冲突。

（4）会对组策略进行监视和排错，能进行组策略的安全性管理。

2. 素质与思政目标

（1）培养认真细致的工作态度和工作作风。

（2）养成刻苦、勤奋、好问、独立思考和细心检查的学习习惯。

（3）能与组员精诚合作，能正确面对他人的成功或失败。

（4）具有一定自学能力，分析问题、解决问题能力和创新的能力。

【工作情景】

近期微迷传媒公司业务发展迅猛、人员激增，各类资源也大量增加，网络安全隐患越来越多。微迷传媒公司总经理希望在保证大量用户访问资源的同时，能够保证网络的安全，关闭相关的服务、设置账户策略、设置软件限制策略等，怎样才能实现呢？管理员经过分析，认为需要配置组策略来解决此问题，首先安装好活动目录，然后根据客户需要设置账户策略、软件限制策略、组策略首选项——为用户创建网络驱动器等，从而有效地实现组策略管理，保证网络的安全。公司拓扑结构如图 12－1 所示。

【知识导图】

本项目知识导图如图 12－2 所示。

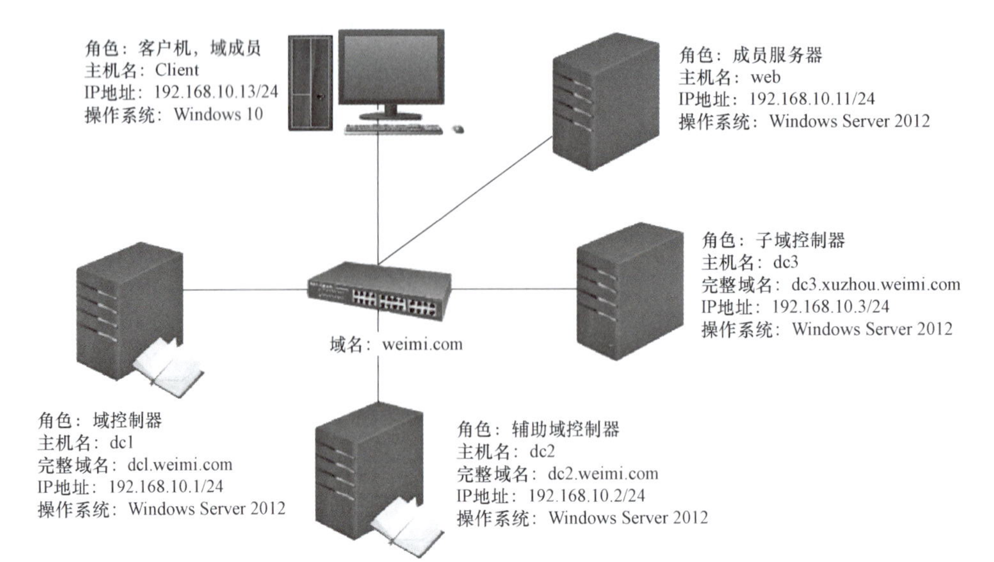

图 12－1　公司域环境拓扑结构

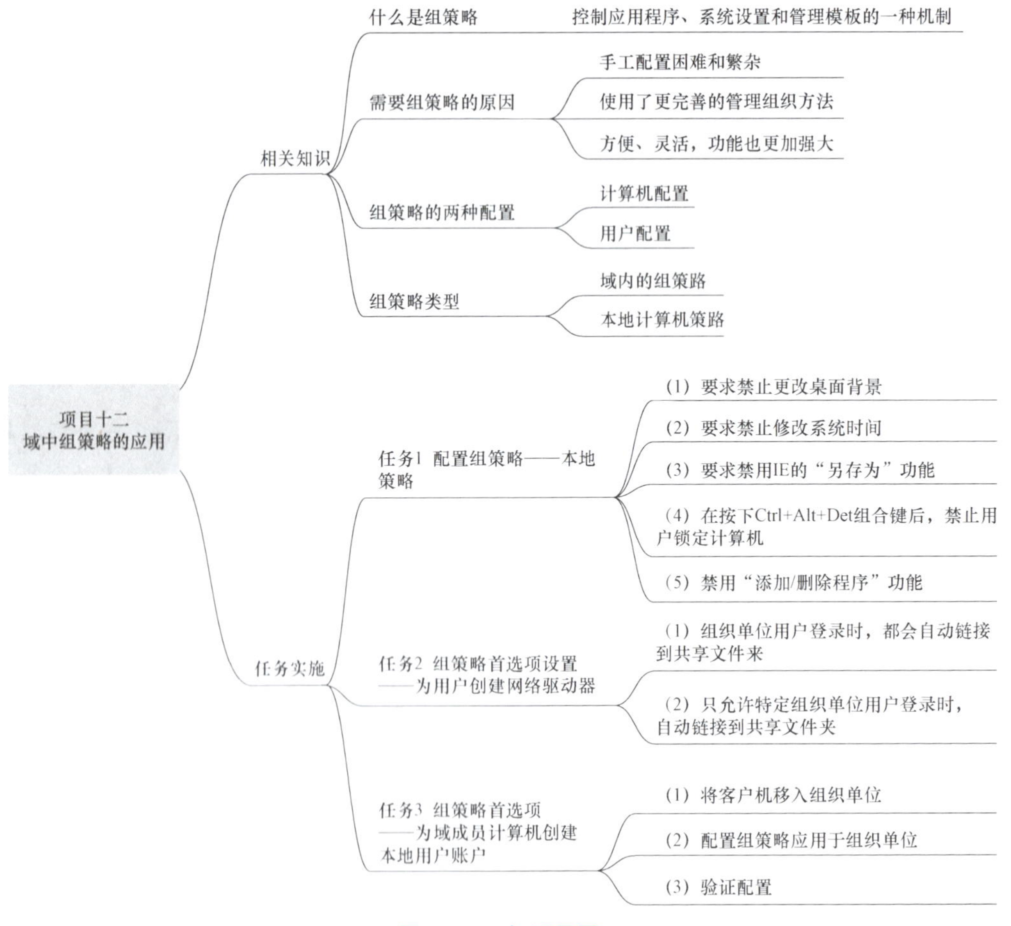

图 12－2　知识导图

【相关知识】——看一看

一、什么是组策略

组策略（Group Policy）是 Microsoft Windows 系统管理员为计算机和用户定义的，用来控制应用程序、系统设置和管理模板的一种机制。通俗地说，是介于控制面板和注册表之间的一种修改系统、设置程序的工具。

二、需要组策略的原因

注册表是 Windows 系统中保存系统软件和应用软件配置的数据库，而随着 Windows 功能越来越丰富，注册表里的配置项目也越来越多，很多配置都可以自定义设置，但这些配置分布在注册表的各个角落，如果是手工配置，可以想象是多么困难和繁杂。而组策略则将系统重要的配置功能汇集成各种配置模块，供用户直接使用，从而达到方便管理计算机的目的。

其实，简单地说，组策略设置就是在修改注册表中的配置。当然，组策略使用了更完善的管理组织方法，可以对各种对象中的设置进行管理和配置，远比手工修改注册表方便、灵活，功能也更加强大。

三、组策略的两种配置

1. 计算机配置

当计算机开机时，系统会根据计算机配置的内容来设置计算机环境，包括桌面外观、安全设置、应用程序分配和计算机启动与关机脚本运行等。

2. 用户配置

当用户登录时，系统会根据用户配置的内容来设置计算机环境，包括应用程序配置、桌面配置、应用程序分配和计算机启动与关机脚本运行等。

四、组策略类型

组策略分为本地计算机策略和域内的组策略，如图 12－3 所示。

① 域内的组策略（优先级从上到下依次降低）：域内的策略会被应用到域内的所有计算机和用户。

✓ 站点策略。

✓ 域策略。

✓ 组织单元策略。

② 本地计算机策略：

✓ 计算机配置只会应用在此计算机。

✓ 用户策略将应用到在此计算机登录的所有用户。

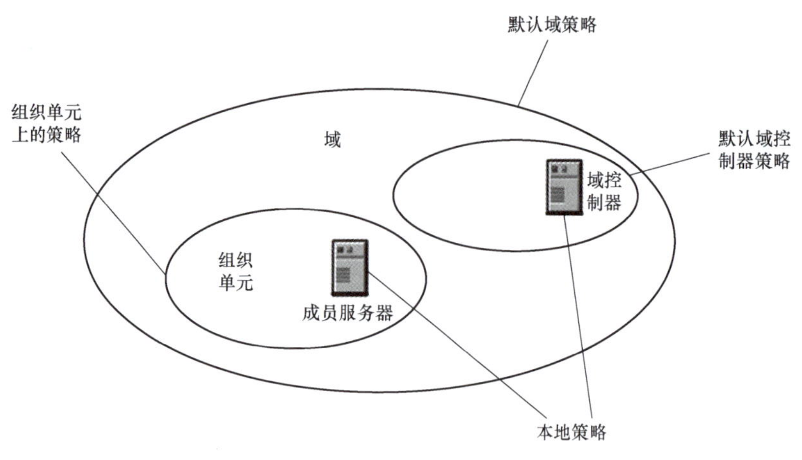

图 12-3　组策略内省图

【任务实施】——学一学

任务 1　配置组策略——本地策略

1. 要求禁止更改桌面背景

按 Win+R 组合键打开“运行”窗口，输入“gpedit.msc”，单击“确定”按钮，打开“本地组策略编辑器”，如图 12-4 所示。

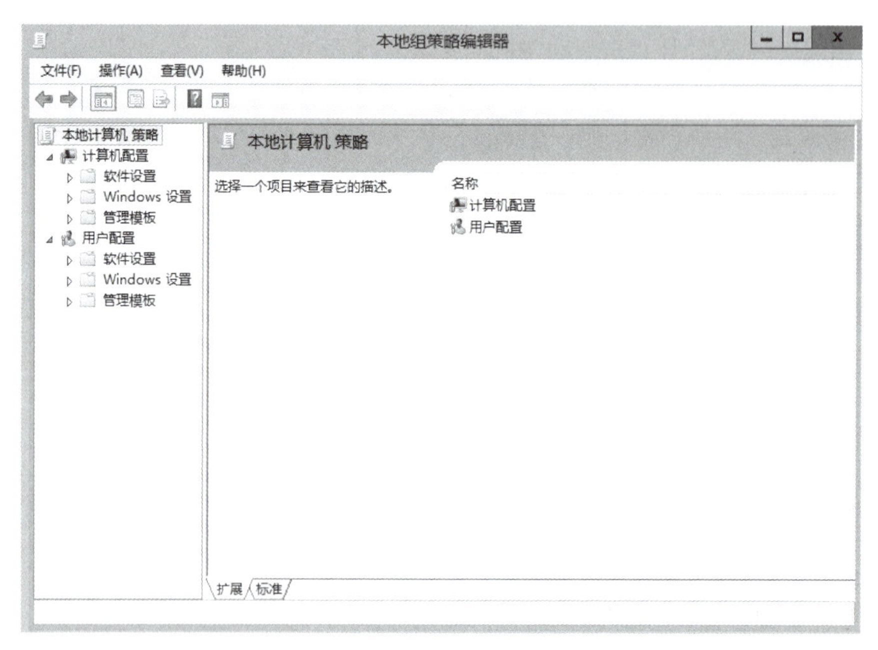

图 12-4　本地策略编辑器

在左侧窗口中依次展开“用户配置”→“管理模板”→“控制面板”→“个性化”，在右侧“个性化”面板中选择“阻止更改桌面背景”，如图 12－5 所示。

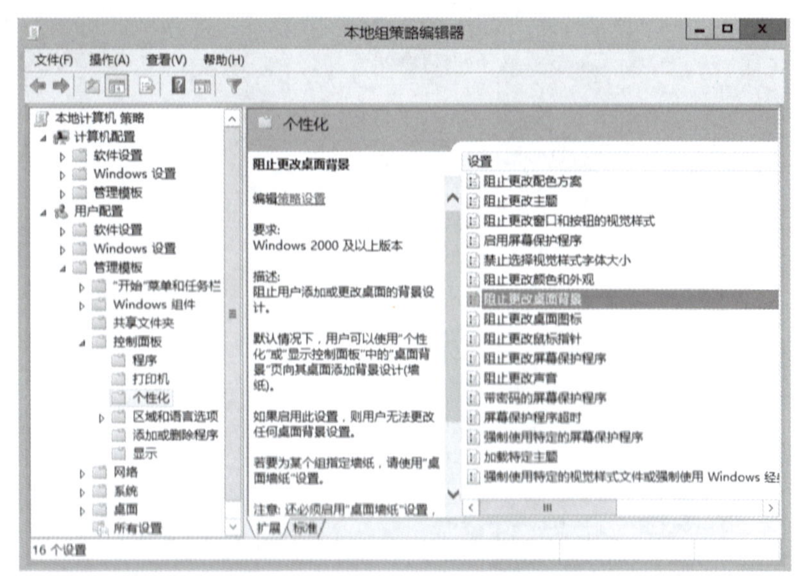

图 12－5　选择阻止更改桌面背景

在“阻止更改桌面背景”对话框中，选择“已启用”，单击“确定”按钮，如图 12－6 所示。

图 12－6　设置阻止更改桌面背景

在“本地组策略编辑器”面板中，在左侧展开“管理模板”→“桌面”→“Active Desktop”，在右侧面板中选择“桌面壁纸”，如图 12－7 所示。

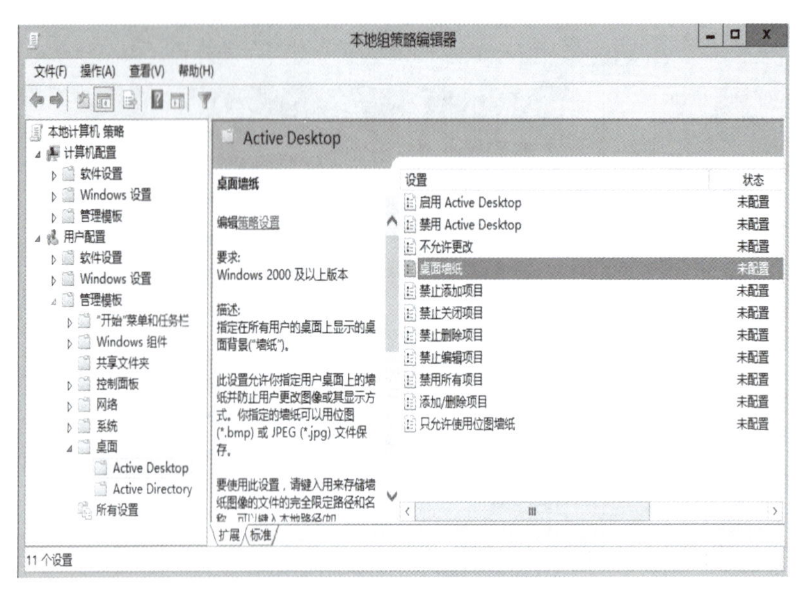

图 12－7　选择“桌面壁纸”

在“桌面壁纸”对话框中，选择“已启用”，壁纸名称输入准备的壁纸的绝对路径，如“C:\wang\1.jpg”，墙纸样式为“拉伸”，单击“确定”按钮，如图 12－8 所示。

图 12－8　设置桌面壁纸

设置完成后，尝试修改桌面背景，执行“控制面板”→“外观”→“显示”→“桌面背景”，提示“此功能已被禁用”，如图12-9所示。

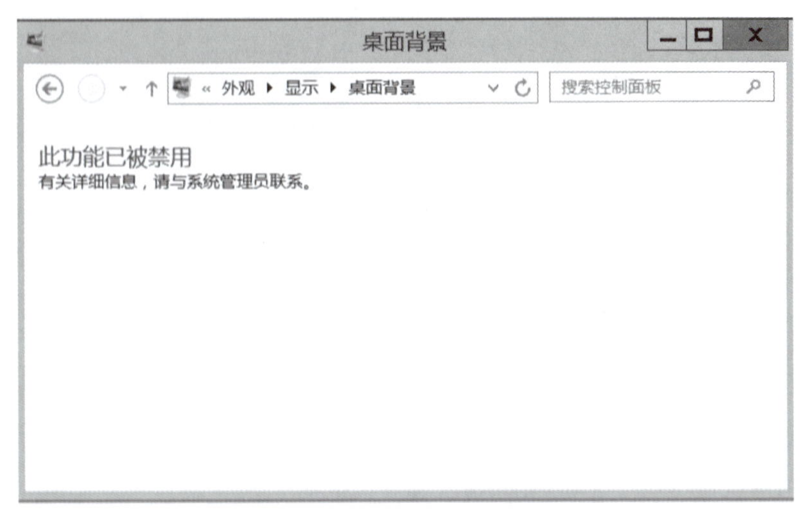

图12-9　禁止更改桌面背景设置成功

2. 要求禁止修改系统时间

在“本地组策略编辑器”中依次展开“计算机配置”→“Windows 设置”→“安全设置”→“本地策略”→“用户权限分配”，在右侧面板中选择“更改系统时间”，如图12-10所示，打开“更改系统时间属性”对话框。

图12-10　更改系统时间

在“更改系统时间属性”对话框中，勾选“定义这些策略设置”，单击“添加用户或组”，打开“添加用户或组”对话框，通过单击“浏览”按钮选择Users组，如图12-11所示。单击“确定”按钮，即完成添加Users组用户禁止更改系统时间。

图 12－11　添加用户或组

3. 要求禁用 IE 的“另存为”功能。

当多人共用一台计算机时，为了保持硬盘的整洁，需要对浏览器的保存功能进行限制使用。

具体方法为：在“组策略管理编辑器”中依次展开“用户配置”→“管理模板”→“Windows 组件”→“Internet Explorer”→“浏览器菜单”，在右侧选择“‘文件’菜单：禁用‘另存为…’菜单选项”，如图 12－12 所示。在“‘文件’菜单：禁用‘另存为’菜单”对话框中选择“已启用”，单击“确定”按钮，如图 12－13 所示。

图 12－12　禁用 IE 的“另存为”功能

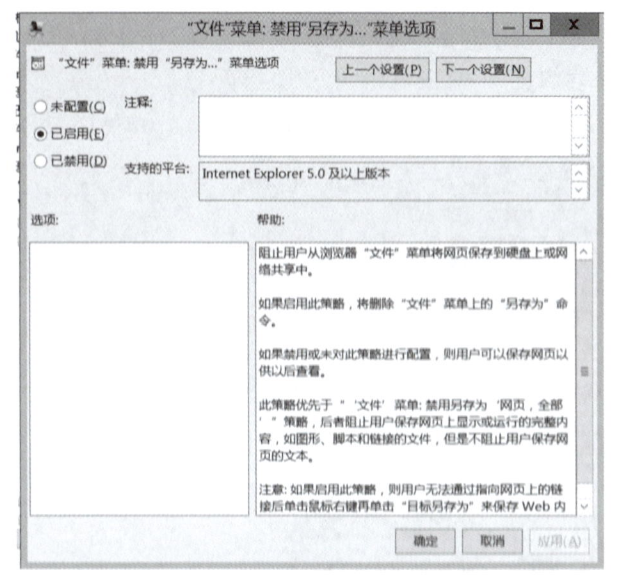

图 12-13　"文件"菜单：禁用"另存为"菜单选项

打开 IE 浏览器，在未设置禁用 IE 的"另存为"功能时，执行"文件"命令，有"另存为（A）"功能，可以保存网页，如图 12-14 所示。设置禁用 IE 的"另存为"功能后，执行"文件"命令，没有"另存为（A）"选项了，不能将网页下载保存，如图 12-15 所示。

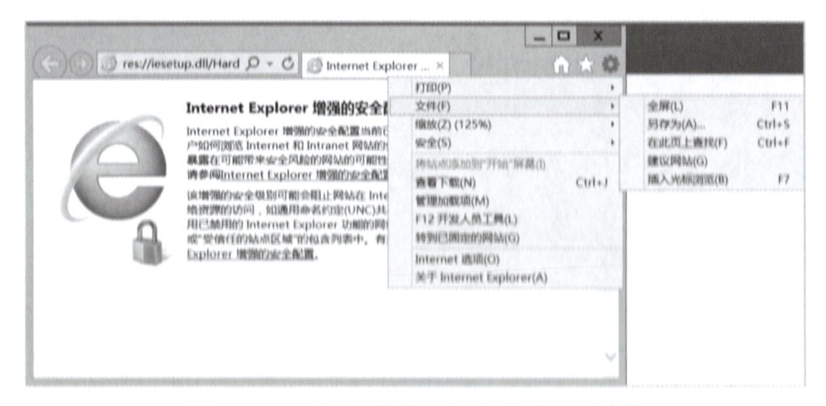

图 12-14　未设置禁用 IE 的"另存为"功能

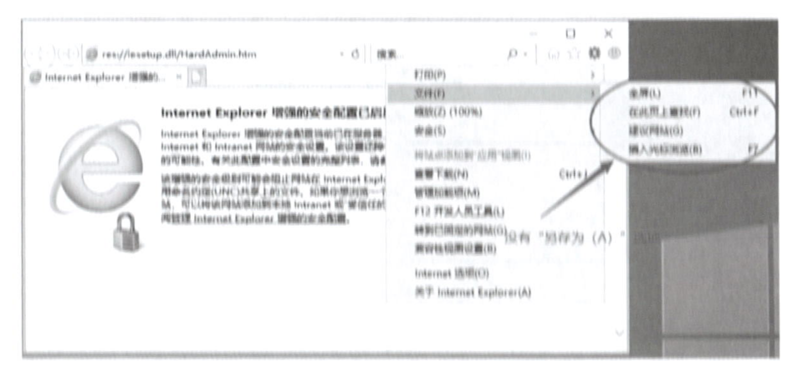

图 12-15　设置禁用 IE 的"另存为"功能后

4. 在按下 Ctrl+Alt+Del 组合键后，禁止用户锁定计算机

在“组策略管理编辑器”中依次展开“用户配置”→“管理模板”→“系统”→“Ctrl+Alt+Del 选项”，选择“删除‘锁定计算机’”，如图 12-16 所示。

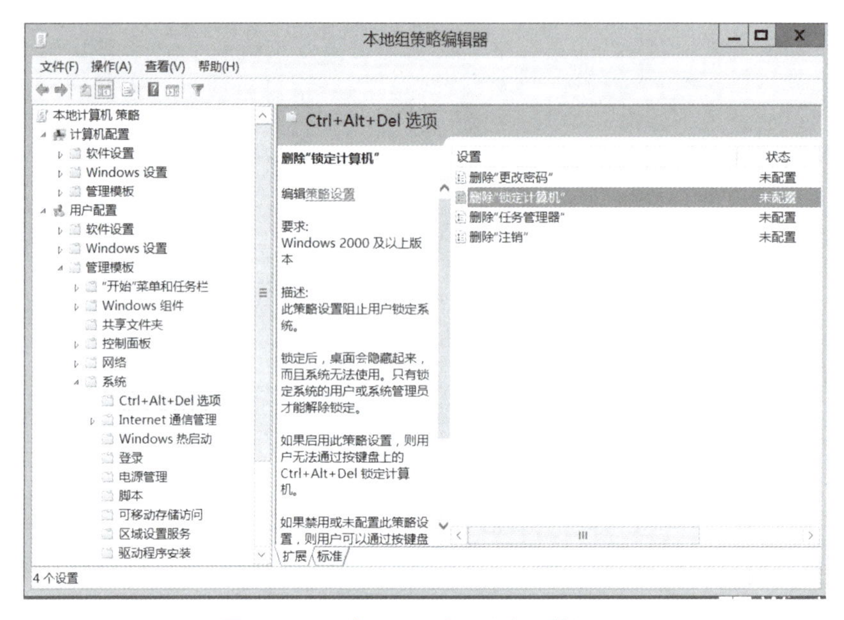

图 12-16 选择“删除‘锁定计算机’”

在“删除‘锁定计算机’”对话框中，勾选“已启用”，单击“确定”按钮，如图 12-17 所示。

图 12-17 设置在“删除‘锁定计算机’”

设置完成后，按 Ctrl+Alt+Del 组合键，会发现没有“锁定”选项，如图 12-18 所示。

图 12-18　禁止用户锁定计算机验证

5. 禁用“添加/删除程序”功能

在“组策略管理编辑器”中依次展开“用户配置”→“管理模板”→“控制面板”→“添加或删除程序”，在右侧面板中选择“删除‘添加或删除程序’”，如图 12-19 所示。

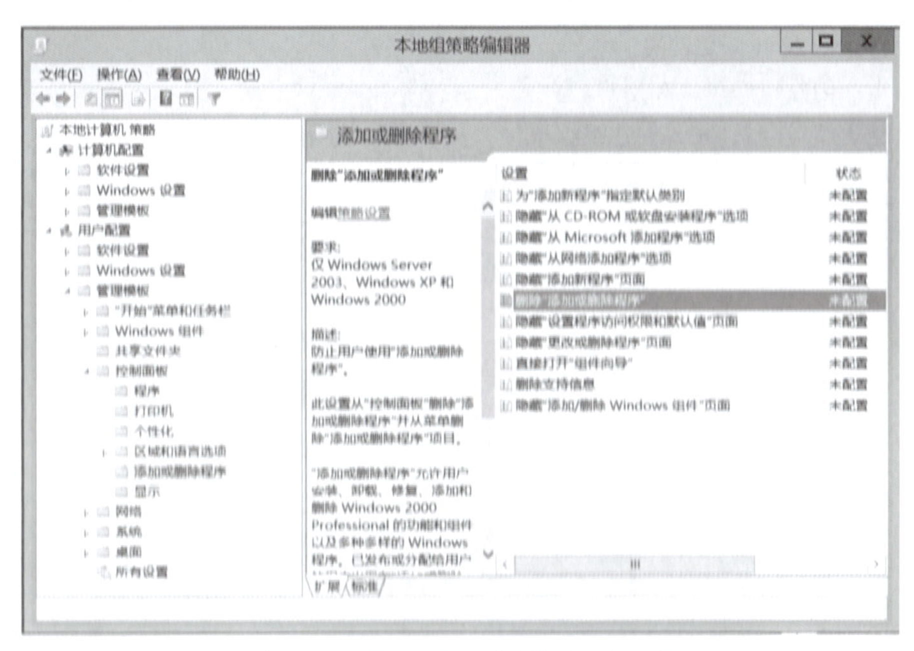

图 12-19　删除“添加或删除程序”功能

在“删除‘添加/删除程序’”功能对话框中，勾选“已启用”，单击“确定”按钮，如图 12-20 所示。

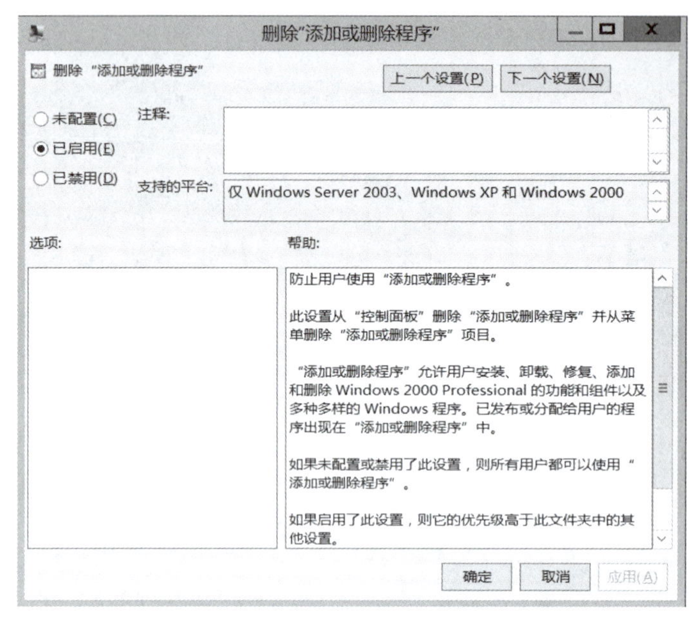

图 12－20　设置“删除‘添加或删除程序’”功能

任务 2　组策略首选项设置——为用户创建网络驱动器

① 让组织单位是人事部的所有用户登录时，其驱动器号 Z:都会自动链接到\\192.168.10.1\tools 共享文件夹。

第 1 步：创建组织单位和用户。

使用域管理员登录 DC，创建组织单位“人事部”，创建用户 hr1、hr2、hr3，如图 12－21 所示。

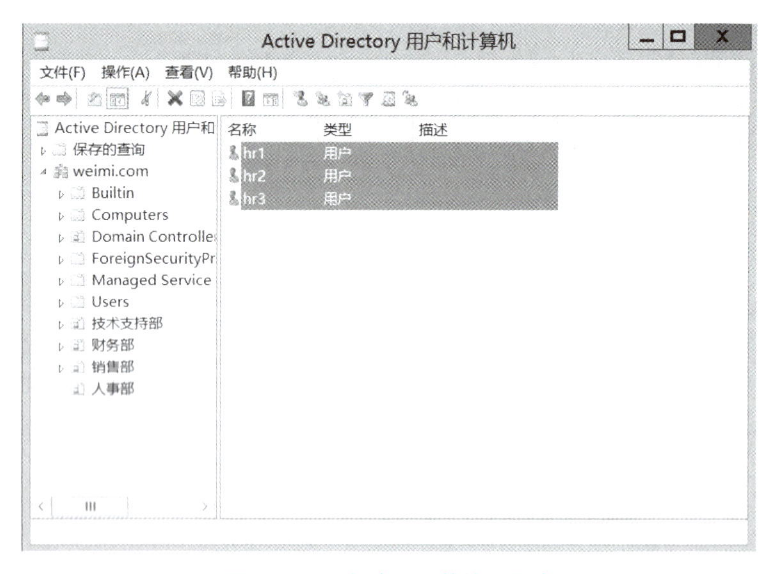

图 12－21　创建组织单位和用户

第 2 步：新建 GPO。

打开“开始”→“管理工具”→“服务器管理器”→“工具”，选择“组策略管理”，如图 12－22 所示，或者使用命令“gpmc.msc”，打开“组策略管理”对话框，如图 12－23 所示。

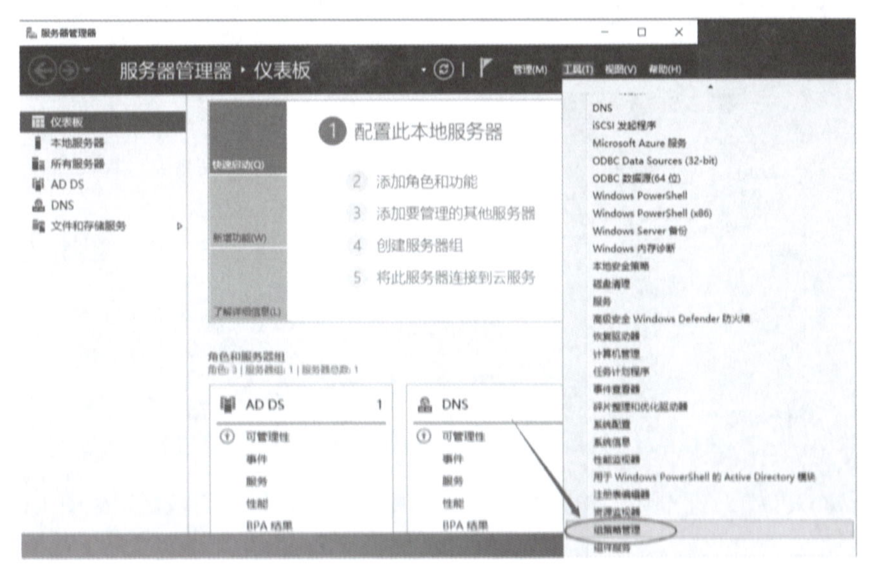

图 12－22　选择“组策略管理”

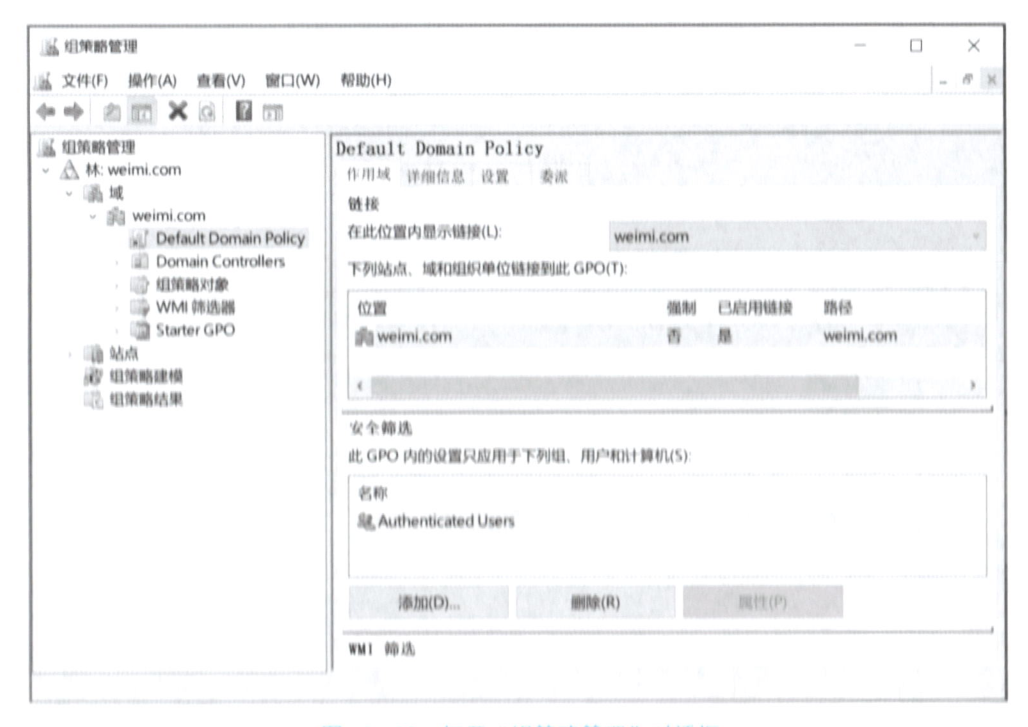

图 12－23　打开“组策略管理”对话框

在“组策略管理器”对话框左侧依次展开“林：weimi.com”→“域”→“人事部”，右键单击“人事部”，选择“在这个域中创建 GPO 并在此处链接”，如图 12－24 所示。

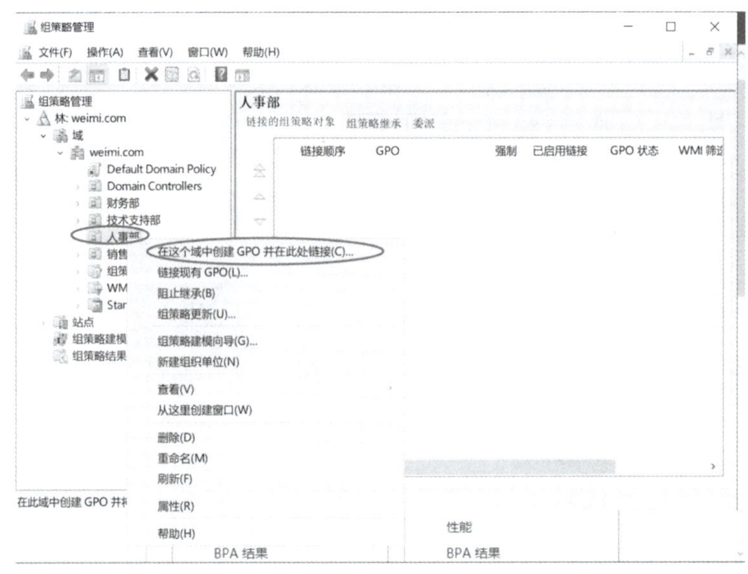

图 12－24　选择“在这个域中创建 GPO 并在此处链接”

在“新建 GPO”对话框中，输入名称“for HR”，单击“确定”按钮，如图 12－25 所示。

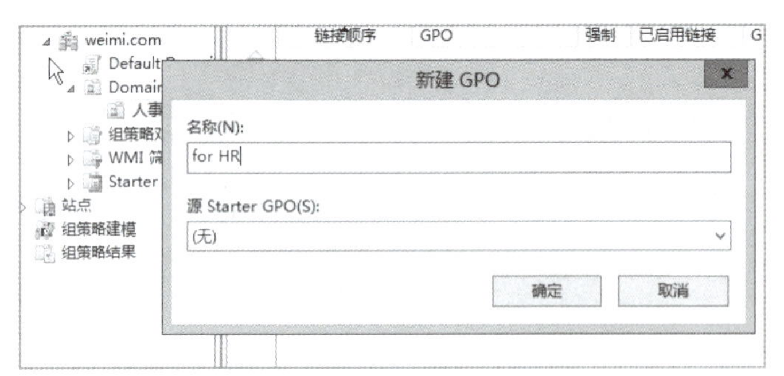

图 12－25　新建 GPO“for HR”

右击“for HR”，选择“编辑”，打开“组策略管理”对话框，如图 12－26 所示。

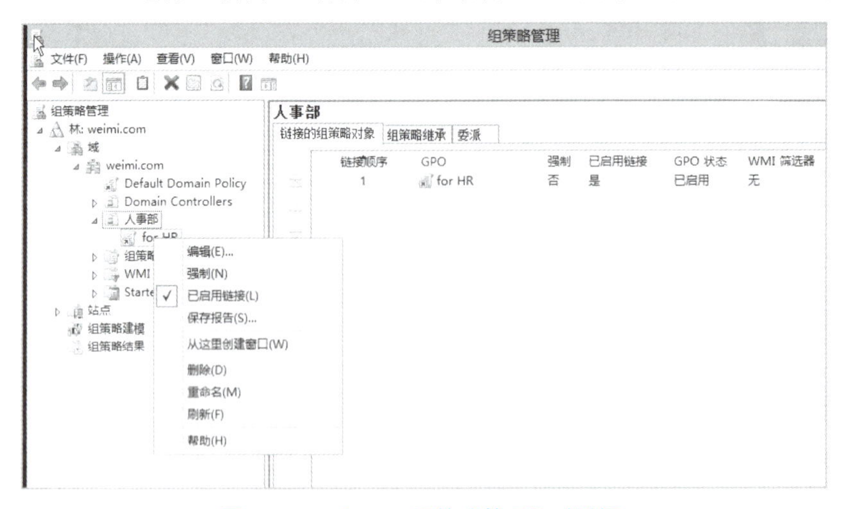

图 12－26　打开“组策略管理”对话框

第 3 步：映射驱动器。

在“组策略管理”对话框中，依次展开左侧“用户配置”→“首选项”→“Windows 设置”→“驱动器映射”，右击“驱动器映射”，选择“新建”→“映射驱动器”，如图 12－27 所示。

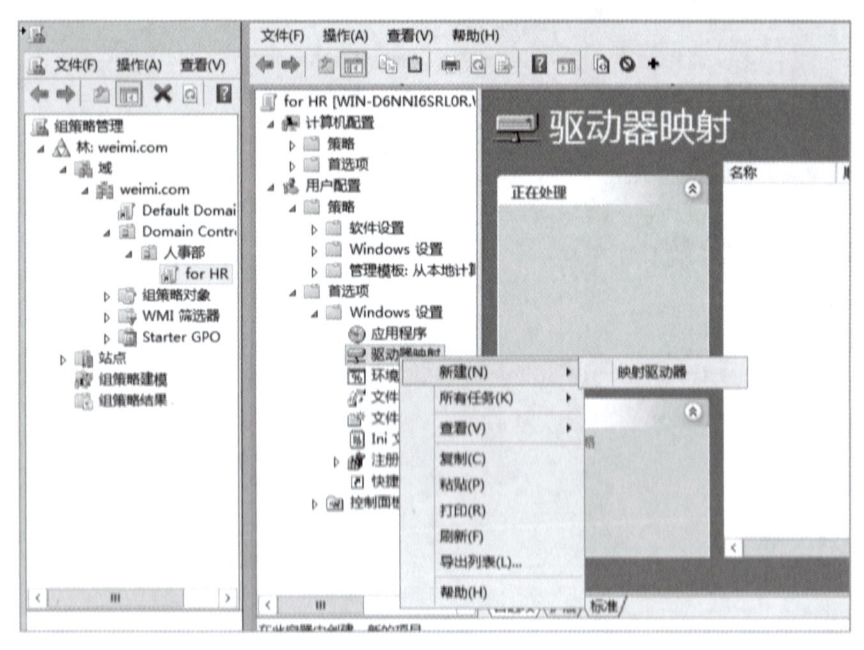

图 12－27　新建映射驱动器

在打开的“新建驱动器属性”对话框的“常规”选项卡中，输入如图 12－28 所示信息。

图 12－28　新建驱动器属性常规设置

在“新建驱动器属性”的“常用”选项卡中，勾选第二项，如图 12－29 所示。

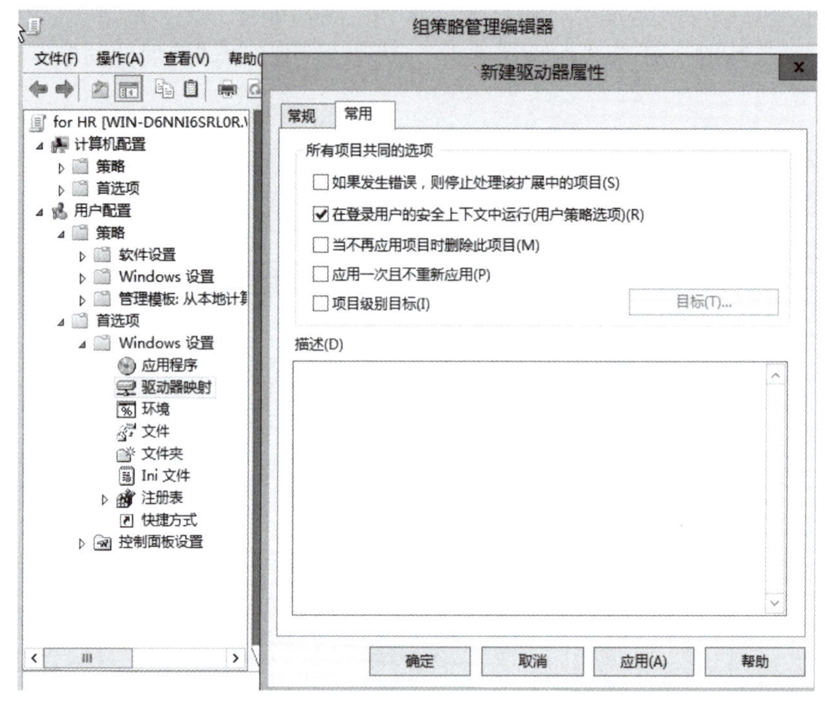

图 12－29　新建驱动器属性常用设置

第 4 步：验证。

配置之后，使用 gpupdate/force 命令刷新组策略，人事部（组织单位）的用户在域客户机上注销再登录后（可能需要数次），查看“计算机”，可以看到由组策略自动创建的网络驱动器 Z:，如图 12－30 所示。

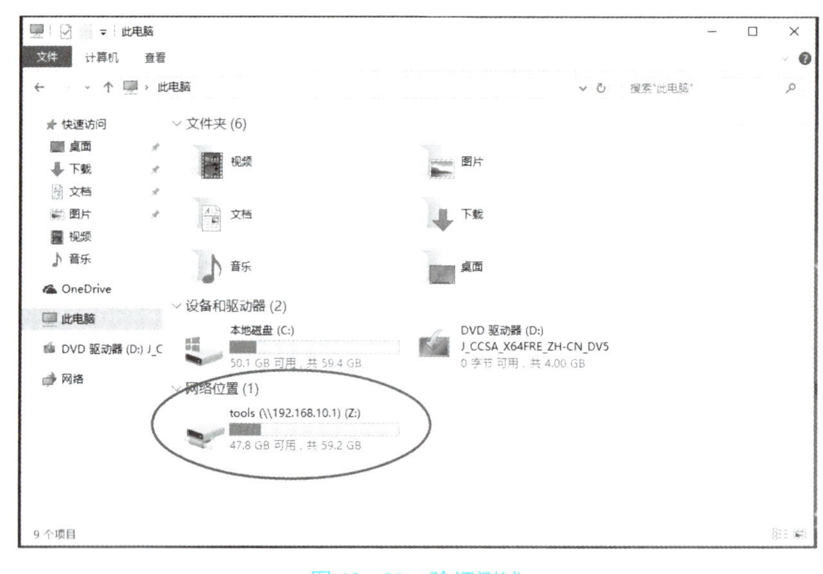

图 12－30　验证测试

② 人事部（组织单位）的用户 hr3 登录时，其驱动器号 Y:自动链接到\\192.168.10.1\data 共享文件夹，而其他用户没有。

在“组策略管理编辑器”中，依次展开左侧“用户配置”→“首选项”→“Windows 设置”→“驱动器映射”，右击“驱动器映射”，单击“新建”→“映射驱动器”。在打开的“新建驱动器属性”对话框的“常规”选项卡中，输入如图 12－31 所示信息。

在“新建驱动器属性”对话框的“常用”选项卡中，勾选第二项和第四项，如图 12－32 所示，然后单击“目标”按钮，打开“目标编辑器”对话框。

图 12－31　新建驱动器属性常规设置

图 12－32　新建驱动器属性常用设置

在“目标编辑器”对话框中，单击“新建项目”→“用户”，选择用户 WEIMI\hr3，如图 12－33 和图 12－34 所示。

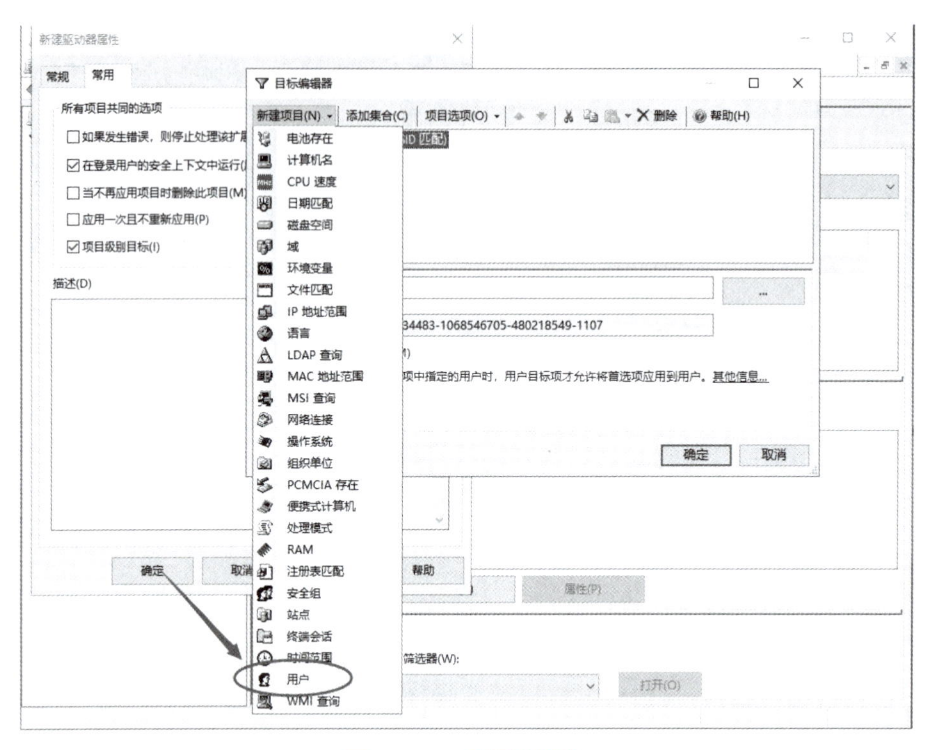

图 12－33　目标编辑器

图 12－34　目标编辑器添加 hr3 用户

完成之后，使用 gpupdate/force 命令刷新组策略，人事部（组织单位）的用户 hr3 在域客户机上注销再登录后，在网络位置上可以看到由组策略自动创建的网络驱动器 Y:和 Z:，如图 12－35 所示。

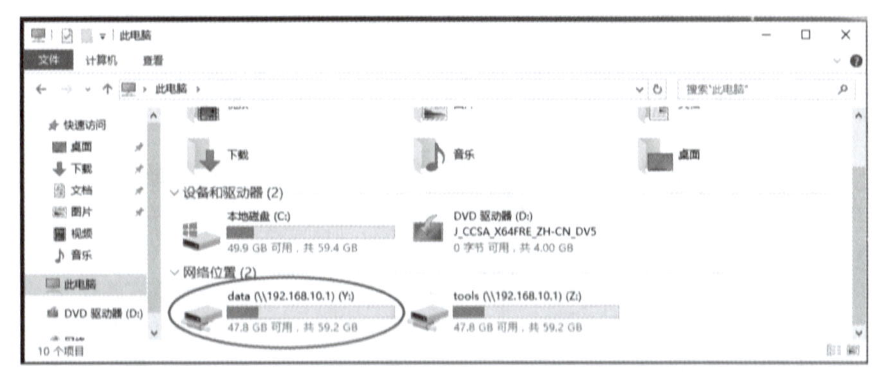

图 12－35　验证测试

任务 3　组策略首选项——为域成员计算机创建本地用户账户

配置组策略首选项为域成员计算机创建本地用户账户。要求为人事部（组织单位）客户机 Client1 创建一个本地用户账户 eva。

操作步骤如下：

第 1 步：将客户机 Client1 移入人事部（组织单位）。

域管理员登录 DC，使用“AD 管理中心”工具（dsac），将 Computers 中的客户机 Client1 移入人事部（组织单位）中，如图 12－36 所示。

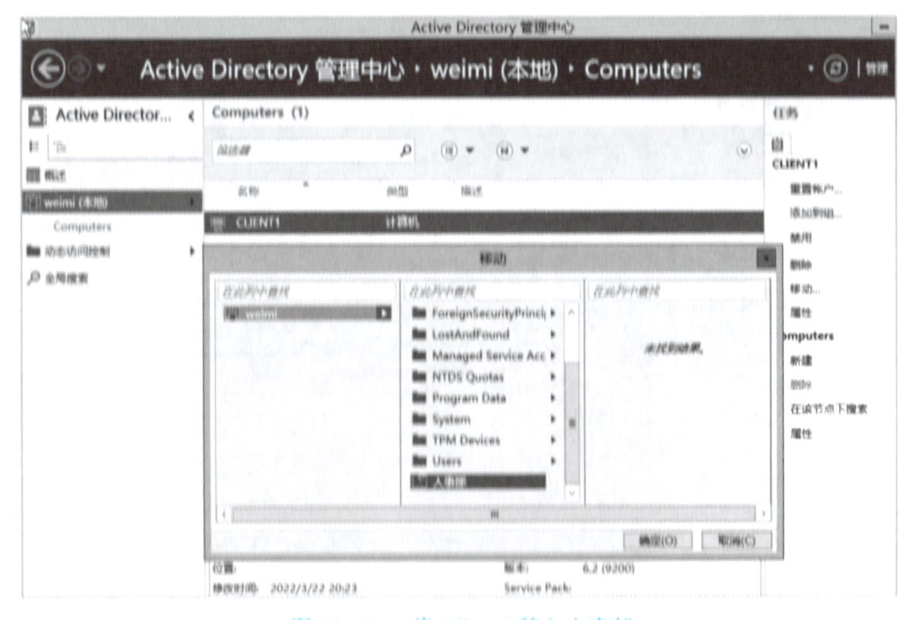

图 12－36　将 Client1 移入人事部

第 2 步：配置组策略应用于人事部的组织单位。

打开“开始”→“管理工具”→“服务器管理器”→“工具”，选择“组策略管理”，或者使用命令“gpmc.msc”，打开“组策略管理”。在“组策略管理器”左侧依次展开“林：weimi.com”→“域”→“人事部”，右击“for HR”，选择“编辑”，打开“组策略管理编辑器”。在“组策略管理编辑器”左侧依次展开“计算机配置”→“首选项”→“控制面板设置”，在“控制面板设置”下右键单击“本地用户和组”，选择“新建”→“本地用户”，如图 12－37 所示。

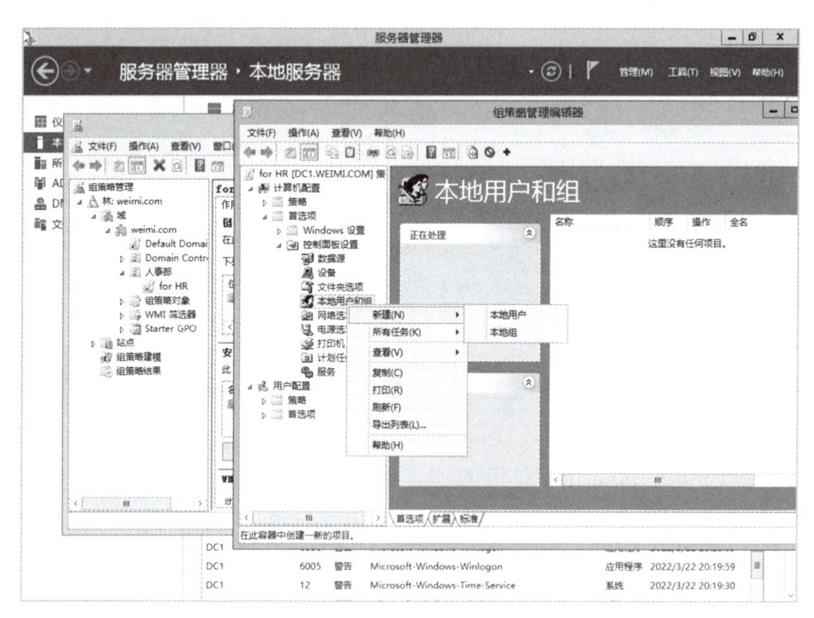

图 12－37 打开新建本地用户

打开“新建本地用户属性”对话框中，在“本地用户”选项卡中输入用户名、密码等信息，如图 12－38 所示。

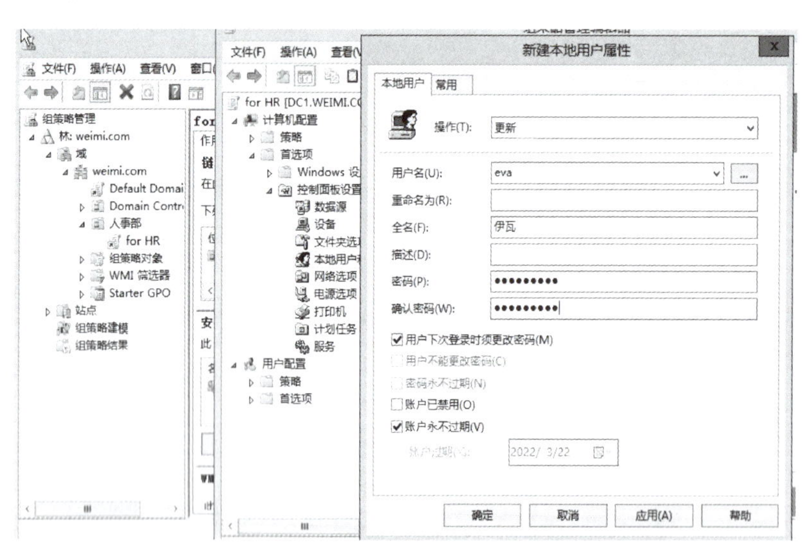

图 12－38 “新建本地用户属性—本地用户”设置

在“常用”选项卡中勾选“应用一次且不再重新应用”和“项目级目标”复选项，如图 12－39 所示。然后单击右侧的“目标”按钮。

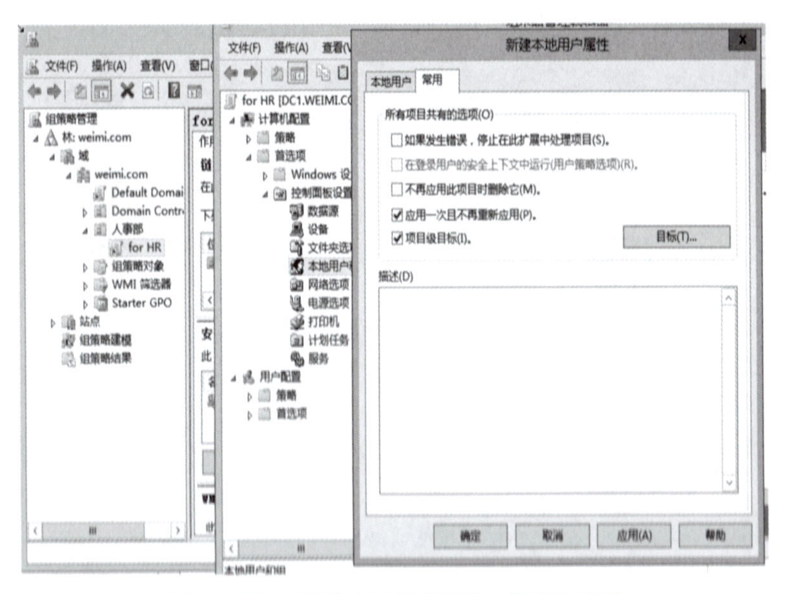

图 12－39　“新建本地用户属性－常用”设置

在“目标编辑器”中执行“新建目标（N）”→“计算机名称”，选择 CLIENT1 计算机，如图 12－40 所示。单击“确定”按钮，完成后如图 12－41 所示。

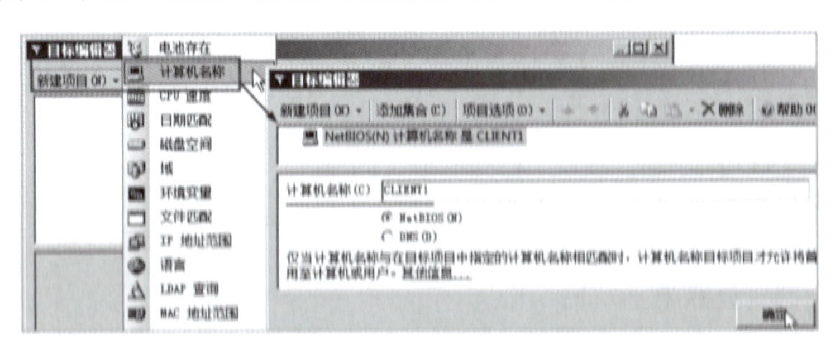

图 12－40　目标编辑器设置

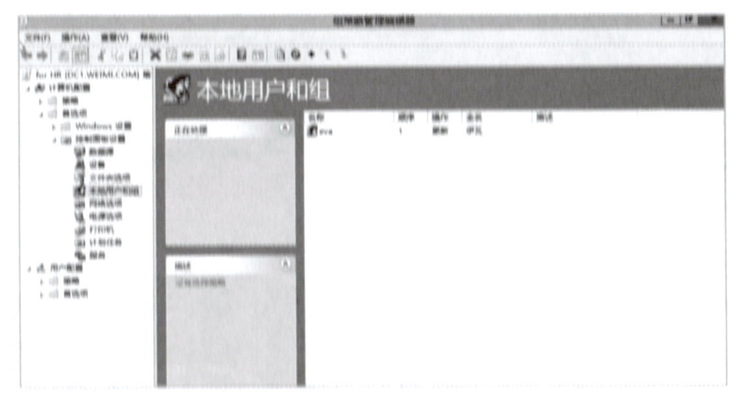

图 12－41　完成后效果

第 3 步：验证配置。

使用“gpupdate/force”命令刷新组策略，域成员客户机 Client1 重新启动后，打开“本地用户和组”，可以查看到自动创建了用户 eva，如图 12－42 所示。

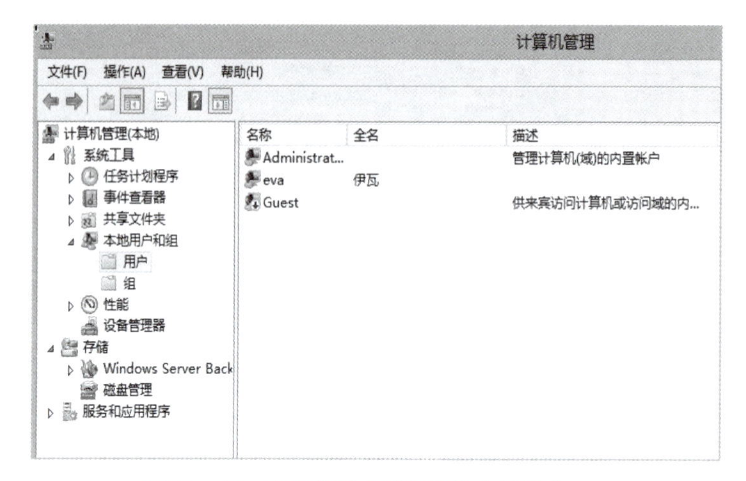

图 12－42 由组策略自动创建的本地用户 eva

【技能拓展】——拓一拓

某某教育公司工作在域环境下，拓扑结构如图 12－43 所示，公司总经理希望在保证大量用户访问资源的同时，能够保证网络的安全，希望通过组策略设置完成以下要求：

要求 1：从安全和易用方面考虑，普通域用户的账户策略必须满足以下要求。

✓ 密码长度至少 7 位。

✓ 最长使用期限 60 天。

✓ 密码必须符合复杂性要求。密码最短使用 0 天。

✓ 账户锁定阈值 7 次。账户锁定时间 30 分钟。

✓ 复位账户锁定计数器 30 分钟。

要求 2：统一桌面背景。

要求 3：禁用本地管理员。

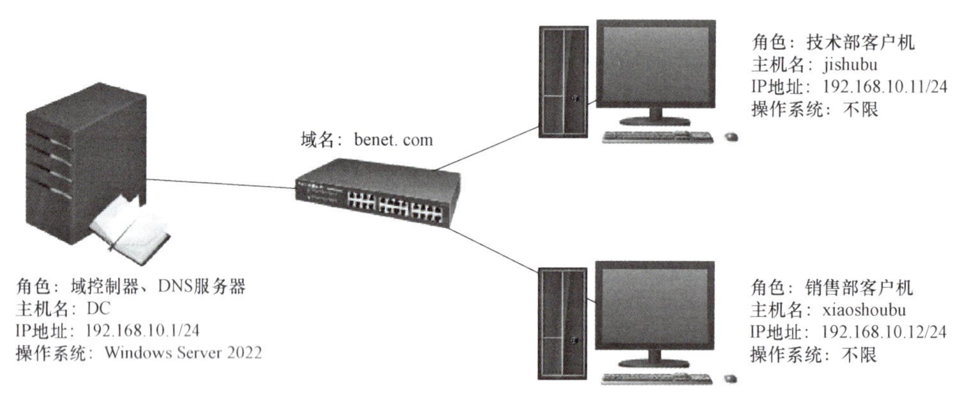

图 12－43 拓扑结构

【训练准备】——想一想

为了又快又好地完成任务，需要弄清楚以下几个问题：

认真阅读公司服务器拓扑结构，理解工作任务内容，明确工作任务的目标，同时拟订任务实施计划。

引导问题 1：什么是组策略？组策略有何作用？

引导问题 2：如何通过组策略设置统一桌面背景？

引导问题 3：如何通过组策略设置禁用本地管理员？

【训练过程】——做一做

操作步骤指导：

要求 1：账户策略设置。

第 1 步：环境准备。打开一台 Windows Server 2022 服务器，命名为 DC；打开两台客户机，分别命名为技术部和销售部。

第 2 步：在 DC 上安装活动目录并升级为域控制器。

第 3 步：设置密码策略。

第 4 步：设置账户锁定策略。

要求 2：统一桌面背景。

第 1 步：在 DC 中创建公共账户 share。

第 2 步：将技术部和销售部两个客户机加入 bennet.com 域中。

第 3 步：构建域中公司的结构。创建 OU 技术部、OU 销售部，技术部和销售部分别下创建 OU pc 和 OU user，技术部的 user 创建用户账户 za、zb。销售部的 user 创建用户账户 zc、zd。

第 4 步：统一技术部用户的桌面。找一张图片，加入新建的文件夹中共享，权限为读取。

第 5 步：打开组策略编辑器（goedit.msc），在“benet.com”→“技术部”→“user”下新建 GPO，GPO 名称为 zhuomian。

第 6 步：设置桌面墙纸。在“组策略管理编辑器”面板中依次展开“用户配置”→“策略”→“管理模板”→“桌面”，在右侧选择“桌面墙纸”。

打开“桌面墙纸属性”对话框，在“桌面墙纸属性”对话框中选择“已启用”，输入壁纸名称（为本地共享的壁纸路径），单击“确定”按钮。

第 7 步：用 za 账户登录验证。在销售部客户机上注销用户后，用 za 用户登录，可以看到自动统一设置桌面壁纸。

要求 3：禁用管理员。

图 12－44 脚本文件编辑

第 1 步：先用记事本编写一个脚本文件。

Net user administartor active:no

另存为 bat 后缀的文件，如图 12－44 所示。

第 2 步：把 jishubu 的计算机加入技术部的 OU pc。

第 3 步：在组策略管理新建 GPO nodomain。然后右击，选择“编辑”。

第 4 步：在“组策略管理编辑器”面板中依次展开“用户配置”→“策略”→“Windows 设置”，在右侧选择“脚本（自动/关机）”。

第 5 步：在脚本中单击“启动”，再单击“显示文件”，把脚本拖进去。然后单击“关闭”→“添加”，单击“浏览”，把脚本加进去。单击“确定”按钮。

技术部客户机重启，用账户加入域中，然后注销，会发现提示“您的账户已被停用。请向系统管理员咨询。”。

记录拓展实验中存在的问题：

____

____

____

____

【课程思政】——融一融

习近平论网络安全十大金句

2019 年国家网络安全宣传周于 9 月 16 日至 22 日举行。关于网络安全，习近平一向高度重视，多次发表重要讲话。如何保障网络安全？网络安全工作有何新进展？

【金句一】在信息时代，网络安全对国家安全牵一发而动全身，同许多其他方面的安全都有着密切关系。

——2016 年 4 月 19 日，习近平在网络安全和信息化工作座谈会上的讲话

【金句二】没有网络安全就没有国家安全，没有信息化就没有现代化。

——2014 年 2 月 27 日，习近平在中央网络安全和信息化领导小组第一次会议上的讲话

【金句三】网络安全和信息化是一体之两翼、驱动之双轮，必须统一谋划、统一部署、统一推进、统一实施。

——2014 年 2 月 27 日，习近平在中央网络安全和信息化领导小组第一次会议上的讲话

【金句四】网络空间是亿万民众共同的精神家园。网络空间天朗气清、生态良好，符合人民利益。网络空间乌烟瘴气、生态恶化，不符合人民利益。谁都不愿生活在一个充斥着虚假、诈骗、攻击、谩骂、恐怖、色情、暴力的空间。

——2016 年 4 月 19 日，习近平在网络安全和信息化工作座谈会上的讲话

【金句五】网络安全为人民，网络安全靠人民，维护网络安全是全社会共同责任，需要

政府、企业、社会组织、广大网民共同参与，共筑网络安全防线。

——2016 年 4 月 19 日，习近平在网络安全和信息化工作座谈会上的讲话

【金句六】网络空间不是“法外之地”。网络空间是虚拟的，但运用网络空间的主体是现实的，大家都应该遵守法律，明确各方权利义务。

——2015 年 12 月 16 日，习近平在第二届世界互联网大会开幕式上的讲话

【金句七】互联网核心技术是我们最大的“命门”，核心技术受制于人是我们最大的隐患。

——2016 年 4 月 19 日，习近平在网络安全和信息化工作座谈会上的讲话

【金句八】维护网络安全不应有双重标准，不能一个国家安全而其他国家不安全，一部分国家安全而另一部分国家不安全，更不能以牺牲别国安全谋求自身所谓绝对安全。

——2015 年 12 月 16 日，习近平在第二届世界互联网大会开幕式上的讲话

【金句九】中国是网络安全的坚定维护者。中国也是黑客攻击的受害国。中国政府不会以任何形式参与、鼓励或支持任何人从事窃取商业秘密行为。

——2015 年 9 月 22 日，习近平在华盛顿州当地政府和美国友好团体联合欢迎宴会上的讲话

【金句十】网络空间是人类共同的活动空间，网络空间前途命运应由世界各国共同掌握。各国应该加强沟通、扩大共识、深化合作，共同构建网络空间命运共同体。

——2015 年 12 月 16 日，习近平在第二届世界互联网大会开幕式上的讲话

【任务评价】——评一评

1. 各小组派代表展示本项目知识点思维导图。

本项目知识点思维导图

2. 各小组展示汇报实训效果。

实训任务	完成情况	备　注
任务 1	□已完成　□完成一部分　□全部未做	
任务 2	□已完成　□完成一部分　□全部未做	
任务 3	□已完成　□完成一部分　□全部未做	

3. 学生自我评估与总结。

（1）你掌握了哪些知识点？

____

____

____

（2）你在实际操作过程中出现了哪些问题？如何解决？

____

____

（3）谈谈你的学习心得体会。

____

____

____

4. 评价反馈。

根据各组学生在完成任务中的表现，给予综合评价。

项目实训评价表

评价项目	评价要点	分值	自评	互评	师评
精神状态	课前准备充分，物品放置齐整	10			
	积极发言，声音响亮、清晰	10			
	具有团队合作意识，注重沟通，自主探究学习和相互协作完成任务	10			
完成工作任务	任务 1	20			
	任务 2	20			
	任务 3	20			
自主创新	能自主学习，勇于挑战难题，积极创新探索	10			
总　分					
小组成员签名					
教 师 签 名					
日　　期					

【知识巩固】——练一练

一、选择题

1. 在 Windows Server 2022 系统中，默认的密码最长使用时间是（　　）。

A. 30 天　　B. 35 天　　C. 42 天　　C. 54 天

2. 下列策略可以用来约束密码的长度不小于 7 个字符的是（　　）。

A. 密码最短存留期　　B. 密码长度最小值

C. 强制密码历史　　D. 密码必须符合复杂性要求

3. 下面密码符合复杂性要求的是（　　）。

A. admin　　B. Wang.123@　　C. !@#$%^　　D. 134587

4. 如果你是一个基于 Windows 2023 单域管理员，为了安全起见，你希望用户在一天内如果 3 次输入密码错误，就要被锁定，你应该用（　　）来实现此功能。

A. 将密码最长使用期限设置为一天　　B. 更改锁定时间为 1 440 分钟

C. 更改强制密码历史为 3　　D. 更改账户锁定阈值为 3 次

5. 如果账户锁定阈值设置为（　　）次，则不可以设置账户锁定时间。

A. 0　　B. 1　　C. 2　　D. 3

6. 在“开始”→“运行”中，输入（　　）命令可以出现“组策略”管理窗口。

A. mmc　　B. dcpromo　　C. regedit　　D. gpedit.msc

二、判断题

1. 计算机配置和用户配置发生冲突时，应用计算机配置。（　　）

2. 将用户的 My document 文件夹重定向到网络共享文件夹，那么用户可以在网络中的任何一台计算机上对该文件夹进行访问。（　　）

3. 设置的策略只有在重新启动电脑后才能生效。（　　）

4. 运行 mmc.exe 打开控制台，添加组策略对象编辑器并新建，可创建无连接的 GPO。（　　）

5. 当组策略应用发生冲突时，所有设定组策略都不生效。（　　）

6. 域管理员可以对所有用户的组策略应用权限进行设置。（　　）

7. 本地用户仅允许用户登录并访问创建该账户的计算机。（　　）

8. 组只是为了简化系统管理员的管理，与访问权限没有任何关系。（　　）

9. 默认的密码最长使用时间是 42 天。（　　）

10. 在运行框中输入“gpedit.exe”，确定后可以打开策略编辑器。（　　）